"十三五"国家重点出版物出版规划项目

卓越工程能力培养与工程教育专业认证系列规划教材

（电气工程及其自动化、自动化专业）

单片机原理及应用

范立南　李荃高　武　刚　等编著

机械工业出版社

本书以 51 系列单片机为核心,介绍单片机的原理及应用。内容包括单片机概述,单片机的硬件结构和原理,51 单片机指令系统与汇编语言程序设计,单片机的 C51 程序设计,51 单片机的定时器/计数器、串行接口、中断系统,系统扩展技术与 I/O 接口技术,以及单片机系统的设计与应用实例。本书参考了各种系列单片机的最新资料,收录了作者在单片机开发应用方面的最新成果,给出了大量的实验与实训实例。

全书具有较强的系统性、先进性和实用性。内容选材精练,论述简明,每章均配有丰富的习题。本书可作为高等院校电气工程及其自动化、自动化、电子信息工程、测控技术与仪器等专业的单片机课程教材,也可作为工程技术人员在单片机应用技术方面的参考书。

图书在版编目(CIP)数据

单片机原理及应用/范立南等编著 . —北京:机械工业出版社,2019.6
"十三五"国家重点出版物出版规划项目
ISBN 978-7-111- 62546-9

Ⅰ.①单… Ⅱ.①范… Ⅲ.①单片微型计算机 Ⅳ.①TP368.1

中国版本图书馆 CIP 数据核字(2019)第 072564 号

机械工业出版社(北京市百万庄大街 22 号 邮政编码 100037)
策划编辑:王雅新 责任编辑:王雅新 张珂玲
责任校对:张晓蓉 封面设计:鞠 杨
责任印制:李 昂
北京云浩印刷有限责任公司印刷
2019 年 6 月第 1 版第 1 次印刷
184mm×260mm · 19.25 印张 · 476 千字
标准书号:ISBN 978-7-111-62546-9
定价:49.80 元

凡购本书,如有缺页、倒页、脱页,由本社发行部调换
电话服务 网络服务
服务咨询热线:010-88379833 机 工 官 网:www.cmpbook.com
读者购书热线:010-68326294 机 工 官 博:weibo.com/cmp1952
教育服务网:www.cmpedu.com
封面无防伪标均为盗版 金 书 网:www.golden-book.com

序

　　工程教育在我国高等教育中占有重要地位，高素质工程科技人才是支撑产业转型升级、实施国家重大发展战略的重要保障。当前，世界范围内新一轮科技革命和产业变革加速进行，以新技术、新业态、新产业、新模式为特点的新经济蓬勃发展，迫切需要培养、造就一大批多样化、创新型卓越工程科技人才。目前，我国高等工程教育规模世界第一。我国工科本科在校生约占我国本科在校生总数的1/3，近年来我国每年工科本科毕业生占世界总数的1/3以上。如何保证和提高高等工程教育质量，如何适应国家战略需求和企业需要，一直受到教育界、工程界和社会各方面的关注。多年以来，我国一直致力于提高高等教育的质量，组织并实施了多项重大工程，包括卓越工程师教育培养计划（以下简称卓越计划）、工程教育专业认证和新工科建设等。

　　卓越计划的主要任务是探索建立高校与行业企业联合培养人才的新机制，创新工程教育人才培养模式，建设高水平工程教育教师队伍，扩大工程教育的对外开放。计划实施以来，各相关部门建立了协同育人机制。卓越计划要求试点专业要大力改革课程体系和教学形式，依据卓越计划培养标准，遵循工程的集成与创新特征，以强化工程实践能力、工程设计能力与工程创新能力为核心，重构课程体系和教学内容；加强跨专业、跨学科的复合型人才培养；着力推动基于问题的学习、基于项目的学习、基于案例的学习等多种研究性学习方法，加强学生创新能力训练，"真刀真枪"做毕业设计。卓越计划实施以来，培养了一批获得行业认可、具备很好的国际视野和创新能力、适应经济社会发展需要的各类型高质量人才，教育培养模式改革创新取得突破，教师队伍建设初见成效，为卓越计划的后续实施和最终目标的达成奠定了坚实基础。各高校以卓越计划为突破口，逐渐形成各具特色的人才培养模式。

　　2016年6月2日，我国正式成为工程教育"华盛顿协议"第18个成员国，这标志着我国工程教育真正融入世界工程教育，人才培养质量开始与其他成员国达到了实质等效，同时，也为以后我国参加国际工程师认证奠定了基础，为我国工程师走向世界创造了条件。专业认证把以学生为中心、以产出为导向和持续改进作为三大基本理念，与传统的内容驱动、重视投入的教育形成了鲜明对比，是一种教育范式的革新。通过专业认证，把先进的教育理念引入了我国工程教育，有力地推动了我国工程教育专业教学改革，逐步引导我国高等工程教育实现从课程导向向产出导向转变、从以教师为中心向以学生为中心转变、从质量监控向持续改进转变。

　　在实施卓越计划和开展工程教育专业认证的过程中，许多高校的电气工程及其自动化、自动化专业结合自身的办学特色，引入先进的教育理念，在专业建设、人才培养模式、教学内容、教学方法、课程建设等方面积极开展教学改革，取得了较好的效果，建设了一大批优质课程。为了将这些优秀的教学改革经验和教学内容推广给广大高校，中国工程教育专业认证协会电子信息与电气工程类专业认证分委员会、教育部高等学校电气类专业教学指导委员会、教育部高等学校自动化类专业教学指导委员会、中国机械工业教育协会自动化学科教学委员会、中国机械工业教育协会电气工程及其自动化学科教学委员会联合组织规划了"卓越工程能力培养与工程教育专业认证系列规划教材（电气工程及其自动化、自动化专业）"。本套教材通过国家新闻出版广电总局的评审，入选了"十三五"国家重点图书。本套教材密切联系行业和市场需求，以学生工程能力培养为主线，以教育培养优秀工程师为目标，突出学生工程理念、工程思维和工程能力的培养。本套教材在广泛吸纳相关学校在"卓越工程师教育培养计划"实施和工程教育专业认证过程中的经验和成果的基础上，针对目前同类教材存在的内容滞后、与工程脱节等问题，紧密结合工程应用和行业企业需求，突出实际工程案例，强化学生工程能力的教育培养，积极进行教材内容、结构、体系和展现形式的改革。

经过全体教材编审委员会委员和编者的努力，本套教材陆续跟读者见面了。由于时间紧迫，各校相关专业教学改革推进的程度不同，本套教材还存在许多问题。希望各位老师对本套教材多提宝贵意见，以使教材内容不断完善提高。也希望通过本套教材在高校的推广使用，促进我国高等工程教育教学质量的提高，为实现高等教育的内涵式发展贡献一份力量。

卓越工程能力培养与工程教育专业认证系列规划教材
（电气工程及其自动化、自动化专业）
编审委员会

前　言

随着电子技术的发展，特别是大规模集成电路的产生及应用，给我们的生活、工作和学习带来了翻天覆地的变化。在人们使用这些具有智能性的电子产品时，有没有想过消费类电子产品中的空调机、电视机、微波炉、手机、IC卡、汽车电子设备等，智能仪表中的数字示波器、数字信号源、自动提款机等，军事应用中的飞机、坦克、导弹、航天器、智能武器等，它们是如何实现智能操作的？其实说到底，服务于现代化生活的神秘之物，正是单片机！当然，单片机的应用远不止这些，可以说单片机的应用随处可见。

现如今，ARM、DSP、嵌入式等具有更高性能的嵌入式芯片已进入了实用阶段，那么是不是现在学习51单片机就没有用武之地了？其实不然。在大部分工控或测控设备中，51单片机已经足够满足控制要求，加之物美价廉，因此，学习51单片机是控制行业从业者的不错选择。尤其是对刚接触可编程序控制器的新入行人员来说，51单片机可以作为学习更高端芯片的入门教程。

如何学习这门课程呢？

首先，大概了解单片机的结构，本书的第2章主要讲述了单片机的内部结构以及资源。对单片机内部结构有了初步了解之后，就可以进行简单的实例练习和实验操作，从而加深对单片机的认识。

其次，要做大量的实例练习和实验。对于单片机来说，不仅要掌握其硬件结构，也要重视软件编程技巧。在编程时，要注意程序与硬件是如何结合的。本书通过一个个实验和验证，使读者在实践中理解硬件的结构，在软与硬浑然一体的结构中深刻体会单片机知识的内涵。通过硬件知识的学习，了解如何运用编程来控制硬件；通过软件编程的学习，又可以更进一步地学习到单片机硬件的工作机制和原理。

再次，要多结合外围电路，如流水灯、数码管、独立键盘、矩阵键盘、A/D转换器或D/A转换器、液晶、蜂鸣器、太阳能、漂移车、热风幕控制板以及单项用电器监测等进行练习，因为这样可以直观地看到程序运行的结果。

最后，要结合自己的实际情况，开发一个完全具有个人风格、功能完善的电子产品。对于在校学生，有条件的学生可以组成团队参加全国大学生电子设计竞赛，沉下心好好地在电子领域小试身手。

读者也不必为软件、硬件基础知识不扎实而烦恼，单片机中用到的编程并不难，可以说主要是配置一些寄存器，不涉及太复杂的算法和语法，电子元器件也以简单应用居多。本书接下来的几章主要介绍硬件和软件基础知识，这些对于单片机开发者来说基本够用了。另外，读者在做单片机实验的过程中要慢慢地积累知识和经验，一步步地巩固相关的基础知识，在实践中有针对性地学习与训练。读者还可以充分利用网络技术，从许多关于单片机的网站上了解单片机的发展动向和新的知识，遇到疑难问题也可在网上寻找解决办法，这样才会使学习事半功倍。

本书以51系列单片机为核心，介绍单片机的原理及应用。全书共分9章。第1章介绍单片机的概念、组成和特点，单片机的发展概况以及单片机的应用领域；第2章主要阐述51系列单片机的内部结构、引脚功能，包括存储器结构、并行I/O接口、复位电路和时序；第3章介绍51系列单片机的指令系统和汇编语言程序设计，包括指令格式、寻址方式、数据传送指令、算术运算指令、逻辑运算指令、控制转移指令、位操作指令等，从应用角度出发，讨论各种常用汇编程序的设计方法，并介绍一些实用的子程序；第4章讲述C51程序设计基础、基本结构和语句、构造数据类型以及函数，并对Keil C51集成环境的使用做了详细的阐述，结合相应的实例让读者理解C51的编程方法，第5、6、7章分别阐述51系列单片机的定时器/计数器、串行通信口和中断系统等；第8章介绍单片机的接口技术和扩展技术，包括存储器、I/O接口扩展、A/D转换器、D/A转换器扩展及其他常用芯片的扩展；第9章介绍单片机应用系统的设计，阐述开发流程，并给出具体的应用实例。

为便于教学，每章开始都给出了本章的教学提示、学习目标以及知识结构，每章的中间给出了大量的实验与实训实例，每章后面都配有各种类型的习题。本书的整体编排及每章的结构安排，更加符合教学的需求。

本书由范立南、李荃高、武刚、范志彬、李雪飞编著。其中，第1章由范立南编写；第2章由范志彬、李雪飞编写；第3章由范志彬、李荃高编写；第4、6章由武刚编写；第5章由武刚、李雪飞编写；第7、8、9章由李荃高编写。全书由范立南统稿。

本书结合编者多年来在教学第一线教授学生过程中的理论实践以及开发工程实例，体现出了编者对单片机应用的科研总结。同时，本书参考了各种系列单片机的最新资料，吸收了单片机开发应用的最新成果，编者在此对这些参考文献的作者表示感谢。

本书可作为高等院校电气工程及其自动化、自动化、电子信息工程、测控技术与仪器等专业的单片机课程教材，也可作为从事单片机应用开发人员的参考书。

由于编者水平有限，加之时间仓促，书中的疏漏与错误之处在所难免，恳请广大读者指正。

编　者

目　录

序
前言

第1章

单片机概述

单片机是在一块芯片上集成了中央处理单元（CPU）、只读存储器（ROM）、随机存储器（RAM）和各种输入/输出接口（定时器/计数器、并行I/O接口、串行I/O接口以及A/D、D/A转换接口等）的微型计算机。它具有集成度高、体积小、功能强、使用灵活、价格低廉、稳定可靠及环境适应能力强等优点，在家用电器、智能化仪器、数控机床、数据处理、自动检测、通信、智能机器人、工业控制，以及军事、国防、航空航天等领域发挥着十分重要的作用。

学习目标

- ➤ 掌握单片机的有关概念和特点。
- ➤ 了解单片机的现状及发展趋势。
- ➤ 理解单片机的组成。
- ➤ 了解单片机的应用领域。

知识结构

本章介绍的知识结构如图1.1所示。

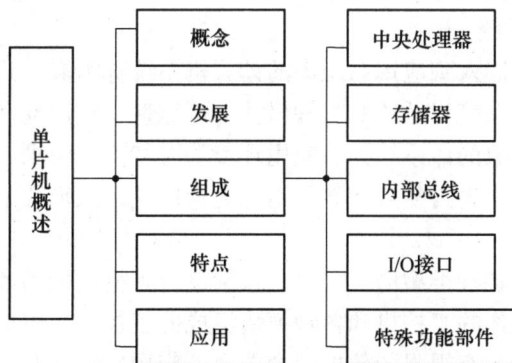

图 1.1 本章知识结构

1

1.1 什么是单片机

微型计算机的出现给人类生活带来了根本性的变化，使现代科学研究产生了质的飞跃。单片微型计算机自20世纪70年代问世以来，已广泛应用在工业自动化、自动控制与检测、智能仪器仪表、机电一体化设备、汽车电子及家用电器等方面。

单片微型计算机（Single Chip Microcomputer）简称单片机，即把组成微型计算机的各个功能部件，如中央处理器（CPU）、随机存储器（RAM）、只读存储器（ROM）、I/O接口电路、定时器/计数器以及串行通信接口等集成在一块芯片中，构成一个完整的微型计算机。

由于单片机主要面对的是测控对象，突出的是控制功能，所以从功能和形态上来说，都是应测控领域应用的要求而诞生的。随着单片机技术的不断发展，芯片内集成了许多面对测控对象的接口电路，如ADC、DAC、高速I/O接口、脉冲宽度调制器（Pulse Width Modulator，PWM）、监视定时器（Watch Dog Timer，WDT）等。这些对外电路及外设接口已经突破了微型计算机传统的体系结构，所以单片机也称微控制器（Micro Controller）。

1. 单片机与微处理器

随着大规模与超大规模集成电路技术的快速发展，微型计算机技术形成了两大分支：微处理器（Micro Processor Unit，MPU）和微控制器（Micro Controller Unit，MCU）。

MPU是微型计算机的核心部件，它的性质决定了微型计算机的性能。通用型的计算机已从早期的数值计算、数据处理阶段发展到当今的人工智能阶段，它不仅可以处理文字、字符、图形、图像等信息，而且还可以处理音频、视频等信息，并向多媒体、人工智能、虚拟现实、网络通信等方向发展。它的存储容量和运算速度正在以惊人的速度发展，高性能的32位、64位微型计算机系统正向大、中型计算机迈进。

MCU主要用于控制领域。由它构成的检测控制系统应该具有实时的、快速的外部响应功能，能迅速采集到大量数据，可以通过正确的逻辑推理和判断实现对被控对象参数的调整与控制。单片机的发展直接利用了MPU的成果，也发展了16位、32位、64位的机型。但它的发展方向是高性能、高可靠性、低功耗、低电压、低噪声和低成本。单片机的发展主要表现在其接口和性能不断满足多种多样检测对象的要求上，尤其突出表现在它的控制功能上，能够构成各种专用的控制器和多机控制系统。

2. 单片机与嵌入式系统

面向检测控制对象，嵌入到应用系统中的计算机系统称为嵌入式系统。实时性是嵌入式系统的主要特征，嵌入式系统对系统的物理尺寸、可靠性、重启动和故障恢复方面也有特殊的要求。由于对被嵌入对象的体系结构、应用环境等有特殊的要求，因此嵌入式计算机系统比通用计算机系统在设计上更为复杂，涉及面也更为广泛。从形式上可将嵌入式系统分为系统级、板级和芯片级。

系统级嵌入式系统为各种类型的工控机，包括进行了机械加固和电气加固的通用计算机系统，各种以总线方式工作的工控机和各种模块组成的工控机。它们大都有丰富的通用计算机软件及周边外设的支持，有很强的数据处理能力，应用软件的开发也很方便。但由于其体积庞大，适合于具有较大空间的嵌入式应用环境，如大型实验装置、船舶、分布式测控系统等。

板级嵌入式系统则有各种类型的带 CPU 的主板及原始设备制造商（Original Equipment Manufacturer，OEM）的产品。与系统级相比，板级嵌入式系统体积较小，适合于具有较小空间的嵌入式应用环境。

芯片级嵌入式系统则以单片机最为经典。单片机嵌入对象的环境、结构体系中作为其中一个智能化的控制单元，是最典型的嵌入式计算机系统。它有唯一的专门为嵌入式应用而设计的体系结构和指令系统，并且它具有的芯片级的体积和在现场运行环境下的高可靠性，使其最能满足各种中、小型对象的嵌入式应用要求。

1.2 单片机的组成

单片机在结构上是将组成计算机的基本部件集成在一块芯片上，构成功能独特的、完整的单片微型计算机。图 1.2 为单片机的典型结构框图。

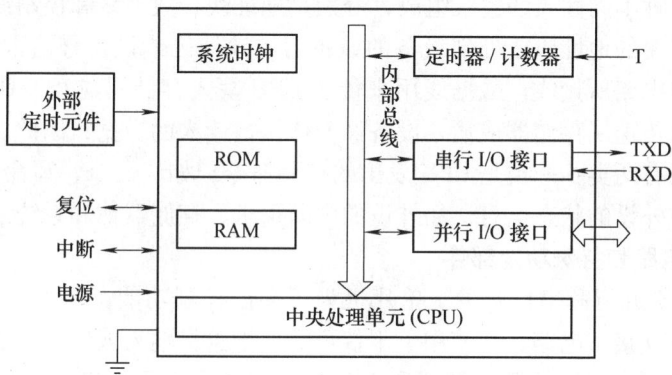

图 1.2 单片机典型结构框图

1. 中央处理单元

中央处理单元（CPU）是单片机的核心部件，它由运算器、控制器和中断部件等组成，另外增设了面向控制的处理功能，如位处理、查表、多种跳转、乘除法运算、状态检测及中断处理等，增强了实时性。数据处理和系统的操作控制都是由 CPU 完成的，单片机最主要的功能技术指标也是由它决定的。

根据 CPU 的字长（即数据运算和传送数据的位数），单片机可分为 4 位、8 位、16 位、32 位和 64 位等。此外，不同的单片机 CPU 的运算速度、数据处理能力、中断和实时控制功能等方面差别很大，这些也是衡量 CPU 功能强弱的主要技术指标。

2. 存储器

在单片机内部，ROM 和 RAM 是分开制造的。通常，ROM 容量较大，RAM 的容量较小，这是由单片机用于控制的特点决定的。单片机的存储空间有两种基本结构：一种是普林斯顿（Princeton）结构，将程序和数据合用一个存储器空间，即 ROM 和 RAM 在同一个空间里分配不同的地址。CPU 访问存储器时，一个地址对应唯一的一个存储单元，可以是 ROM，也可以是 RAM，使用同类的访问指令。另一种是将程序存储器和数据存储器截然分开、分别寻址的结构，称为哈佛（Harvard）结构，CPU 用不同的指令访问不同的存储器空间。由于单片机在实际应用中是面向控制的，所以一般需要较大的程序存储器。目前，包括 MCS-51 和 80C51 系列在内的单片机均采用程序存储器和数据存储器截然分开的哈佛结构。

（1）程序存储器　因为单片机的应用系统一般都是专用控制器，一旦研制成功，其监控程序也就定型了，因此可以用只读存储器作为程序存储器。此外，只读存储器中的内容不会丢失，从而提高了可靠性。

（2）数据存储器　在单片机中，用随机存取存储器（RAM）来存储数据，暂存运行期间的数据、中间结果、堆栈、位标志和数据缓冲等，所以称之为数据存储器。一般在单片机内部集成了具有一定容量（64～256B）的高速 RAM，以加快单片机的运行速度。同时，单片机还把专用的寄存器和通用的寄存器放在同一芯片内并对 RAM 进行统一编址，以利于运行速度的提高。对于某些应用系统，还可以在外部扩展数据存储器。

3. 内部总线

单片机内部总线是 CPU 连接芯片内各主要部件的纽带，是各类信息传送的公共通道。内部总线主要由 3 种不同性质的连线组成，分别是地址线、数据线和控制线。地址线主要用来传送存储器所需要的地址码或外部设备的设备号，地址码或设备号通常由 CPU 发出并被存储器或 I/O 接口电路所接收。数据线用来传送 CPU 写入存储器或经 I/O 接口送到输出设备的数据，也可以传送从存储器或输入设备经 I/O 接口读入的数据，因此，数据线通常是双向信号线。控制线有两类：一类是 CPU 发出的控制命令，如读命令、写命令、中断响应等；另一类是存储器或外设的状态信息，如外设的中断请求、存储器忙和系统复位信号等。

4. I/O 接口电路和特殊功能部件

I/O 接口电路有并行和串行两种。单片机为了突出控制功能，提供了数量多、功能强、使用灵活的并行 I/O 接口电路，在使用上不仅可灵活地选择输入或输出，还可作为系统总线或控制信号线，从而为扩展外部存储器和 I/O 接口提供了方便。串行 I/O 接口用于串行通信，可把单片机内部的并行数据转换成串行数据向外传送，也可以串行接收外部送来的数据并把它们转换成并行数据送给 CPU 处理。可提供全双工串行 I/O 接口，因而能和某些终端设备进行串行通信或者和一些特殊功能的器件相连接。

特殊功能部件有很多种，一般来讲，定时器/计数器是不可缺少的。在实际应用中，单片机常常需要精确定时，或者需对外部事件进行计数，因此在单片机内部设置了定时器/计数器电路，通过中断响应，实现定时/计数的自动处理。

有些单片机内部还包括其他特殊功能部件，如 A/D 转换器、D/A 转换器、直接存储器存取（Direct Memory Access，DMA）通道、PWM、WDT 等，其内部包含的特殊功能部件及数量与单片机型号有关。

1.3　单片机的特点

单片机与一般的微型计算机相比，由于其独特的结构决定了它具有如下特点。

1. 集成度高、体积小

在一块芯片上集成了构成一台微型计算机所需的 CPU、ROM、RAM、I/O 接口以及定时器/计数器等部件，能满足很多应用领域对硬件的功能需求，因此由单片机组成的应用系统结构简单，体积特别小。

2. 控制功能强

为了满足工业控制的要求，一般单片机的指令系统中均有极丰富的转移指令、I/O 接口的逻辑操作以及位处理功能。因为单片机面向控制，因此它的实时控制功能特别强，CPU 可以直接对 I/O 接口进行各种操作，能有针对性地解决从简单到复杂的各类控制任务。

3. 抗干扰能力强

单片机本身是根据工业控制环境的要求而设计，采用了把各种功能部件集成在一块芯片上的总线结构，减少了单片机内部之间的连线，并且单片机内 CPU 访问存储器、I/O 接口的信息传输线（即总线）大多数在芯片内部，因而不易受外界的干扰。另外，由于单片机体积小，适应温度范围宽，在应用环境比较差的情况下，容易采取措施对系统进行电磁屏蔽等，因而在各种恶劣的环境下都能可靠地工作，所以单片机应用系统的可靠性比一般微型计算机系统高很多。单片机分为军用级、工业级及民用级三个等级系列，其中军用级、工业级具有较强的适应恶劣工作环境的能力。

4. 功耗低

为了满足便携式系统的广泛使用要求，许多单片机内的工作电压仅为 1.8～3.6V，有的甚至能在 1.2V 或 0.9V 电压下工作，功耗降到微安级。

5. 使用方便

由于单片机内部功能强，系统扩展方便，所以应用系统的硬件设计非常简单。又因为国内外有多种多样的单片机开发工具，这些工具具有很强的软硬件调试功能和辅助设计的手段，使单片机的应用极为方便，大大缩短了系统研制的周期。同时，单片机还可方便地实现多机和分布式控制，使整个控制系统的效率和可靠性大为提高。由于单片机技术是较容易掌握的普及技术，单片机应用系统的设计、组装、调试已经是一件非常容易的事情，广大工程技术人员通过学习可以很快地掌握其应用的设计与调试技术。

6. 性能价格比高

由于单片机功能强、价格便宜，其应用系统的印制电路板小，接插件少，安装调试简单等一系列原因，使单片机应用系统的性能价格比高于一般的微型计算机系统。又由于单片机使用广泛、销量极大，各大公司的商业竞争激烈更使其价格十分低廉，因此其性能价格比极高。

7. 容易产品化

由于单片机具有体积小、性价比高、灵活性强等特点，因此其在嵌入式微控制系统中具有十分重要的地位。在单片机应用系统中，各种测控功能的实现绝大部分由单片机的程序来完成，其他电子线路则由芯片内的外围功能部件来替代。单片机的以上特性，缩短了由单片机应用系统样机至正式产品的过渡过程，使科研成果能迅速转化为生产力。

1.4 单片机的发展过程与趋势

单片机自 20 世纪 70 年代诞生以来，发展十分迅速。目前世界上的单片机供应商有几十家，单片机型号繁多。从各种新型单片机的性能上看，单片机正朝着面向多层次用户的多品种、多规格方向发展。

1.4.1　单片机的发展过程

单片机的发展可以分为三个阶段：

20 世纪 70 年代为单片机发展的初级阶段。以 Intel 公司的 MCS-48 系列单片机为典型代表，在一块芯片内含有 CPU、并行口、定时器、RAM 和 ROM 存储器，这是一款真正的单片机。这个阶段的单片机因受集成电路技术的限制，单片机的 CPU 指令系统功能相对较弱、存储器容量小、I/O 部件种类和数量少，只能用在比较简单的场合，而且价格相对较高，单片机的应用未引起足够的重视。

20 世纪 80 年代为高性能单片机的发展阶段。以 Intel MCS-51、MCS-96 系列单片机为典型代表。出现了不少 8 位或 16 位的单片机，这些单片机的 CPU 和指令系统功能加强了，存储器容量显著增加，外围 I/O 部件品种多、数量大，有的包含了 A/D 转换器之类的特殊功能部件。单片机应用得到了推广，典型单片机开始应用到各个领域。

20 世纪 90 年代至今为单片机的高速发展阶段。世界上著名的半导体厂商都重视新型单片机的研制、生产和推广。单片机的性能不断完善，性能价格比显著提高，种类和型号快速增加。从性能和用途上看，单片机正朝着面向多层次用户的多品种多规格方向发展，哪一个应用领域前景广阔，就有这个领域的特殊单片机出现。对单片机应用的技术人员来说，选择单片机有了更大的自由度。

目前，将测控系统中使用的电路技术、接口技术、多通道 A/D 转换部件、可靠性技术等直接应用到单片机中，增强了外围电路的功能，使得智能控制特征的单片机不断涌现。

在单片机家族中，80C51 系列是其中的佼佼者。Intel 公司将其 MCS-51 系列中的 80C51 内核使用权以专利互换或出售形式转让给了世界上的许多著名 IC 设计厂商，如 Philips、NEC、Atmel、AMD 及华邦等，这些公司都在保持与 80C51 单片机兼容的基础上改善了 80C51 的许多特性。这样，80C51 就变成有众多制造厂商支持的、发展出了上百品种的大家族，现统称为 80C51 系列（简称 51 系列），已成为单片机发展的主流机型。此系列的单片机应用也最为广泛，因此，本书以讨论 51 系列单片机为主。

1.4.2　单片机的发展趋势

单片机的发展非常快，纵观单片机的现状及历史，其发展趋势正朝着大容量高性能化、小容量低价格化、外围电路内装化、多品种化以及 I/O 接口功能的增强、功耗降低等方向发展。

1. CPU 的改进

单片机内部 CPU 功能的增强集中体现在数据处理速度和精度的提高以及 I/O 处理能力的提高上。通过其他 CPU 改进技术如采用双 CPU 结构、增加数据总线宽度、采用流水线结构来加快运算速度，提高数据处理能力等。

2. 存储器的发展

单片机内存储器容量进一步扩大。许多高性能的单片机不但内部存储器容量增大了，而且扩大了 CPU 的寻址范围，提高了系统的扩展功能。随着单片机程序空间的扩大，在空余空间可嵌入实时操作系统（RTOS）等软件，大大提高了产品的开发效率和单片机的性能。

3. 片内 I/O 的改进

增加并行口的驱动能力，以减少外部驱动芯片数量。有的单片机可以直接输出大电流和高电压，以便能直接驱动 LED 和 VFD（荧光显示器）。有些单片机设置了一些特殊的串行 I/O 接口，为构成分布式、网络化系统提供了方便。引入数字交叉开关，改变以往片内外设与外部 I/O 引脚的固定对应关系。交叉开关是一个大的数字开关网络，可通过编程设置交叉开关控制寄存器，将片内的定时器/计数器、串行口、中断系统、A/D 转换器等片内外设灵活配置给端口 I/O 引脚，允许用户根据自己的特定应用要求，将内部外设资源分配给端口 I/O 引脚。

4. 引脚的多功能化及串行总线的发展

随着单片机内部资源的增多，所需的引脚数量也相应增加，为了减少引脚数量，提高应用的灵活性，单片机中普遍使用多功能引脚，即一个引脚具有几种功能供用户选择。单片机的扩展方式从并行总线发展出各种串行总线，并已被工业界接受，形成了一些工业标准，从而减少了单片机的引脚数量，降低了成本。

5. 外围电路内装化

单片机性能的提高还体现在它内部的资源增多上，将一些常用的 I/O 接口电路集成到单片机内部，这些 I/O 接口电路包括：并行接口和串行接口、多路 A/D 转换器、定时器/计数器、定时输出和捕捉输入、系统故障监视器、DMA 通道、PWM、LED 和 LCD 驱动器，以及 D/A 输出电路等。近年来，随着集成电路技术及工艺的不断发展，单片机内部结构越来越完美，配套的片内外围功能部件越来越完善，可以把所需的众多外围电路全部装入单片机内，一个芯片就是一个"测控"应用系统，这样可大大减少单片机的外接电路，使大多数单片机应用系统为单片系统，从而大大减小控制系统的体积，提高工作的可靠性，为应用系统向更高层次和更大规模的发展奠定了坚实基础。系统的单片化是目前单片机发展趋势之一。

6. 单片机小容量低廉化、超微型化

为了适应各个领域的应用需要，单片机的种类日益增多，正在向多层次、多品种的纵深方向发展。小容量价格低廉的 4 位、8 位机也是单片机的发展方向之一，其用途是把以往用数字逻辑电路组成的控制电路单片化。专用型的单片机将得到大力发展，使用专用单片机可最大限度地简化系统结构，提高可靠性，使资源利用率最高，在大批量使用时有可观的经济效益。

单片机的内部一般采用模块式结构，在内核 CPU 不变的情况下，根据应用目标的不同，增减一些模块和引脚，就可以得到一个新的产品，于是便出现了一种超微型化的单片机。这类单片机的体积相当于一个 74 系列器件，价格又低，特别适用于家电、玩具等领域的应用。

7. 低功耗和低电压

目前，单片机普遍采用 CMOS 制造工艺，非 CMOS 工艺单片机逐步被淘汰。CMOS 工艺单片机普遍配置有等待状态、睡眠状态、关闭状态等工作方式，极大地降低了单片机的功耗，低电压工作的单片机消耗的电流仅在微安或纳安量级，非常适合于电池供电的便携式、手持式的仪器仪表以及其他消费类电子产品。低功耗的技术措施可提高单片机的可靠性，降低工作电压，使单片机的抗噪声和抗干扰等方面的性能全面提高。

8. 多机与网络系统的支持技术日趋成熟

近年来推出的网络系统总线体现了单片机现场控制网络总线的特点，它与芯片间串行总线相配合，能灵活方便地构成各种规模的多机系统或网络系统。

1.5 单片机的应用领域

提到单片机的应用，可以用一句并不夸张的话"不怕想不到，就怕做不到"来表示。单片机已渗透到各个领域，小到家用电器、仪器仪表，大到医疗器械、航空航天，无不存在着单片机的身影。一旦在某种产品上添加了单片机，这种产品便向互联网靠拢了一步，铺就了向"智能型"发展的基石。

1. 工业控制与检测

由于单片机的 I/O 接口线多、位操作指令丰富、逻辑操作功能强，所以，特别适用于工业过程控制，可构成各种工业控制系统、自适应控制系统、数据采集系统等。它既可以作为控制主机，也可以作为分布式控制系统的前端机。在作为主机使用的系统中，单片机作为核心控制部件，用来完成模拟量和数字量的采集、处理和控制计算（包括逻辑运算），然后输出控制信号。在工业控制领域，可以使用单片机构成多种多样的控制系统，如工厂流水线的智能化管理系统，电梯智能化控制系统，各种报警系统，与计算机联网构成二级控制系统等。特别是由于单片机有丰富的逻辑判断和位操作指令，所以广泛应用于开关量控制、顺序控制以及逻辑控制中，如锅炉控制、加热炉控制、电动机控制、电梯智能控制、机器人控制、交通信号灯控制、造纸纸浆浓度控制、纸张定量水分及厚薄控制、纺织机控制、数控机床等控制，汽车点火、变速、防滑制动、排气、引擎控制等。

2. 智能仪器仪表

单片机广泛应用于各种仪器仪表中，使仪器仪表发展成为智能化产品。单片机的应用提高了仪器仪表的测量速度和测量精度，强化了其控制功能，简化了其硬件结构，使其更便于使用、维修和改进。采用单片机对仪器仪表进行控制，便使仪器仪表具有了数字化、智能化、微型化，多功能化、综合化、柔性化特征。如温度、湿度、压力、流量、浓度显示、控制仪表等，通过采用单片机软件编程技术，使测量仪表中的误差修正、非线性化处理等问题迎刃而解，可对采集数据进行处理和存储、故障诊断、联网集控工作等。国内外均把单片机在仪器仪表中的应用看成是仪器仪表产品更新换代的标志。单片机在仪器仪表中的应用非常广泛，例如，在数字温度控制仪、智能流量计、红外线气体分析仪、氧化分析仪、激光测距仪、数字万能表、智能电度表，各种医疗器械，各种皮带秤、转速表等上的应用。不仅如此，在许多传感器中也装有单片机，形成了智能化传感器，用于对各种被测参数进行现场处理。

3. 机电一体化产品

单片机与传统的机械产品相结合，使传统机械产品的结构简化、控制智能化，构成了新一代的机电一体化产品。机电一体化产品是指集机械技术、微电子技术、自动化技术和计算机技术于一体，具有智能化特征的机电产品，是机械工业发展的方向。单片机的出现促进了机电一体化的发展，它作为机电产品中的控制器，能充分发挥其体积小、可靠性高、功能强、安装方便等优点，大大强化了机器的功能，提高了机器的自动化、智能化程度。例如，在数控机床的简易控制机中，采用单片机可提高可靠性及增强功能，降低控制机成本。

4. 网络和智能化通信产品

网络和通信产品的自动化和智能化程度很高，其中许多功能的完成都离不开单片机的参与。现代的单片机普遍具备通信接口，在通信接口中采用单片机可以对数据进行编码解码、分配管理、接收/发送控制等处理。可以方便地和计算机进行数据通信，为计算机和网络设备之间提供连接服务。现在的通信设备如从各类手机，传真机、程控电话交换机、楼宇自动通信呼叫系统、列车无线通信，再到日常工作中随处可见的移动电话、集群移动通信、无线电对讲机等基本实现了单片机智能控制。最具代表性和应用最广的产品就是移动通信设备，例如手机内的控制芯片就属于专用型单片机。

5. 消费类电子产品

由于单片机价格低廉、体积小，逻辑判断、控制功能强，且内部具有定时器/计数器，所以在家用电器中的应用已经非常普及。例如，单片机应用于洗衣机、空调器、电冰箱、电视机、音响设备、微波炉、电饭煲、恒温箱、加湿机、消毒柜、电风扇、高级智能玩具、电子门铃、电子门锁及家用防盗报警器等。家用电器涉及千家万户，生产规模大，配上单片机后，实现了智能化、最优化控制，增加了功能，备受人们的喜爱。

6. 其他领域

现在办公自动化设备中大多数嵌入了单片机作为控制核心。如打印机、复印机、传真机、绘图机及考勤机等。通过单片机控制不但可以完成设备的基本功能，还可以实现与计算机之间的数据通信。

在商业营销系统中单片机已广泛应用于电子秤、收款机、二维码阅读器、IC 卡刷卡机，以及仓储安全监测系统、商场安保系统、空气调节系统、冷冻保鲜系统等。

在医疗设备领域，单片机也极大地实现了它的价值，已广泛应用于各种分析仪、医疗监护仪、超声诊断设备、病床呼叫系统、医用呼吸机等医疗设备中。

在汽车电子设备中，单片机已得到广泛应用，例如现代汽车的发动机控制器、集中显示系统、动力监测控制系统、自动驾驶系统、通信系统、运行监视器、点火控制、GPS 导航系统、ABS 防抱死系统、紧急请求服务系统、自动诊断系统、制动系统、变速控制、防滑车控制、排气控制及最佳燃烧控制等装置中都离不开单片机。

在军事领域，单片机也在发挥其主要作用。在现代化的武器设备中，如飞机、军舰、坦克、雷达、导弹、鱼雷制导、智能武器设备等都有单片机嵌入其中。

此外，单片机在石油、化工、纺织、金融、科研、教育及国防、航空航天等领域都有着十分广泛的应用。

本 章 小 结

本章主要介绍了单片机的概念、单片机的发展概况以及单片机的应用领域。通过本章学习，要求学生掌握单片机的有关概念、基本组成、单片机的特点，了解单片机的现状、发展趋势、应用领域，对单片机有个初步的印象，为后面的学习打下基础。

习 题

1. 填空题

（1）单片机是把组成微型计算机的各个功能部件，如中央处理器 CPU、_____、_____、_____、_____以及_____等集成在一块芯片中，构成一个完整的微型计算机。

（2）除了"单片机"这一名称外，还可以称为_____和_____。

（3）按照 CPU 对数据的处理位数，单片机通常可分为：4 位机、_____、_____和_____等。

（4）单片机正朝着_____、_____、外围电路的内装化、_____以及_____、_____等方向发展。

（5）单片机与微处理器追求的目标相比，微处理器更侧重于_____和_____，而单片机更侧重于_____和_____。

2. 选择题

（1）单片机内部数据之所以用二进制形式表示，主要是_____。

    A. 为了编程方便　　　　　　　B. 受器件的物理性能限制

    C. 为了通用性　　　　　　　　D. 为了提高运算速度

（2）可以表示单片机的缩略词是_____。

    A. MPU　　　　　　　　　　　B. MCU

    C. WDT　　　　　　　　　　　D. PWM

（3）51 单片机存储空间采用的是_____结构。

    A. 哈佛　　　　　　　　　　　B. 普林斯顿

    C. 统一编址　　　　　　　　　D. 独立编址

（4）在家用电器中使用单片机应属于计算机的_____。

    A. 数值计算应用　　　　　　　B. 数据处理应用

    C. 测量、控制应用　　　　　　D. 辅助设计应用

（5）不属于单片机应用范围的是_____。

    A. 工业控制　　　　　　　　　B. 数据库管理

    C. 家用电器的控制　　　　　　D. 汽车电子设备

3. 简答题

（1）简述单片机与微处理器、微型计算机的联系与区别。

（2）单片机具有哪些特点？

（3）单片机内部一般有哪些功能部件？各功能部件的作用是什么？

（4）简述单片机的发展过程和发展方向。

（5）单片机的主要应用领域有哪些？

第2章
51系列单片机的硬件结构和原理

教学提示

　　熟悉51系列单片机的硬件结构，是深入理解单片机工作原理的基础，也是正确设计单片机控制系统的前提条件和基本要求。51单片机是应用最为广泛的单片机系列，目前许多流行的单片机都与MCS-51单片机兼容。

学习目标

> ➢ 了解51单片机的内部结构。
> ➢ 掌握51单片机的引脚功能。
> ➢ 掌握51单片机I/O接口的用法。
> ➢ 掌握51单片机的存储器结构。
> ➢ 理解CPU时序。
> ➢ 掌握51单片机的复位电路。
> ➢ 了解单片机的低功耗运行方式。

知识结构

　　本章知识结构图如图2.1所示。

2.1　51系列单片机的基本结构

　　51系列单片机有多种型号的产品，如基本型（51子系列）8031、8051、8751、89C51、89S51等，增强型（52子系列）8032、8052、8752、89C52、89S52等。它们的结构基本相同，其主要差别反映在存储器的配置上。8031芯片内没有程序存储器ROM，8051内部设有4KB的掩膜存储器ROM，8751是将8051芯片内的ROM换成了EPROM，89C51则将8051芯片内的ROM换成了4KB的Flash EPROM，89S51芯片内有4KB可在线编程的Flash E^2PROM。增强型的存储容量为基本型的一倍。另外，增强型的16位定时器/计数器由2个增至3个，中断源由5个增至6个。表2.1列出了基本型和增强型的51系列单片机芯片内的基本硬件资源。

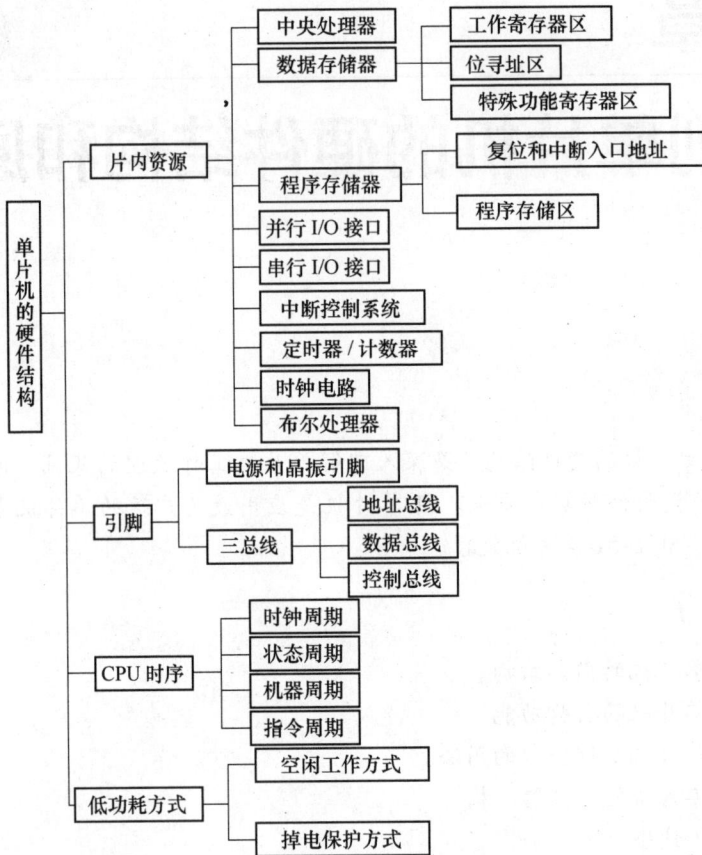

图 2.1　本章知识结构图

表 2.1　51 系列单片机的芯片内硬件资源

	型号	片内程序 存储器	片内数据 存储器/B	I/O 接口线 /条	定时器/ 计数器/个	中断源个数 /个
基 本 型	8031	无	128	32	2	5
	8051	4KB ROM	128	32	2	5
	8751	4KB EPROM	128	32	2	5
	89C51	4KB Flash EPROM	128	32	2	5
	89S51	4KB Flash E^2PROM	128	32	2	5
增 强 型	8032	无	256	32	3	6
	8052	8KB ROM	256	32	3	6
	8752	8KB EPROM	256	32	3	6
	89C52	8KB Flash EPROM	256	32	3	6
	89S52	8KB Flash E^2PROM	256	32	3	6

2.1.1 51系列单片机的内部总体结构

51系列单片机的内部总体结构框图如图2.2所示。

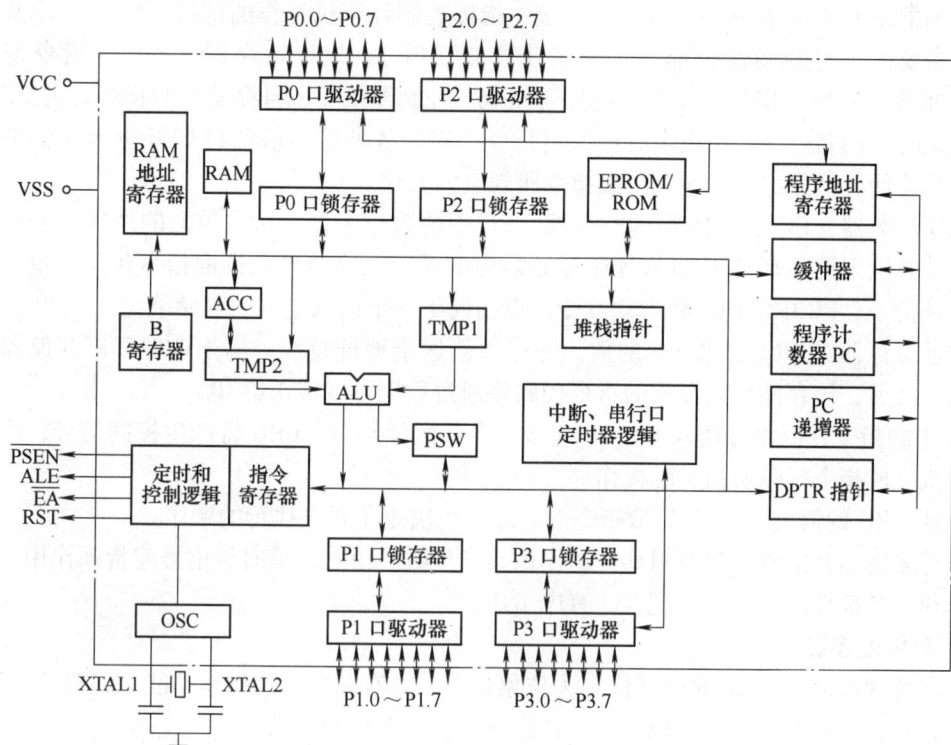

图2.2 51系列单片机内部结构框图

2.1.2 51系列单片机的片内资源

51系列单片机主要包括中央处理单元（CPU）、数据存储器RAM、程序存储器ROM、并行I/O接口、串行I/O接口、中断控制系统、定时器/计数器、时钟电路和布尔处理器等。

1. 中央处理单元

中央处理单元（Central Processing Unit，CPU）是整个单片机的核心部件，其主要任务是控制、指挥和调度整个单元系统使其协调工作，完成运算和控制输入/输出功能等操作。从功能上看，CPU包括两个基本部分：运算器和控制器。

（1）运算器

运算器主要由8位算术逻辑运算单元（ALU）、8位累加器（ACC）、8位寄存器（B）、程序状态字（PSW）寄存器、8位暂存寄存器TMP1和TMP2等组成。

算术逻辑运算单元（ALU）是进行算术或逻辑运算的部件，可以实现加、减、乘、除等算术运算，也可以实现与、或、取反、异或、移位等逻辑运算。

累加器（ACC）和寄存器（B）均是8位寄存器。在进行算数逻辑运算时，ACC提供数据和保存运算结果。在进行乘、除法运算时，寄存器B与ACC配合，提供数据并保存运算结果。在指令系统中，ACC的助记符为A。

程序状态字（PSW）寄存器是8位寄存器，其中某些二进制位用于记录算术逻辑运算结果的状态，如加法是否产生进位、有符号运算结果的符号等。

（2）控制器

控制器是CPU的控制中枢，是用来统一指挥控制计算机工作的部件。51系列单片机的控制器主要由定时控制逻辑部件、程序计数器（PC）、地址寄存器（AR）、指令寄存器（IR）、指令译码器（ID）以及振荡电路等组成。控制器接收来自存储器的指令，进行译码，并通过定时和控制电路，在规定时刻发出指令所需的各种控制信息和CPU外部所需的各种控制信号，使各部分协调工作，完成指令所规定的操作。

程序计数器（PC）是16位的寄存器，PC中的数作为指令所在单元的地址指向程序存储器，由其确定接下来CPU将从程序存储器中的哪一个字节单元读取指令代码。单片机每读取一条指令，PC中的地址将自动改变，以指向下一个读取指令的存储单元。

地址寄存器（AR）接收PC的值，并将该值送给地址总线，用于选中程序存储器的存储单元。之后，该存储单元存放的指令代码将通过数据总线传送给IR。

IR中的指令代码将被送入ID，ID对该指令代码译码后，CPU将产生控制信号，用于控制单片机完成指令代码所指定的操作。

可见，PC的值决定了CPU取指令的顺序，也决定了程序执行的顺序。

时钟振荡器和定时控制逻辑部件的作用是产生时钟信号，该时钟信号起指挥作用，用于协调单片机各部件之间的相互配合、有序工作。

2. 布尔处理器

布尔处理器以PSW中的最高位C为位累加器，具有独特的位操作功能，如置位、清零、取反、转移、检测判断、位逻辑运算，特别适用于工业控制领域。

3. 程序存储器

51系列单片机内部有4KB的程序存储器（8031内部没有程序存储器），简称"内部ROM（Read Only Memory）"，用于存放用户程序、原始数据或表格。

4. 数据存储器

51系列单片机内部有128B的数据存储器，简称"内部RAM（Random Access Memory）"，用于存放可读写的数据、运算的中间结果或用户定义的字型表等。

5. 特殊功能寄存器

特殊功能寄存器离散地分布在单片机内部地址范围为80H～FFH的区域。单片机的输入/输出端口、定时器/计数器、串行通信口、累加器以及一些控制寄存器都位于这个地址空间。

6. 并行I/O接口

51系列单片机共有4个8位并行接口，分别为P0口、P1口、P2口和P3口，简称为"并行I/O口"。用于以并行方式实现对外部设备的扩展及实现与外部设备的联络、通信，实现控制信号或数据的传输。

7. 串行I/O接口

51系列单片机内有一个全双工的串行口控制器，用于与其他设备间进行串行数据传送。该串行口具有4种不同的工作方式，既可以作为异步通信收发器与其他设备完成串行通信，也可以作为同步移位寄存器使用，应用于需要扩展I/O接口的系统。

8. 中断控制系统

51 系列单片机具备较完善的中断功能，有 2 个外部中断源、2 个内部定时器/计数器中断源和 1 个串行中断源，可满足不同的控制要求，并具有两级优先级别选择功能。

9. 定时器/计数器

51 系列单片机有两个 16 位可编程定时器/计数器，在实际应用中，既可对外部输入的脉冲信号进行计数（计数功能），又可以对系统的时钟脉冲进行计数（定时功能）。

10. 时钟电路

51 系列单片机内含时钟电路，只需要外接一个石英晶体振荡器和两个匹配的电容就可以产生系统时钟信号，系统时钟的频率由外接的石英晶体振荡器的频率确定。

2.2　51 系列单片机的引脚功能

51 系列单片机有双列直插式封装和方形封装两种。51 系列单片机有 40 个引脚，主要包括电源引脚、外接晶体振荡器引脚、控制功能引脚和输入/输出端口引脚。为了结构更加紧凑，单片机的许多引脚具有双重复用功能。

2.2.1　51 系列单片机的引脚图与封装方式

51 系列单片机有两种封装方式，HMOS 制造工艺的单片机大部分采用 40 引脚双列直插式封装（DIP），CHMOS 制造工艺的 80C51 除采用 DIP 封装方式外，还采用方形封装。图 2.3a 所示为 40 引脚 DIP 封装的引脚图，图 2.3b 所示为 44 引脚 PLCC 封装的引脚图。如无特殊说明，本书所指的 51 系列单片机均为 40 引脚的双列直插式封装方式。

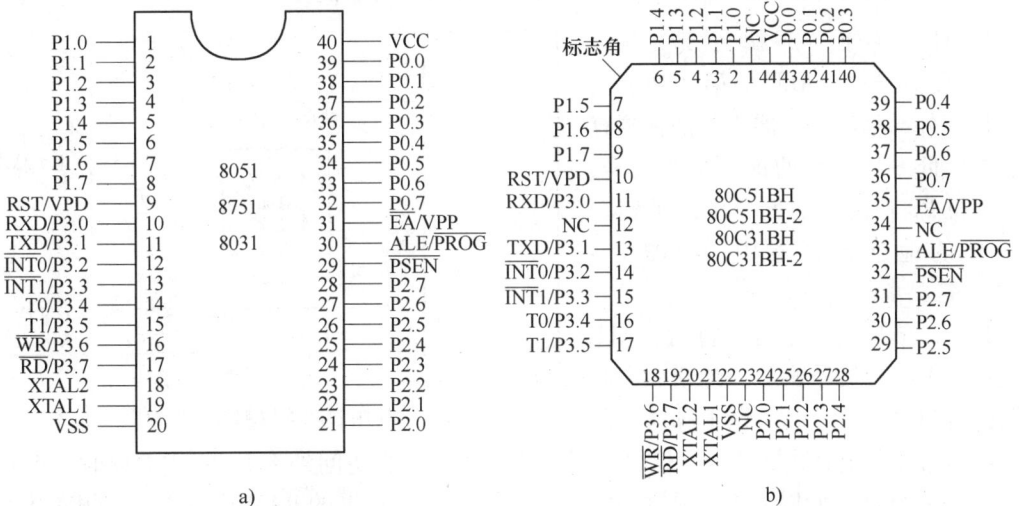

图 2.3　51 系列单片机的引脚

a）40 引脚 DIP 封装引脚图　b）44 引脚 PLCC 封装引脚图

2.2.2　51 系列单片机的引脚说明

在 51 系列单片机的 40 个引脚中，有 2 个主电源引脚、2 个外接晶体振荡器引脚、4 个控制功能的引脚和 32 个输入/输出引脚。

1. 主电源引脚

V_{CC}（40 脚）：接+5V 电源。V_{SS}（20 脚）：接数字地端。

2. 外接晶体振荡器引脚

XTAL1（19 脚）：接外部石英晶体的一端。在单片机内部，它是一个反相放大器的输入端，这个放大器构成了片内振荡器。当采用外部时钟时，对于 HMOS 单片机，该引脚接地；对于 CHMOS 单片机，该引脚作为外部振荡信号的输入端。

XTAL2（18 脚）：接外部石英晶体的另一端。在单片机内部，接至上述振荡器的反相放大器的输出端。采用外部振荡器时，对 HMOS 单片机，该引脚接收振荡器的信号，即把此信号直接接到内部时钟发生器的输入端；对 CHMOS 单片机此引脚应悬浮。

3. 控制功能引脚

1）RST/V_{PD}（9 脚）：复位/备用电源引脚。RST（Reset）为复位，V_{PD}为备用电源。该引脚为单片机的复位或掉电保护输入端。复位分为上电复位和系统运行中复位。当单片机系统正常运行时，该引脚上出现持续两个机器周期的高电平，就可实现复位操作，使单片机恢复到初始状态，这种形式的复位称作系统运行中复位。在通电时，考虑到振荡器有一定的起振时间，该引脚上高电平必须持续 10ms 以上才能保证有效复位。

当 V_{CC} 发生故障，即掉电时或电压值下降到低于规定的水平时，该引脚可接通备用电源 V_{PD}（+5V），为内部 RAM 供电，以保证 RAM 中的数据不丢失。

2）$\overline{PSEN}$（29 脚）：片外程序存储器读选通信号线，低电平有效。当从外部程序存储器读取指令或数据期间，在每个机器周期内该信号两次有效，以通过数据总线 P0 口读取指令或常数。在访问片外数据存储器期间，$\overline{PSEN}$ 信号处于无效状态。

3）ALE/$\overline{PROG}$（30 脚）：地址锁存允许/编程信号线。ALE 的第一功能为 CPU 访问外部程序存储器或外部数据存储器提供低 8 位地址的锁存控制信号，将单片机 P0 口发出的低 8 位地址锁存在片外的地址锁存器中，如图 2.4 所示。

此外，单片机在正常运行时，ALE 端一直有正脉冲信号输出，此频率为时钟振荡器频率 f_{osc} 的 1/6。该正脉冲振荡

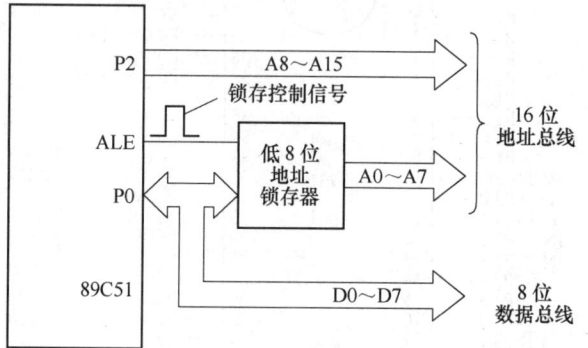

图 2.4　ALE 作为低 8 位地址的锁存控制信号

信号可作为外部定时或脉冲触发信号。但是要注意，每当访问外部 RAM 或 I/O 时，都要丢失一个 ALE 脉冲。所以 ALE 引脚的输出信号通过芯片外扩展的 RAM 或 I/O 时，频率并不是准确的时钟振荡器频率 f_{osc} 的 1/6。

对于 EPROM 型的单片机（如 8751），在 EPROM 编程期间，此引脚用于输入编程脉冲。

4）$\overline{EA}$/V_{PP}（31 脚）：$\overline{EA}$ 为芯片外程序存储器选用端。该引脚有效（低电平）时，只选用芯片外程序存储器，对于内部无程序存储器的 8031，$\overline{EA}$ 端必须接地。当 $\overline{EA}$ 端保持高电平

时，选用芯片内程序存储器，但在 PC 值超过 0FFFH（针对 8051/8751/80C51）或 1FFFH（针对 8052）时，将自动转向外部程序存储器。

对于芯片内含有 EPROM 的机型，在编程期间，此引脚作为编程电源（V_{PP}）的输入端。

4. 输入/输出引脚

51 系列单片机共有 4 个并行 I/O 接口（P0~P3），每个接口都有 8 条接口线，用于传送数据和地址。但每个接口的结构各不相同，因此在功能和用途上有一定的差别。

1）P0 口（32~39 脚）：P0.0~P0.7 统称为 P0 口，为 8 位漏极开路的双向输入/输出（I/O）端口。当不扩展片外存储器或 I/O 接口时，可作为双向 I/O 口，此时需要外加上拉电阻，并且在作输入端口时，应先向端口的输出锁存器写入高电平。P0 口的每一个引脚能接 8 个 TTL 电路的输入；当扩展片外存储器或 I/O 接口时，P0 口作为低 8 位地址总线/数据总线的分时复用端口。

2）P1 口（1~8 脚）：P1.0~P1.7 统称为 P1 口，为 8 位的准双向 I/O 接口，具有内部上拉电阻。当作为输入端口时，应先向端口的输出锁存器写入高电平。P1 口的每一个引脚能接 4 个 TTL 电路的输入。对于 52 子系列单片机，P1.0 与 P1.1 还有第二个功能，P1.0 可作为定时器/计数器 2 的计数脉冲输入端 T2，P1.1 可作为定时器/计数器 2 的外部控制端 T2EX。

3）P2 口（21~28 脚）：P2.0~P2.7 统称为 P2 口，为 8 位的准双向 I/O 接口，具有内部上拉电阻。当不扩展片外存储器或 I/O 接口时，可作为准双向 I/O 口，并且在作输入端口时，应先向端口的输出锁存器写入高电平。P2 口的每一个引脚能接 4 个 TTL 电路的输入；当扩展片外存储器或 I/O 接口时，P2 口作为高 8 位地址总线。

4）P3 口（10~17 脚）：P3.0~P3.7 统称为 P3 口，为 8 位的准双向 I/O 接口，具有内部上拉电阻。P3 可作为准双向 I/O 接口，并且在作输入端口时，应先向端口的输出锁存器写入高电平。P3 口的每一个引脚能接 4 个 TTL 电路的输入。除作为准双向 I/O 接口使用外，每一位还具有第二功能，而且 P3 口的每一条引脚均可独立定义为第一功能或第二功能。P3 口的第二个功能如表 2.2 所示。

表 2.2　P3 口的第二功能

引　　脚		第二功能
P3.0	RXD	串行口输入端
P3.1	TXD	串行口输出端
P3.2	$\overline{INT0}$	外部中断 0 请求输入端，低电平有效
P3.3	$\overline{INT1}$	外部中断 1 请求输入端，低电平有效
P3.4	T0	定时器/计数器 0 计数脉冲输入端
P3.5	T1	定时器/计数器 1 计数脉冲输入端
P3.6	$\overline{WR}$	外部数据存储器写选通信号输出端，低电平有效
P3.7	$\overline{RD}$	外部数据存储器读选通信号输出端，低电平有效

准双向口作通用 I/O 的输入口使用时，一定要向该接口先写入"1"，这也是准双向口与双向口的差别。

2.2.3　51 系列单片机的引脚应用特性

1. 三总线特性

当 51 系列单片机系统需要外扩程序存储器、数据存储器或 I/O 接口时，外部芯片需要单片机为其提供地址总线、数据总线和控制总线。这些总线和单片机内部的 I/O 接口线一起构成了单片机的片外总线。图 2.5 为 51 系列单片机的片外总线。单片机的引脚除了电源、复位、时钟和用户 I/O 接口线外，其余引脚都是为实现系统扩展而设置的。这些引脚构成了 51 单片机片外三总线结构，即：

1）地址总线（Address Bus，AB）。地址总线宽度为 16 位，可访问 64KB 外部程序存储器和 64KB 外部数据存储器。低 8 位地址 A0～A7 由 P0 口经地址锁存器提供，高 8 位地址 A8～A15 直接由 P2 口提供。

图 2.5　51 系列单片机片外总线结构

2）数据总线（Data Bus，DB）。数据总线宽度为 8 位，由 P0 口分时复用提供。

3）控制总线（Control Bus，CB）。由 P3 口第二个功能状态和 4 条独立控制线 ALE、$\overline{PSEN}$、RST、$\overline{EA}$ 组成。

51 系列单片机中的 4 个 I/O 接口在实际使用中，一般遵循以下规则：P0 口一般作为系统扩展地址低 8 位/数据复用口，P1 口一般作为 I/O 口，P2 口作为系统扩展地址高 8 位和 I/O 口，P3 口作为第二功能使用。

2. 引脚的复用特性

为了在有限的引脚上实现尽可能多的功能，51 系列单片机采用了引脚复用技术。

1）P3 口除了具有准双向 I/O 口的第一功能外，还具有第二功能，如串行口通信端、计数器的脉冲输入端、外部中断请求输入端等。

2）P0 口、ALE 信号和 8 位锁存器配合使用，可以实现地址/数据总线的分时复用。当片内程序存储器的容量不够时，可令 $\overline{EA}=0$，通过 ALE、$\overline{PSEN}$、$\overline{RD}$、P0 口、P2 口和一个 8 位锁存器配合使用，可扩展多达 64KB 的片外程序存储器。当片内数据存储器的容量不够时，通过 ALE、$\overline{RD}$、$\overline{WR}$、P0 口、P2 口和一个 8 位锁存器配合使用，可扩展多达 64KB 的片外数据存储器。

3）无论是 P0 口、P2 口的总线复用，还是 P3 口的功能复用，单片机的内部资源会自动选择，不需要通过指令的状态选择。

3. I/O 接口的应用特性

1）P0～P3 口都可以作为 I/O 接口使用，而当作为输入端口使用时，应先向端口的输出锁存器写入高电平。

2）当不使用并行扩展总线时，P0、P2 口都可以用作 I/O 接口，但 P0 口为漏极开路结构，作为 I/O 口时必须外加上拉电阻。

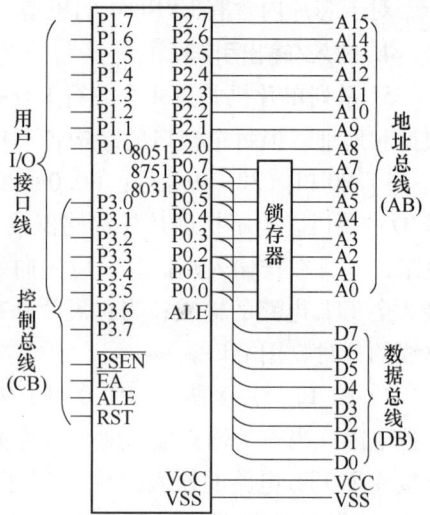

3）P0 口的每一个 I/O 接口线均可驱动 8 个 TTL 输入端，而 P1～P3 口的每一个 I/O 接口线均可驱动 4 个 TTL 输入端。CMOS 单片机的 I/O 接口通常只能提供几毫安的驱动电流，但外接的 CMOS 电路的输入驱动电流很小，所以此时可以不考虑单片机 I/O 接口的扇出能力。

在实际使用中，一般用户在进行 I/O 接口扩展时，很难计算 I/O 接口的负载能力。对用于扩展的集成芯片，如 74LS 系列的一些大规模集成芯片，都可与 51 系列单片机直接接口。其他一些扩展用芯片，使用中可参考器件手册及典型电路。对于一些线性元件，如键盘、编码盘及 LED 显示屏等输入/输出设备，由于 51 系列单片机不能提供足够的驱动电流，因此应尽量设计驱动系统。

2.3 51 系列单片机的存储器结构

计算机的存储器结构有两种：一种称为哈佛结构，即程序存储器和数据存储器是分开的结构，对地址空间独立编址；另一种结构称为普林斯顿结构，即程序存储器和数据存储器是一体结构，对地址空间进行统一编址。51 系列单片机存储器的结构是哈佛结构，即程序存储器和数据存储器的地址空间是分开编址的。

51 系列单片机的存储器结构如图 2.6 所示，从物理地址空间上可分为片内、片外程序存储器与片内、片外数据存储器 4 部分。由于片内、片外程序存储器统一编址，因此，从用户使用角度来说，其地址空间可分为片内外统一编址的 64KB 程序存储器、256B 的片内数据存储器和 64KB 的片外数据存储器三部分。

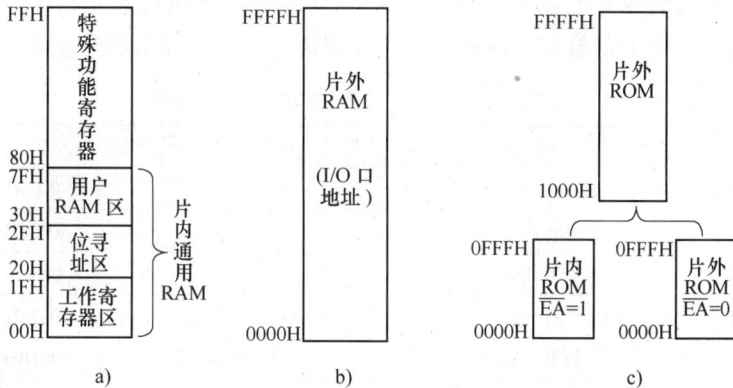

图 2.6　51 系列单片机的存储器结构
a）片内数据存储器　b）片外数据存储器　c）程序存储器

2.3.1 程序存储器

51 系列单片机的程序存储器结构如图 2.6c 所示。程序存储器用于存放用户的目标程序和表格常数。它以 16 位的程序计数器 PC 作为地址指针，故寻址空间为 64KB，地址范围为 0000H～FFFFH。

1. 编址与访问

程序存储器分为芯片内程序存储器和芯片外程序存储器，作为一个编址空间，其编址规律为：先芯片内，后芯片外，且芯片内与芯片外程序存储器的地址不能重叠。

单片机复位以后，程序从地址 0000H 开始执行。根据单片机的类型及引脚 $\overline{EA}$ 的电平状态来选择从内部还是从外部开始执行。对于内部有程序存储器的单片机，若 $\overline{EA}=1$，则程序从内部 0000H 开始执行，当 PC 值超出内部 ROM 的容量时，顺序执行外部的程序（不是从外部的 0000H，而是从内部程序存储器最后地址再加 1 的外部程序存储器的地址执行）。而当 $\overline{EA}=0$ 时，内部程序存储器被忽略，程序总是从外部程序存储器的 0000H 开始执行。对于这类芯片，可用于调试状态，把调试程序放在与内部 ROM 空间重叠的外部存储器中；对于内部无程序存储器的单片机，在外部扩展程序存储器后 $\overline{EA}$ 必须接低电平，程序从外部程序存储器的 0000H 开始执行。

2. 特殊的入口地址

在程序存储器的开始部分，定义了一些具有特殊功能的地址，用作程序起始和各种中断的入口地址。如表 2.3 所示，其中 0000H 是系统复位后的程序起始入口地址，如果程序不是从 0000H 单元开始，则应在该地址中存放一条无条件转移指令，使 CPU 转去执行用户指定的程序。另一些特殊单元是 0003H、000BH、0013H、001BH、0023H，它们分别是外部中断 0 中断入口、定时器 0 中断入口、外部中断 1 中断入口、定时器 1 中断入口、串行接口中断入口。当中断响应后，按中断的类型，自动转到各自的中断入口去执行程序。但是在通常情况下，每段只有 8 个地址单元是不够保存完整的中断服务程序的，因而一般也在中断响应的地址区存放一条无条件转移指令，指向程序存储器中真正存放中断服务程序的空间，这样中断响应后，CPU 读到这条转移指令时，便转向其他地方去执行真正的中断服务程序。因此以上地址单元不能用于存放程序的其他内容，只能存放中断服务程序的地址。

表 2.3　51 系列单片机复位和中断入口地址

操　作	入口地址
复位	0000H
外部中断 0	0003H
定时器/计数器 0 溢出	000BH
外部中断 1	0013H
定时器/计数器 1 溢出	001BH
串行接口中断	0023H
定时器/计数器 0 溢出或 T2EX 端负跳变（52 子系列）	002BH

2.3.2　数据存储器

数据存储器用于暂存数据和运算结果。51 系列单片机分为片内数据存储器和片外数据存储器，它们在物理上和逻辑上都为两个独立的地址空间。

1. 片内通用数据存储器

片内数据存储器是使用最频繁的存储空间，大部分操作指令的操作数都保存在片内数据存储器中。

由图 2.6a 可见，51 子系列的片内数据存储器有 128B，其编址为 00H~7FH。对于 52 子系列单片机有 256B，其编址为 00H~FFH。

片内数据存储器区又分为工作寄存器区、位寻址区、堆栈或数据缓冲区三部分。

（1）工作寄存器区

工作寄存器区的地址范围为 00H~1FH，共 32 个字节单元，分为 4 个工作寄存器组，每个组有 8 个工作寄存器，分别为 R0~R7。每个工作寄存器组都可以作为当前工作寄存器，用户可以通过改变程序状态字 PSW（Programme State Word）中的 RS1 和 RS0 两位来选择。工作寄存器和 RAM 字节地址的对应关系如表 2.4 所示。若在一个实际应用系统中，并不需要 4 组工作寄存器，那么没使用的工作寄存器组的区域可以作为一般的数据存储器使用。

表 2.4 工作寄存器和 RAM 字节地址对照表

RS1	RS0	寄存器组	R0	R1	R2	R3	R4	R5	R6	R7
0	0	0 组（00H~07H）	00H	01H	02H	03H	04H	05H	06H	07H
0	1	1 组（08H~0FH）	08H	09H	0AH	0BH	0CH	0DH	0EH	0FH
1	0	2 组（10H~17H）	10H	11H	12H	13H	14H	15H	16H	17H
1	1	3 组（18H~1FH）	18H	19H	1AH	1BH	1CH	1DH	1EH	1FH

（2）位寻址区

位寻址区的地址范围为 20H~2FH，共 16 个字节单元，为 16B×8bit/B = 128bit。这 16 个字节单元不仅具有字节寻址功能，还具有位寻址功能。其中每一位都赋予了一个位地址，位地址范围为 00H~7FH，具体的位地址分配如表 2.5 所示。有了位地址，CPU 就可以对特定的位进行处理，可以用于开关量控制，在程序设计阶段，通常用于存放各种程序的运行标志、位变量等，这给编程带来很大方便。

表 2.5 位地址分配表

字节地址	位 地 址							
	D7	D6	D5	D4	D3	D2	D1	D0
2FH	7FH	7EH	7DH	7CH	7BH	7AH	79H	78H
2EH	77H	76H	75H	74H	73H	72H	71H	70H
2DH	6FH	6EH	6DH	6CH	6BH	6AH	69H	68H
2CH	67H	66H	65H	64H	63H	62H	61H	60H
2BH	5FH	5EH	5DH	5CH	5BH	5AH	59H	58H
2AH	57H	56H	55H	54H	53H	52H	51H	50H
29H	4FH	4EH	4DH	4CH	4BH	4AH	49H	48H
28H	47H	46H	45H	44H	43H	42H	41H	40H
27H	3FH	3EH	3DH	3CH	3BH	3AH	39H	38H
26H	37H	36H	35H	34H	33H	32H	31H	30H
25H	2FH	2EH	2DH	2CH	2BH	2AH	29H	28H
24H	27H	26H	25H	24H	23H	22H	21H	20H

（续）

字节地址	位 地 址							
	D7	D6	D5	D4	D3	D2	D1	D0
23H	1FH	1EH	1DH	1CH	1BH	1AH	19H	18H
22H	17H	16H	15H	14H	13H	12H	11H	10H
21H	0FH	0EH	0DH	0CH	0BH	0AH	09H	08H
20H	07H	06H	05H	04H	03H	02H	01H	00H

对于位寻址区的某个地址，既可能是字节地址，也可能是位地址。单片机利用所使用的指令和操作数的不同，可以区分究竟是字节地址还是位地址。

（3）堆栈或数据缓冲区

数据缓冲区的地址范围为30H~7FH，共80个单元，只能按字节寻址。一般用于存储用户数据或作为堆栈区。

2. 片外数据存储器和 I/O 接口

51系列单片机具有扩展64KB外部数据存储器RAM和I/O接口的能力，外部数据存储器和I/O接口实行统一编址，即用户在应用系统设计时，所有的外围接口地址均占用外部RAM的地址单元，并使用相同的控制信号、访问指令和寻址方式。外部数据存储器按16位编址时，其地址空间与程序存储器重叠，但不会引起混乱，访问程序存储器时用PSEN信号选通，而访问外部数据存储器时，由RD信号（读）和WR信号（写）选通。访问程序存储器时使用的是 MOVC 指令，而访问外部数据存储器时使用的是 MOVX 指令。一个 I/O 接口相当于 RAM 的一个存储单元，CPU 都是通过 MOVX 指令对它们进行读写操作的。

2.3.3 特殊功能寄存器

特殊功能寄存器 SFR 是区别于通用寄存器而言的，也称专用寄存器，主要是用来对芯片内各功能模块进行管理、控制、监视的控制寄存器和状态寄存器。51 子系列单片机共有 21 个特殊功能寄存器，52 子系列有 26 个特殊功能寄存器，它们离散地分布在 80H~FFH 地址空间范围内，且每一个 SFR 都有一个字节地址，并定义了符号名称，其地址分布如表 2.6 所示，符号名称标有 * 为 52 子系列增加的。

表 2.6 特殊功能寄存器 SFR 地址表

特殊功能寄存器	符号	字节地址	位地址和位名称								是否位寻址
			D7	D6	D5	D4	D3	D2	D1	D0	
P0 口	P0	80H	P0.7 87H	P0.6 86H	P0.5 85H	P0.4 84H	P0.3 83H	P0.2 82H	P0.1 81H	P0.0 80H	是
堆栈指针	SP	81H									否
数据指针低字节	DPL	82H									否
数据指针高字节	DPH	83H									否
电源控制	PCON	87H	SMOD				GF1	GF0	PD	IDL	否
定时器/计数器控制	TCON	88H	TF1 8FH	TR1 8EH	TF0 8DH	TR0 8CH	IE1 8BH	IT1 8AH	IE0 89H	IT0 88H	是

（续）

特殊功能寄存器	符号	字节地址	位地址和位名称								是否位寻址
			D7	D6	D5	D4	D3	D2	D1	D0	
定时器/计数器方式控制	TMOD	89H	GATE	C/T	M1	M0	GATE	C/T	M1	M0	否
定时器/计数器 0 低字节	TL0	8AH									否
定时器/计数器 1 低字节	TL1	8BH									否
定时器/计数器 0 高字节	TH0	8CH									否
定时器/计数器 1 高字节	TH1	8DH									否
P1 口	P1	90H	P1.7 97H	P1.6 96H	P1.5 95H	P1.4 94H	P1.3 93H	P1.2 92H	P1.1 91H	P1.0 90H	是
串行控制	SCON	98H	SM0 9FH	SM1 9EH	SM2 9DH	REN 9CH	TB8 9BH	RB8 9AH	TI 99H	RI 98H	是
串行数据线冲器	SBUF	99H									否
P2 口	P2	A0H	P2.7 A7H	P2.6 A6H	P2.5 A5H	P2.4 A4H	P2.3 A3H	P2.2 A2H	P2.1 A1H	P2.0 A0H	是
中断允许控制	IE	A8H	EA AFH		ET2 ADH	ES ACH	ET1 ABH	EX1 AAH	ET0 A9H	EX0 A8H	是
P3 口	P3	B0H	P3.7 B7H	P3.6 B6H	P3.5 B5H	P3.4 B4H	P3.3 B3H	P3.2 B2H	P3.1 B1H	P3.0 B0H	是
中断优先控制	IP	B8H			PT2 BDH	PS BCH	PT1 BBH	PX1 BAH	PT0 B9H	PX0 B8H	是
定时器/计数器 2 控制	T2CON *	C8H	TF2 CFH	EXF2 CEH	RCLK CDH	TCLK CCH	EXEN2 CBH	TR2 CAH	C/T2 C9H	CP/RL2 C8H	是
定时器/计数器 2 自动重装低字节	RLDL *	CAH									否
定时器/计数器 2 自动重装高字节	RLDH *	CBH									否
定时器/计数器 2 低字节	TL2 *	CCH									否
定时器/计数器 2 高字节	TH2 *	CDH									否
程序状态字	PSW	D0H	C D7H	AC D6H	F0 D5H	RS1 D4H	RS0 D3H	OV D2H	F1 D1H	P D0H	是
累加器	A	E0H	E7H	E6H	E5H	E4H	E3H	E2H	E1H	E0H	是
B 寄存器	B	F0H	F7H	F6H	F5H	F4H	F3H	F2H	F1H	F0H	是

由表 2.6 可见，在特殊功能寄存器区域中，字节地址的低位为 8 和 0 的特殊功能寄存器

也可按位寻址，且大多数可按位寻址的 SFR 的每一位都有一个位名，其最低位的位地址与其字节地址相同。

在 80H~FFH 地址空间范围内，还有一些单元未被定义，对于这些无定义的字节地址单元，用户不能以寄存器的形式访问，否则将得到一个不确定的随机数。

从编程的角度看，51 系列单片机对用户开放的特殊功能寄存器主要有以下几个：累加器（ACC）、寄存器（B）、程序状态（PSW）寄存器、程序计数器（PC）、数据指针（DPTR）、堆栈指针（SP）。

1. 累加器

累加器是一个 8 位寄存器，通常用 A 或 ACC 表示，是 CPU 使用最频繁的寄存器。CPU 的大多数指令都要通过累加器（A）与其他部分交换信息。在 CPU 执行某运算之前，两个操作数中的一个通常应放在累加器（A）中，运算结果也常送回累加器（A）保存。

2. 通用寄存器

通用寄存器（B）也是一个 8 位寄存器，主要用于乘法和除法运算指令中，与累加器（A）配合使用。当不做乘除运算时，则可作为通用寄存器使用。

3. 程序状态字寄存器

程序状态字（PSW）寄存器是一个 8 位的寄存器，它保存指令执行结果的状态信息，以供程序查询和判别。其各位的定义如下：

PSW.7	PSW.6	PSW.5	PSW.4	PSW.3	PSW.2	PSW.1	PSW.0
C	AC	F0	RS1	RS0	OV	F1	P

1）进位标志位 C(PSW.7)：也可记作 CY，在执行某些算术运算（如加减运算）、逻辑运算（如移位操作）指令时，可被硬件或软件置位和清零。它表示在加减运算过程中最高位是否有进位或借位。若在最高位有进位（加法时）或借位（减法时），则 C=1，否则 C=0。

2）辅助进位（或称半进位）标志位 AC(PSW.6)：用于表示两个 8 位数运算时，低 4 位有无进（借）位。当低 4 位相加或相减时，若 D3 位向 D4 位有进位或借位，则 AC=1，否则 AC=0。在 BCD 码运算的十进制调整中要用到该标志。

3）用户自定义标志位 F0(PSW.5)：用户可根据自己的需要对 F0 赋予一定的含义，并通过软件根据程序执行的需要对其进行置位或清零，而不是由单片机在执行指令过程中自动形成。该标志位状态一经设定，可由用户程序直接检测，根据 F0=1 或 F0=0，决定程序的执行方式或反映系统某一种工作状态。

4）工作寄存器组选择位 RS1、RS0(PSW.4、PSW.3)：可用软件置位或清零，用于选定当前使用的 4 个工作寄存器组中的某一组。RS1、RS0 的值与工作寄存器组的关系如表 2.4 所示。

5）溢出标志位 OV(PSW.2)：做加法或减法运算时，由硬件置位或清零，以指示运算结果是否溢出。OV=1 反映运算结果超出了累加器的数值范围（无符号数的范围为 0~255，以补码形式表示一个有符号数的范围为 -128~+127）。当进行无符号数的加法或减法运算时，OV 的值与进位 C 的值相同；当进行有符号数的加法时，如最高位、次高位之一有进位，或做减法时，如最高位、次高位之一有借位，OV 被置位，即 OV 的值为最高位和次高位进位异或（C7⊕C6）的结果。执行乘法指令 MUL AB 也会影响 OV 标志，当乘积大于 255

时 OV =1，否则 OV =0；执行除法指令 DIV AB 也会影响 OV 标志，如 B 中存放的除数为 0，则 OV=1，否则 OV=0。

6）用户自定义标志位 F1（PSW.1）：同 F0。

7）奇偶标志位 P（PSW.0）：在执行指令后，单片机根据累加器（A）中含有 1 的个数自动给该标志置位或清零。若 A 中 1 的个数为奇数，则 P=1，否则 P=0。该标志常用于串行通信过程中的错误校验，即奇偶校验。

4. 程序计数器

程序计数器（Program Counter，PC）是一个 16 位寄存器，专用于存放下一条将要执行指令的内存地址值，具有自动加 1 的功能。当 CPU 顺序执行指令时，PC 的内容以增量的规律变化，当一条指令取出后，PC 就指向下一条指令。如果不按顺序执行指令，在跳转之前必须将转移的目标地址送往程序计数器，以便从该地址开始执行程序。由此可见，PC 实际上是一个地址指示器，改变 PC 的内容就可以改变指令执行的次序，即改变程序执行的路线。当系统复位后，PC=0000H，CPU 便从这一固定的入口地址 0000H 开始执行程序。

PC 客观存在于单片机中，但不在 RAM 存储器内，因此，不能对 PC 直接用指令进行读和写，PC 是不可寻址的专用寄存器。

5. 数据指针

数据指针（DPTR）是一个 16 位的寄存器，也可分解为两个 8 位的寄存器 DPH（高 8 位）和 DPL（低 8 位）。在 CPU 对片外数据存储器或 I/O 接口进行访问时，用来确定访问地址；在查表和转移指令中，DPTR 可以用作访问程序存储器的基址寄存器。

6. 堆栈指针

堆栈是个特殊的存储区，主要功能是暂时存放数据和地址，通常用来保护程序断点和程序运行现场。

堆栈指针（Stack Pointer，SP）是一个 8 位寄存器，它的内容指示出堆栈顶部在芯片内 RAM 中的位置。它可以指向芯片内 RAM 中 00H ~ 7FH 中的任意一个单元。单片机复位后，SP 的默认值为 07H，使得堆栈操作实际上从 08H 单元开始，考虑到 08H ~ 1FH 单元分别属于 1~3 组工作寄存器区，若在程序设计中用到这些工作寄存器区，则最好在复位后并且运行程序前，把 SP 的值修改为 30H 或更大的值。

堆栈遵循先进后出的原则，数据压入堆栈时，SP 先自动加 1，然后将一个字节数据压入堆栈；数据弹出堆栈时，一个字节数据弹出堆栈后，SP 再自动减 1。

2.4 51 系列单片机的并行 I/O 接口

51 系列单片机具有 4 个双向的 8 位 I/O 接口 P0~P3，共 32 根接口线。特殊功能寄存器 P0、P1、P2、P3 就是这 4 个接口的输出锁存器。每个接口可按字节输入或输出，也可按位输入或输出。P0 口为三态双向口，负载能力为驱动 8 个 TTL 电路，P1~P3 口为准双向口，负载能力为驱动 4 个 TTL 电路，如果外部设备需要的驱动电流大，可加接驱动器。

同一接口的各位具有相同的结构，4 个接口的结构也有相同之处：各接口中的每一位都是由锁存器、输出驱动器和输入缓冲器组成。由于每个接口具有不同的功能，内部结构也有所不同，所以下面分别对各个接口的结构进行介绍。

2.4.1 P0 口

1. P0 口的电路结构

P0 口是一个三态双向口，既可作为低 8 位地址线和数据总线的分时复用口，也可作为通用 I/O 接口，各位的结构相同，其每一位的结构原理如图 2.7 所示。图中的锁存器用来锁存输出数据，8 个锁存器构成了特殊功能寄存器 P0；场效应晶体管 V1、V2 组成输出驱动器，以增大带负载能力；三态门 1 是引脚输入缓冲器；三态门 2 用于读锁存器端口；"与"门 3、反相器 4 及多路转换开关构成了输出控制电路。

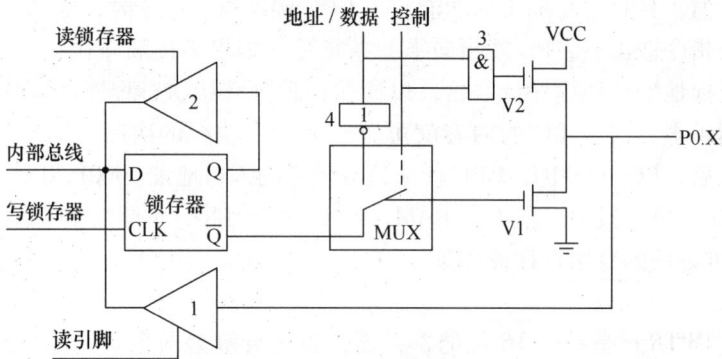

图 2.7 P0 口每一位的结构图

2. P0 口作为地址/数据分时复用口

当 P0 口作为地址/数据分时复用总线时，可考虑两种情况：一种是从 P0 口输出地址或数据，另一种是从 P0 口输入数据。

1）在访问外部存储器时，需从 P0 口输出地址或数据信号，此时控制信号应为高电平"1"，内部控制信号有效，一方面使转换开关 MUX 接通地址/数据总线反相后的信号，另一方面又使地址/数据总线的信号能通过"与"门 3 作用于 V2。当地址或数据为高电平"1"时，经反相器 4 后使 V1 截止，而经"与"门 3 使 V2 导通，P0.X 引脚上出现相应的高电平"1"；当地址或数据为低电平"0"时，经反相器 4 后使 V1 导通而 V2 截止，引脚上出现相应的低电平"0"。这样就输出了地址/数据线上的信号。

2）当数据输入时，"读引脚"控制信号置"1"，使引脚上的信号经输入缓冲器 1 直接进入内部总线。

3. P0 口作为通用 I/O 接口

当 P0 口作为通用输入/输出接口使用时，控制信号为低电平，转换开关 MUX 把输出级与锁存器 $\overline{Q}$ 端接通，同时因"与"门 3 输出为"0"使上拉场效应晶体管 V2 截止，此时，输出级是漏极开路电路。当写脉冲加在锁存器时钟端 CLK 上时，与内部总线相连的 D 端数据取反后出现在 $\overline{Q}$ 端，又经输出 V1 反相，在 P0.X 引脚上出现的数据就是内部总线的数据。

4. P0 口使用说明

1）在输出数据时，由于 V2 截止，输出级是漏极开路电路，要使输出引脚为正常输出的高电平，必须外接上拉电阻。

2）由于 P0 口作为通用 I/O 接口使用时是准双向口，所以在输入数据时，应先把 P0 口置"1"（写"1"），此时锁存器的 $\overline{Q}$ 端为"0"，使输出级的两个场效应晶体管 V1、V2 均截止，引脚处于悬浮状态，才可作高阻输入。否则，若在此之前输出曾锁存过数据"0"，则 V1 导通，这样引脚上的输入信号就始终被钳位在低电平，使输入高电平无法读入。

3）用于地址/数据分时复用功能时，在访问外部存储器期间，CPU 会自动向 P0 口的锁存器写入 0FFH，对用户而言，P0 口此时则是真正的三态双向口。

综上所述，P0 口在有外部扩展存储器或 I/O 接口时被作为地址/数据总线口，此时是一个真正的双向口；在没有外部扩展存储器和 I/O 接口时，P0 口也可作为通用的 I/O 接口，但此时只是一个准双向口，在输入数据时，应先向端口写入"1"，在输出数据时，必须外接上拉电阻才能正常输出高电平。另外，P0 口的输出级具有驱动 8 个 TTL 负载的能力，即输出电流不大于 $800\mu A$。

2.4.2 P1 口

P1 口是准双向 I/O 接口，其每一位的内部结构如图 2.8 所示。它在结构上与 P0 口的区别在于输出驱动部分由场效应晶体管 V1 与内部上拉电阻组成。所以当 P1 口的某位输出高电平时，不需要外接上拉电阻。

P1 口只有通用 I/O 接口一种功能，它的每一位可以分别定义为输入或输出，其输入/输出原理特性与 P0 口作为通用 I/O 接口时一样。P1 口具有驱动 4 个 TTL 负载的能力。

P1 口是准双向口，当作为输出口时，

图 2.8 P1 口每一位的结构图

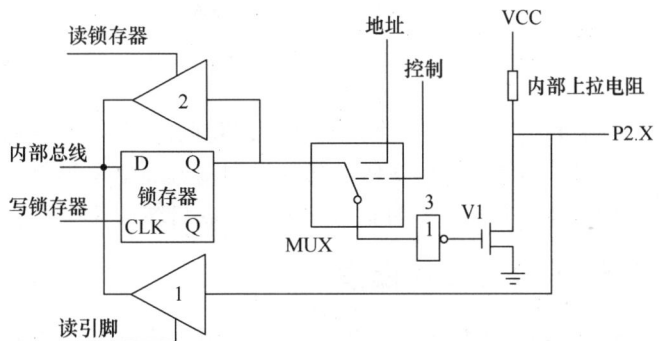

不需要在芯片外接上拉电阻；当 P1 口作为输入口"读引脚"时，必须先向锁存器 P1 写入"1"。

在 52 系列单片机中，P1 口的 P1.0 与 P1.1 除作为通用 I/O 接口线外，还具有第二功能，即 P1.0 可作为定时器/计数器 2 的外部计数脉冲输入端 T2，P1.1 可作为定时器/计数器 2 的外部控制输入端 T2EX。

2.4.3 P2 口

P2 口也是一个准双向 I/O 接口，其每一位的内部结构如图 2.9 所示。P2 口的输出驱动结构比 P1 口的输出驱动结构多了一个转换开关 MUX 和反相器 3。P2 口可以作为通用的 I/O 接口使用，外接 I/O 设备；也可以作为系统扩展时的地址总线的高 8

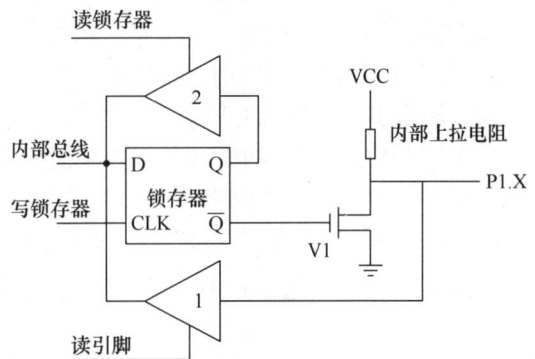

图 2.9 P2 口每一位的结构图

位地址线，具体使用哪个功能由转换开关 MUX 来实现。MUX 接通锁存器 Q 端时，将锁存器的 Q 端与反相器 3 接通，P2 口实现通用的 I/O 接口功能，作用和 P1 口相同，负载能力也与 P1 口相同。当作为地址总线口时，转换开关在 CPU 的控制下将地址信号与反相器接通，从而在 P2 口的引脚上输出高 8 位地址 A8~A15。

P2 口作为地址输出线接口时，可输出外部存储器的高 8 位地址，它与 P0 口输出的低 8 位地址一起构成 16 位地址，共可寻址 64KB 的片外地址空间。当 P2 口作为高 8 位地址输出口时，输出锁存器的内容保持不变。P2 口在大多数情况下作为高 8 位地址总线口使用，这时它就不能再作为通用 I/O 接口。如果 P2 口不作为地址总线口，就可作为通用 I/O 口。

2.4.4 P3 口

P3 口也是一个内部带有上拉电阻的准双向 I/O 接口，其每一位内部结构如图 2.10 所示。除了作为通用 I/O 口外，P3 口的每一位均具有第二功能。

当 P3 口作为通用的 I/O 口使用时，工作原理与 P1 口和 P2 口类似，此时"第二功能输出"线保持为高电平，"与非"门 3 的状态由 Q 端决定。当 Q 端输出"1"时，CPU 将"1"写入锁存器，"与非"门输出低电平，场效应晶体管截止，输出引脚由内部的上拉电阻拉成高电平；当 Q 端输出"0"时，CPU 将 0 写入锁存器，"与非"门输出高电平，场效应晶体管导通，输出引脚输出低电平。

当 P3 口使用第二个功能（各引脚功能如表 2.2 所示）时就不能再作为通用输出口使用了，其锁存器 Q 端必须为高电平，此时"与非"门 3 的输出电平由"第二功能输出"线的状态来决定，第二功能的内容通过"与非"门 3 和 V1 送至引脚。作为第二功能输入时，输入信号 RXD、$\overline{\text{INT0}}$、$\overline{\text{INT1}}$、T0、T1 经三态缓冲器 4 进入芯片内部的相关电路。

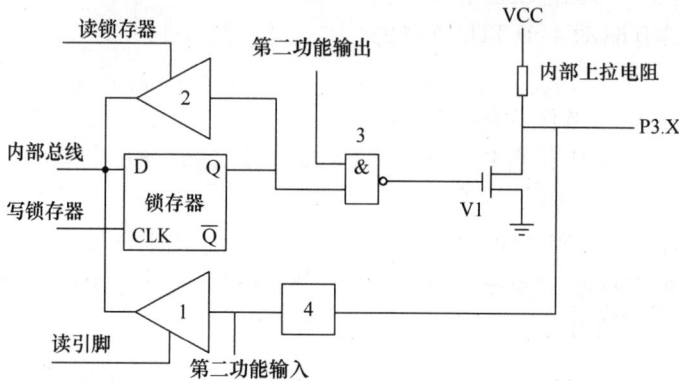

图 2.10 P3 口每一位的结构图

由于 P3 口每一引脚有两个功能，究竟使用哪个功能，完全是由单片机执行的指令来控制的，用户不需要进行任何设置。引脚输入部分有两个缓冲器，第二功能的输入信号取自缓冲器 4 的输出端，第一功能的输入信号取自缓冲器 1 的输出端。

2.4.5 I/O 端口的操作

51 单片机的 4 个端口都能作为通用 I/O 接口，但也存在差异，表 2.7 为 4 个端口的比较。

表 2.7 4 个端口的比较

项 目	P0	P1	P2	P3
字节地址	80H	90H	A0H	B0H
位寻址地址	80H~87H	90H~97H	A0H~A7H	B0H~B7H
引脚编号	32~39	1~8	21~28	10~17
端口类型	作通用 I/O 时为准双向口（输入先写入"1"）作地址/数据分时复用时为真正三态双向口（CPU 自动写入"1"）	准双向口（输入先写入"1"）	准双向口（输入先写入"1"）	准双向口（输入先写入"1"）
输出特性	需外加上拉电阻	内部有上拉电阻	内部有上拉电阻	内部有上拉电阻
驱动 TTL 负载数量/个	8	4	4	4
场效应晶体管数量/个	2	1	1	1
缓冲驱动器数量/个	2	2	2	3
多路切换开关	有	无	有	无
锁存器输出	$\overline{Q}$	$\overline{Q}$	Q 接"非"门	Q 接"与非"门
复用功能	8 位数据总线，低 8 位地址总线	51 单片机没有，52 单片机有扩展的定时器、串口	地址总线高 8 位（结束总线操作后，P2 口恢复原有的数据）	串口、外部中断、定时计数、外部存储器和外部部件读写
Flash ROM 编程	下载程序、读取校验	低 8 位地址	高 8 位地址	无

51 系列单片机有很多指令可直接进行端口操作，如表 2.8 所示。

表 2.8 I/O 端口常用指令

指 令	功 能	例 子
ANL	逻辑"与"	ANL P0, A
ORL	逻辑"或"	ORL P1, A
XRL	逻辑"异或"	XRL P2, A
JBC	测试位为 1 则跳转并清零	JBC P3.0, LOOP
CPL	位取反	CPL P3.1
INC	加 1	INC P0
DEC	减 1	DEC P1
DJNZ	减 1 后，如果结果不为 0 则跳转	DJNZ P2, LOOP
MOV PX.Y, C	进位标志位送 PX.Y	MOV P2.5, C
CLR PX.Y	PX.Y 清零	CLR P2.6
SETB PX.Y	PX.Y 置 1	SETB P2.7

这些指令的执行过程分成"读—修改—写"3 步，先将锁存器中的数据读入 CPU，在 ALU 中进行运算，运算结果再送回锁存器。执行"读—修改—写"指令时，CPU 是通过三态门 2 读回锁存器 Q 端的数据来代表引脚状态的。如果直接通过三态门 1 从引脚读回数据，有时会发生错误。例如，用接口某位去驱动一个晶体管的基极，在晶体管的发射极接地的情

况下，当向接口线写"1"时，晶体管导通，引脚上的电平被拉到低电平（0.7V），这时若从引脚直接读回数据，原为"1"的状态则会错读为"0"，所以要从锁存器 Q 端读取数据。

2.5 时钟电路与 CPU 时序

51 系列单片机在唯一的时钟信号控制下，严格地按时序执行指令。在执行指令时，CPU 以时钟电路的主振荡频率为基准发出的时序，对指令进行译码，并由时序电路产生一系列控制信号去完成指令所规定的操作。这些控制信号在时间上的相互关系就是 CPU 的时序。

2.5.1 时钟电路

时钟电路用于产生单片机工作所需的时钟信号。51 系列单片机时钟信号的产生通常有两种方式：一种是内部时钟方式，这种方式利用芯片内部的振荡电路来产生时钟信号；另一种是外部时钟方式，时钟信号由外部引入。

1. 内部时钟方式

采用内部时钟方式时，电路如图 2.11 所示。单片机内部有一个用于构成振荡器的高增益反相放大器，在引脚 XTAL1 和 XTAL2 间跨接晶体振荡器与电容组成并联谐振电路，为电路内部电路提供振荡时钟。振荡器的频率主要取决于晶体的振荡频率，一般可在 1.2 ~ 12MHz 之间任选。电容 C_1 和 C_2 通常取 20~30pF。

2. 外部时钟方式

采用外部时钟方式是把已有的时钟信号引入单片机，常用于多片单片机应用系统，便于多片单片机之间同步工作。按照不同工艺制造的单片机接法也不相同，如图 2.12 所示。

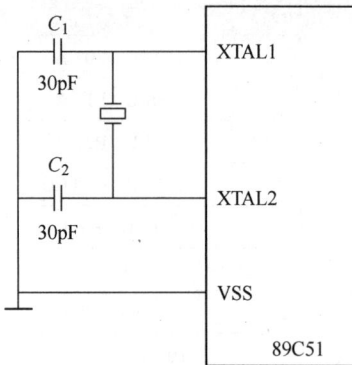

图 2.11　采用内部时钟方式

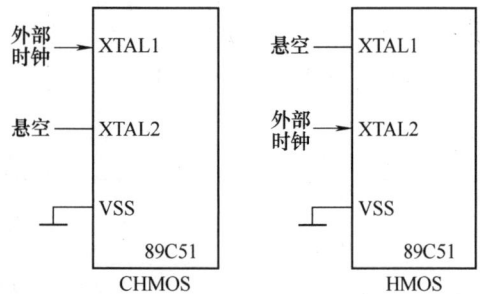

图 2.12　采用外部时钟方式

2.5.2 CPU 时序

CPU 执行指令的一系列动作都是在时钟电路控制下进行的，由于指令的字节数不同，取这些指令所需要的时间就不同，即使是字节数相同的指令，由于执行操作有较大差别，不同的指令所执行的时间也不一定相同。为了便于对 CPU 工作时序进行分析，人们按指令的执行时间规定了时序单位，即时钟周期、状态周期、机器周期和指令周期。

1. 时钟周期

由时钟电路产生的时钟脉冲信号的周期为时钟周期，又称为振荡周期，是时钟脉冲频率 f_{osc} 的倒数。它是单片机时序中最小的时间单位。

2. 状态周期

两个振荡周期为一个状态周期，用 S 表示，这两个振荡周期作为两个节拍分别称为节拍 P1 和节拍 P2。

3. 机器周期

单片机完成一个基本操作所需要的时间称为一个机器周期。一个机器周期包含 6 个状态周期，并依次表示为 S1~S6。由于一个状态周期包含 2 个时钟周期，所以一个机器周期共有 12 个节拍，分别记为 S1P1，S1P2，…，S6P2。由于一个机器周期共有 12 个时钟周期，所以机器周期信号是振荡脉冲信号的 12 分频。如果单片机的晶振频率为 6MHz，那么一个机器周期就为 2μs，如果单片机的晶振频率为 12MHz，那么一个机器周期就为 1μs。

4. 指令周期

CPU 执行一条指令所需要的时间为指令周期，它是以机器周期为单位的。51 系列单片机的指令中多数为单周期指令和双周期指令，只有乘除法指令为 4 个机器周期的指令。由于机器周期少的指令执行速度也越快，因此，在编程时尽可能选用具有相同功能而占机器周期少的指令。

各个时序单位的相互关系如图 2.13 所示。

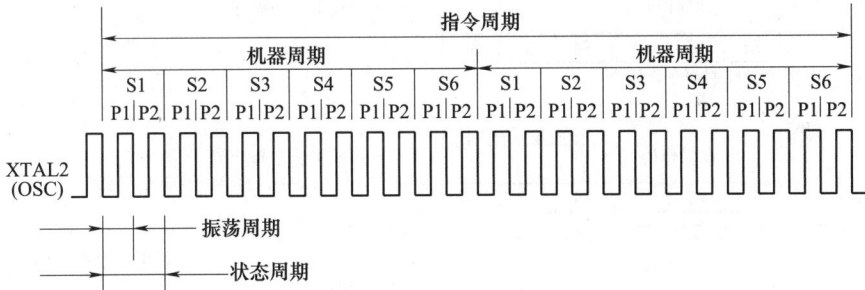

图 2.13   各时序单位之间的关系

随着增强型 51 单片机的出现，每个机器周期包括 12 个振荡周期的局面也发生了改变。许多增强型 51 单片机每个机器周期只需要 1 个振荡周期。为了区分它们，传统 51 单片机称为 12T 单片机，只需要 1 个振荡周期的增强型 51 单片机称为 1T 单片机。1T 单片机执行指令的速度比 12T 单片机快很多。

2.5.3   典型指令的取指和执行时序

单片机的指令除了从时间上考虑分为单周期指令、双周期指令和 4 个机器周期指令以外，还可以从空间上来考虑。所谓从空间角度上考虑是指指令长度占有多少个字节，即占有多少个内存单元。51 系列单片机的指令有单字节指令、双字节指令和三字节指令。

每条指令的执行都可以包括取指令和执行指令两个阶段。在取指令阶段，CPU 从程序存储器中取出指令操作码及操作数，在指令执行阶段执行这条指令。

图 2.14 所示为典型的单字节指令、双字节指令以及 1 个机器周期和 2 个机器周期指令的取指和执行时序。图中分别列出了 XTAL2 引脚出现的振荡器信号和 ALE 引脚的地址锁存信号。在每个机器周期内，地址锁存信号 ALE 两次有效，第 1 次出现在 S1P2 和 S2P1 期间，第 2 次出现在 S4P2 和 S5P1 期间。

单周期指令的执行始于 S1P2，此时操作码被锁存于指令寄存器中。若是双字节指令，则在同一机器周期的 S4 读入 2 个字节；如果是单字节指令，在 S4 仍执行读操作，但无效，且程序计数器不加 1。图 2.14a 和图 2.14b 分别给出了单字节单周期和双字节单周期指令时序，都在 S6P2 结束时完成执行指令操作。

图 2.14c 是单字节双周期指令的时序，这类指令的特点是在两个机器周期内完成指令的操作，所以在两个机器周期内执行 4 次读操作。由于是单字节指令，故后面的 3 次读操作无效。图 2.14d 是访问片外数据存储器指令 MOVX 的时序，它是一条单字节双周期指令。在第 1 机器周期的 S5 状态开始送出外部数据存储地址，之后进行读写数据。在此期间无 ALE 信号，所以第 2 周期不产生取指操作。

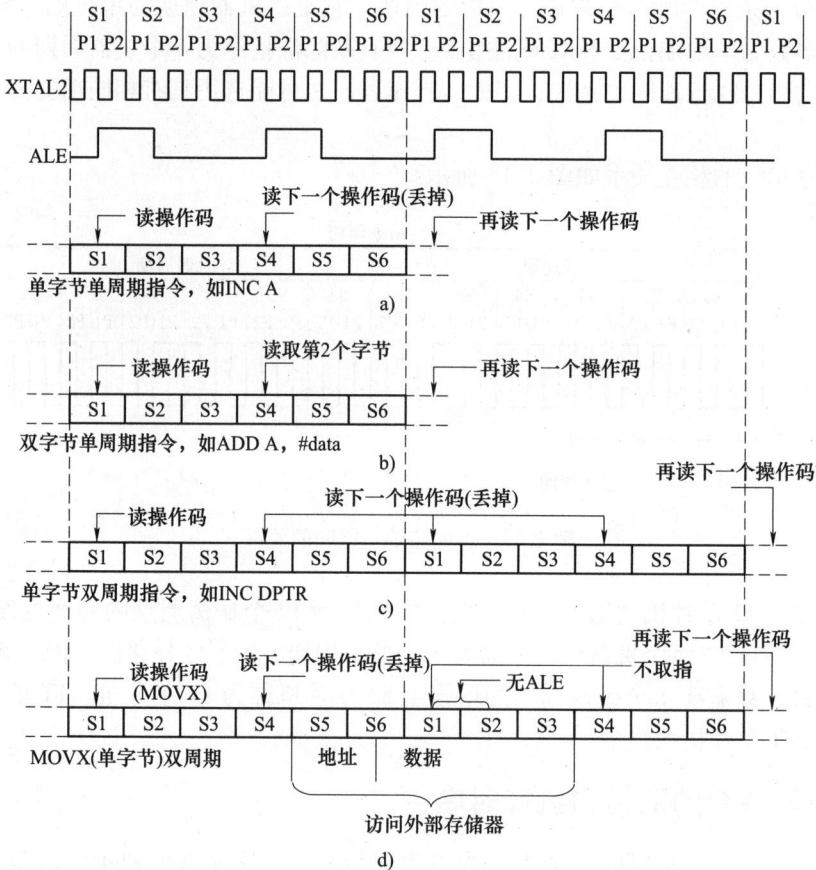

图 2.14 典型指令的取指和执行时序

2.5.4 访问外部 ROM 的操作时序

如果 51 系列单片机扩展了外部程序存储器，就会有访问外部存储器的操作。在访问外部 ROM 时，除了 ALE 外，还需要 $\overline{PSEN}$ 信号，此外还要用 P0 口作为低 8 位地址，用 P2 口作为高 8 位地址。其时序如图 2.15 所示。P0 口输出地址和数据传送是分时操作的。它先输出低 8 位地址，在 ALE 信号的作用下，低 8 位地址被锁存，锁存的低 8 位地址与 P2 口提供的高 8 位地址一起，组成 16 位地址指向外部 ROM 某单元，在 $\overline{PSEN}$ 有效时，从外部 ROM 中取出指令，再通过 P0 口送到单片机中，P0 口完成了分时操作。

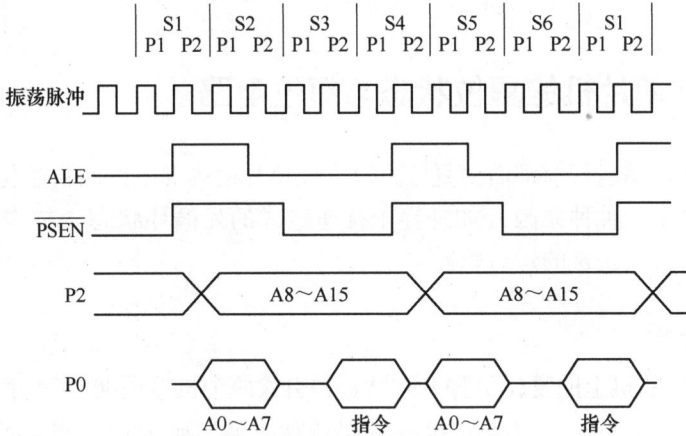

图 2.15 外部 ROM 读时序

2.5.5 访问外部 RAM 的操作时序

图 2.15 所示的时序不包括访问外部 RAM 指令（如 MOVX 指令）的时序，访问外部 RAM 时，要进行两步操作：第一步先从外部 ROM 中取 MOVX 指令，第二步再根据 MOVX 指令所给出的数据选中外部 RAM 某单元，然后对该单元进行操作。图 2.16 示出了读/写外部 RAM 的操作时序。

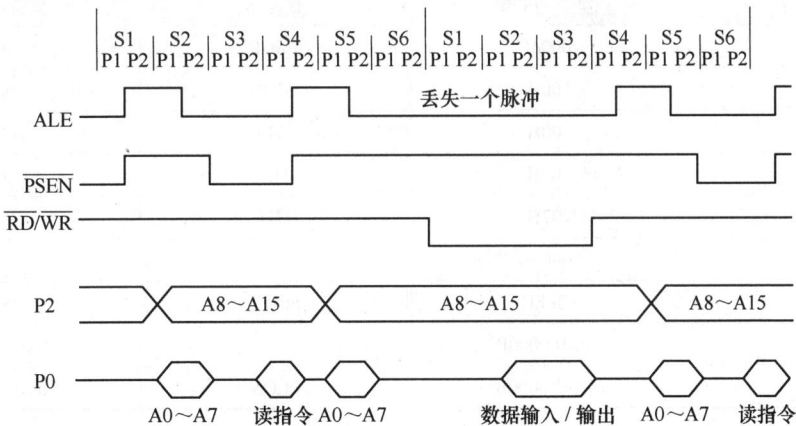

图 2.16 外部 RAM 读/写时序

第一个机器周期是从外部 ROM 取指过程，在 S4P2 之后，将取来的指令中的外部 RAM 地址送出，P0 口送低 8 位地址，P2 口送高 8 位地址。

在第二个机器周期中，ALE 中第一个有效信号不再出现，而 $\overline{RD}$ 信号有效，将外部 RAM 的数据送回 P0 口。以后尽管 ALE 的第二个信号出现，但没有操作进行，从而结束了第二个机器周期。

向外部 RAM 的写操作与读操作一样，只不过 $\overline{RD}$ 信号被 $\overline{WR}$ 信号所取代。

请注意，在访问外部 RAM 时，ALE 丢失一个周期，所以不能用 ALE 作为精确的时钟输出。

2.6　51 系列单片机的复位状态与复位电路

任何单片机在启动运行前都需要复位，以完成单片机内部电路的初始化；在单片机应用系统工作时，也会由于种种原因（如外界干扰所造成的死循环状态）要求进入复位工作状态，以使系统重新进入正常的运行轨迹。

2.6.1　复位状态

通过 51 系列单片机上的复位引脚 RST/V_{PD}，引入两个机器周期（24 个振荡周期）以上的高电平，即可使器件复位，只要 RST 一直保持高电平，那么 CPU 就一直处于复位状态。当 RST 由高电平变为低电平后复位结束，CPU 从初始状态开始工作。

在复位状态，CPU 和系统都处于一个确定的初始状态或称为原始状态，在这种状态下，所有的专用寄存器都被赋予默认值。单片机复位后，程序自动转到 PC = 0000H 处开始执行程序。单片机运行出错或进入死循环，可按复位键重新启动。除了对 PC 外，复位操作还对其他内部寄存器有一定影响。具体的复位状态如表 2.9 所示。表 2.9 中的"x"表示数值不定。

表 2.9　内部寄存器复位后的状态

寄存器	复位后的值	寄存器	复位后的值
PC	0000H	TMOD	00H
ACC	00H	TCON	00H
B	00H	TH0	00H
PSW	00H	TL0	00H
SP	07H	TH1	00H
DPTR	0000H	TL1	00H
P0~P3	0FFH	SCON	00H
IP	xxx0 0000B	SBUF	xxxx xxxxB
IE	0xx0 0000B	PCON	0xxx 0000B

复位后各寄存器大多数为 0，但 P0~P3 端口的输出都为 FFH，为信号输入做好了准备，因为这 4 个端口如果作为通用 I/O 接口时是准双向口。复位后，PSW = 00H，使得 RS1（PSW.4）= 0 和 RS0（PSW.3）= 0，说明默认选择的当前寄存器组是第 0 组。复位后，SP = 07H，说明复位后在芯片内 RAM 的 08H 单元开始建立堆栈。

如果不想完全使用这些默认值，可以进行修改，这就需要在程序中对单片机进行初始化。

2.6.2 复位电路

产生复位信号，使得单片机执行复位操作的电路称为复位电路。单片机的复位都是靠外部电路实现的，分为上电自动复位、手动按键复位等。

1. 上电自动复位

上电自动复位是利用电容的充电来实现的。如图 2.17 所示为51 系列单片机的上电自动复位电路。由于电容电压不能跃变，所以上电瞬间 RST 引脚为高电平，其持续时间取决于 RC 电路的时间常数，根据单片机的晶振频率，合理地选择 R、C 的值，使高电平至少维持两个机器周期。之后电容通过 RC 回路放电，使 RST 引脚变为低电平。

下面介绍计算该电路中电阻 R 和电容 C 参数的方法。

在图 2.17 中，RST 引脚电压为 $u_{RST} = V_{CC} e^{-\frac{t}{RC}}$ ，$V_{CC} = +5V$ ，假设 $u_{RST} \geqslant 3V$ 能使单片机可靠复位，则复位时必须满足

$$u_{RST} = V_{CC} e^{-\frac{t}{RC}} \geqslant 3 \tag{2-1}$$

图 2.17 上电复位电路

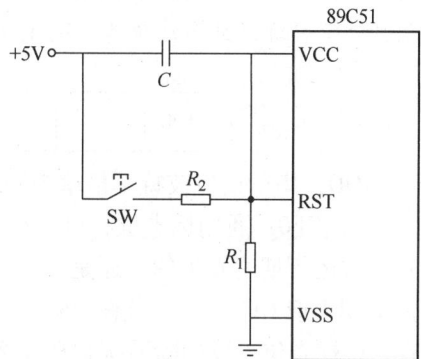

由式（2-1）可知

$$t \geqslant RC\ln\frac{5}{3} \approx 0.511RC \tag{2-2}$$

由式（2-2）可知，RC 越大，复位时间越长。若 $R = 1k\Omega$ 、$C = 22\mu F$ ，则

$$t \geqslant 0.511 \times 1k\Omega \times 22\mu F = 0.511 \times 10^3 \times 22 \times 10^{-6}s \approx 11ms$$

对于晶振频率为 12MHz、机器周期为 $1\mu s$ 的单片机，11ms 的复位时间符合要求。

2. 手动按键复位

除上电自动复位以外，在系统运行时有时还需要在不关闭电源的情况下对单片机进行复位操作，此时，一般是通过一个手动复位按钮来实现的，如图 2.18 所示。当单片机工作过程中需要复位时，按下复位按键 SW，复位端 RST 通过电阻 R_2 与电源接通，使 RST 引脚为高电平。复位按键弹起后，RST 引脚通过电阻 R_1 接地，完成复位过程。

在图 2.18 中，按键 SW 按下时，RST 引脚电压为

图 2.18 按键复位电路

$$u_{RST} = \frac{R_1}{R_1 + R_2}V_{CC} \tag{2-3}$$

需要注意，按键复位时电压 u_{RST} 必须符合复位要求，如 $u_{RST} \geqslant 3V$ 。例如，若 $R_1 = 1k\Omega$ ，$R_2 = 200\Omega$ ，则 $u_{RST} = \dfrac{1k\Omega}{1k\Omega + 200\Omega} \times 5V \approx 4.2V$ ，符合复位电压要求。按键 SW 抬起

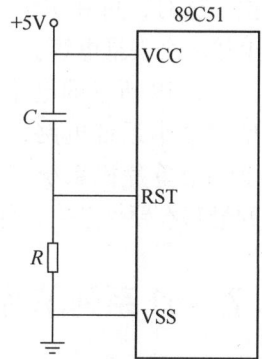

后，随着电容 C 的充电，u_{RST} 将逐渐衰减、变小。比较图 2.17 和图 2.18 可知，按键复位电路也包含上电复位的功能。因此，实际电路中手动按键复位电路更常用。

在上述复位电路中，干扰易串入复位端，在大多数情况下不会造成单片机错误复位，但会引起内部某些寄存器错误复位。这时，可在 RST 复位引脚上接一个去耦电容。

图 2.19 所示的电路为一个典型的最小系统电路，其中包含了一个单片机系统工作所必

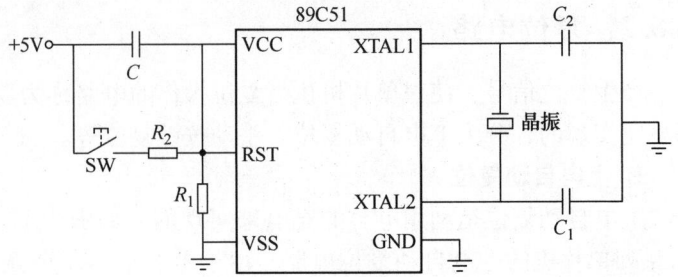

图 2.19　最小系统电路

备的最基本硬件条件，即电源信号、时钟电路、复位电路和程序存储器。

2.7　51 系列单片机的低功耗运行方式

由于单片机大量应用于便携式产品和家用消费类产品中，因此低电压和低功耗特性尤为重要。51 系列单片机中有 HMOS 和 CHMOS 两种工艺芯片，它们的节电运行方式不同。HMOS 单片机的节电工作方式只有掉电运行方式，而 CHMOS 单片机有两种节电运行方式，即掉电（停机）保护方式和空闲（待机、等待）工作方式。

2.7.1　方式设定

低功耗运行方式不是自动产生的，而是通过软件来设定的，即由电源控制寄存器 PCON 来设定的。CHMOS 型单片机在 HMOS 型单片机所具有的 SMOD 位之外，增加了两个通用标志位 GF1、GF0，一个掉电方式位 PD 和一个空闲方式位 IDL。该寄存器的字节地址为 87H，不能进行位寻址，其格式及各位的定义如下：

PCON (87H)	MSB							LSB
	SMOD				GF1	GF0	PD	IDL

SMOD：串行接口波特率倍增控制位，在串行通信中使用。

GF1，GF0：通用标志位，可由软件置位或清零，可作为用户标志，用来指示中断是在 CPU 正常运行期间发生的，还是在空闲期间发生的。例如，在执行空闲工作方式指令之前，先置位 GF1 或 GF0 为 1，当有中断请求信号，并退出空闲工作方式时，中断服务子程序必须检查这些标志位，以判断系统是在什么情况下发生的中断，如果 GF1 或 GF0 为 1，则是在空闲方式下进入的中断。

PD：掉电方式控制位，当 PD=1 时，系统进入掉电保护方式。

IDL：空闲方式控制位，当 IDL=1 时，系统进入空闲工作方式。

若 PD 和 IDL 同时为 1 时，先进入掉电保护方式。

如果想要单片机进入空闲工作方式或掉电保护方式，只需执行一条能使 IDL 或 PD 位置 1 的指令即可。

CHMOS 型单片机复位时，PCON 寄存器的状态为 0XXX0000B，此时，单片机处于正常工作状态。

在 CHMOS 型单片机中与空闲和掉电保护方式有关的硬件控制电路如图 2.20 所示。在空闲工作方式时，$\overline{IDL}=0$，也就是 IDL=1，振荡器继续工作，为中断控制电路、定时器/计数器电路、串行接口提供时钟驱动信号，而 CPU 的时钟信号被切断，停止工作，处于空闲工作状态。在掉电保护方式时，$\overline{PD}=0$，也就是 PD=1，振荡器停止工作，只有芯片内 RAM 和 SFR 中的内容被保存。

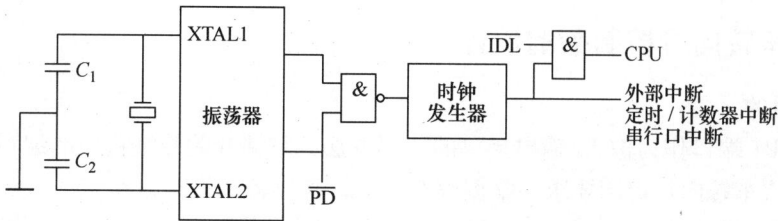

图 2.20　低功耗控制电路

2.7.2　空闲工作方式

空闲（待机、等待）工作方式是指 CPU 在不需要执行程序时停止工作，以取代不停地执行空操作或原地踏步等操作，达到减小功耗的目的。空闲工作方式是程序运行过程中，用户不希望 CPU 执行程序时，使其进入的一种降低功耗的待机工作方式。

当程序将 PCON 的 IDL 位置 1 后，系统就进入了空闲工作方式。在此工作方式下，单片机的工作电流可降低到正常工作方式时电流的 15% 左右。在空闲工作方式下，与 CPU 有关的 SP、PC、PSW、ACC 的状态及全部工作寄存器的内容均保持不变，I/O 引脚的状态也保持不变，ALE 和 $\overline{PSEN}$ 保持为逻辑高电平。

退出空闲工作方式的方法有两种：

第一种是中断退出。由于在空闲工作方式下，中断系统还在工作，所以任何一个中断请求，单片机在响应中断的同时，PCON.0(IDL) 被芯片内部硬件自动清零，单片机退出空闲工作方式，进入到正常的工作状态。CPU 则进入中断服务程序。

第二种是利用硬件复位退出。在 RST 引脚引入两个机器周期的高电平即可完成此操作。当复位时，各个专用寄存器都恢复默认状态，电源控制寄存器 PCON 也不例外，复位使 IDL 位清零，从而退出空闲工作状态。CPU 则从进入空闲工作方式的下一条指令开始重新执行程序。

2.7.3　掉电保护方式

一般情况下，可在检测到电源发生故障，但尚能保持正常工作时，将需要保存的数据存入芯片内 RAM 中，然后进入掉电保护状态。

当程序将 PCON 的 PD 位置 1 后，系统就进入了掉电保护方式。PD 位置 1 的指令是 CPU 进入掉电保护方式前执行的最后一条指令。

退出掉电保护方式的方法只有一种，即硬件复位。复位后单片机被初始化，但 RAM 中的内容保持不变。

在掉电保护方式下，VCC 可以降到 2V，但不能真正掉电，为防止真正掉电，可以在 VCC 引脚加备用电源。

在设计低功耗应用系统时，外围扩展电路也应选择低功耗器件，这样才能达到降低功耗的目的。

2.8　实验与实训

2.8.1　汽车转向灯控制器的设计

1. 实验目的

1）学习 P1 端口作为输入/输出接口的使用方法，掌握开关控制程序的编写。

2）了解汽车转向灯控制要求，掌握汽车转向灯控制器的设计过程。

2. 实验原理及内容

单片机的 I/O 接口是带锁存的准双向口，按实验内容的要求，将 P1.0、P1.1 引脚作为输入（汽车转向开关的输入），P1.0 为低电平时，表示转向开关置于左端，P1.1 为低电平时，表示转向开关置于右端。P1.2~P1.5 作为输出，用于控制汽车前后转向灯，输出低电平时，相应黄灯亮。

按照汽车转向灯的设计要求，当转向开关置于左端时，表示汽车将向左转弯，左边前后两个黄灯闪烁；当转向开关置于右端时，表示汽车将向右转弯，右边前后两个黄灯闪烁。

单片机读 P1 端口开关的状态，然后根据开关状态决定灯闪烁的方法。电路图如图 2.21 所示。

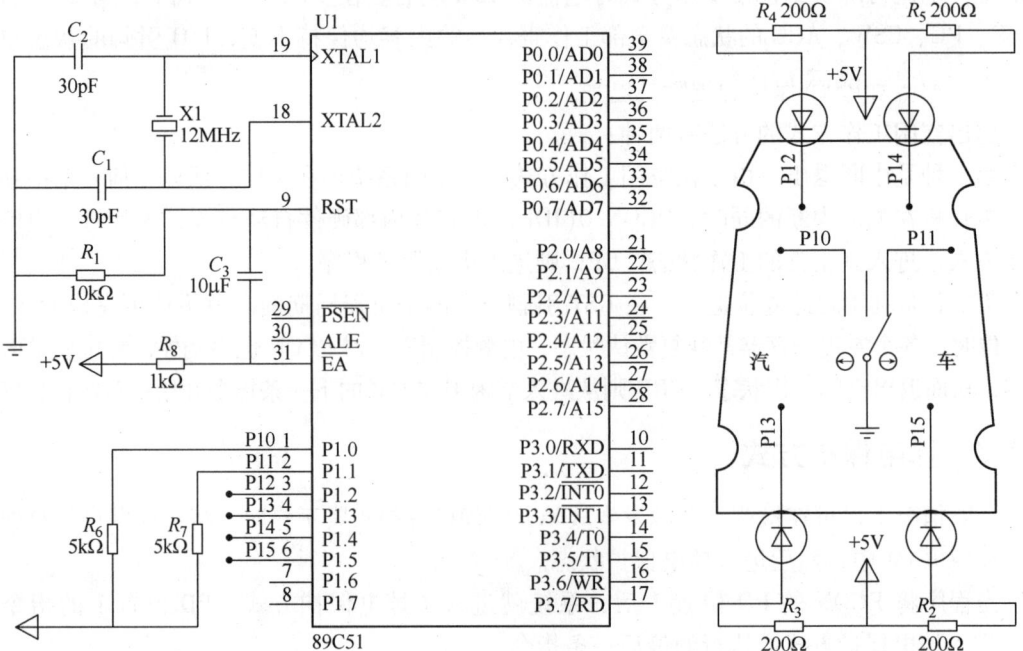

图 2.21　汽车转向灯电路图

3. 流程图及参考程序

程序流程图如图 2.22 所示。

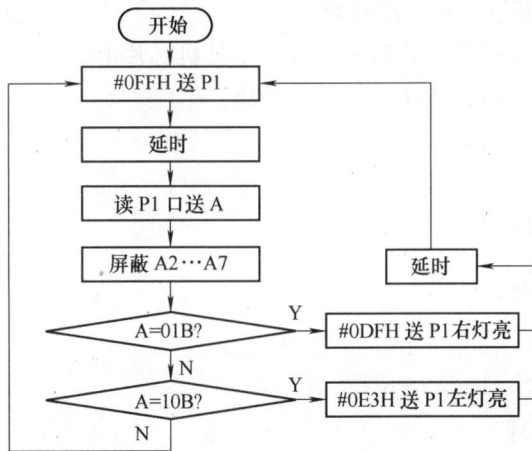

图 2.22　程序流程图

参考程序如下：

```
            ORG     0000H
            LJMP    START
            ORG     0030H
START:      MOV     P1, #0FFH
            LCALL   DS01
            MOV     A, P1
            ANL     A, #00000011B
            CJNE    A, #1, LP1
            MOV     P1, #11001111B
            LJMP    LP2
LP1:        CJNE    A, #2, LP2
            MOV     P1, #11110011B
LP2:        LCALL   DS01
            LJMP    START
DS01:       MOV     R0, #0FFH
D1:         MOV     R1, #0FFH
D2:         DJNZ    R1, D2
            DJNZ    R0, D1
            RET
            END
```

4. 实验步骤

1）选择一块面包板或 PCB，安装单片机芯片插座，连接电源、$\overline{EA}$ 引脚、时钟电路、复位电路，此即单片机最小系统。

2）按照图 2.21 所示电路连接好硬件电路。

3）在 PC 机上打开开发环境，编写程序。

4）编译、调试程序无误后，将程序下载到单片机芯片上。

5）将装有程序的单片机插入单片机芯片插座。

6）加电运行，观察运行结果。

5. 思考题

如何控制黄灯的闪烁时间？

2.8.2 音频驱动实验

1. 实验目的

1）学习输入/输出端口控制方法。

2）了解音频发声原理。

2. 实验原理及内容

实验电路如图 2.23 所示。用 P1.0 输出的音频信号经音频功率放大器 LM386N1 放大后驱动扬声器，P1.7 接开关 S 作为控制信号端。编写程序实现：当开关 S 合上（P1.7 = 0）时，用 P1.0 输出 1kHz 和 500Hz 的音频信号驱动扬声器，作报警信号，要求 1kHz 的信号持续 100ms，500Hz 的信号持续 200ms，交替进行，当开关 S 断开（P1.7 = 1）时，警告信号停止。

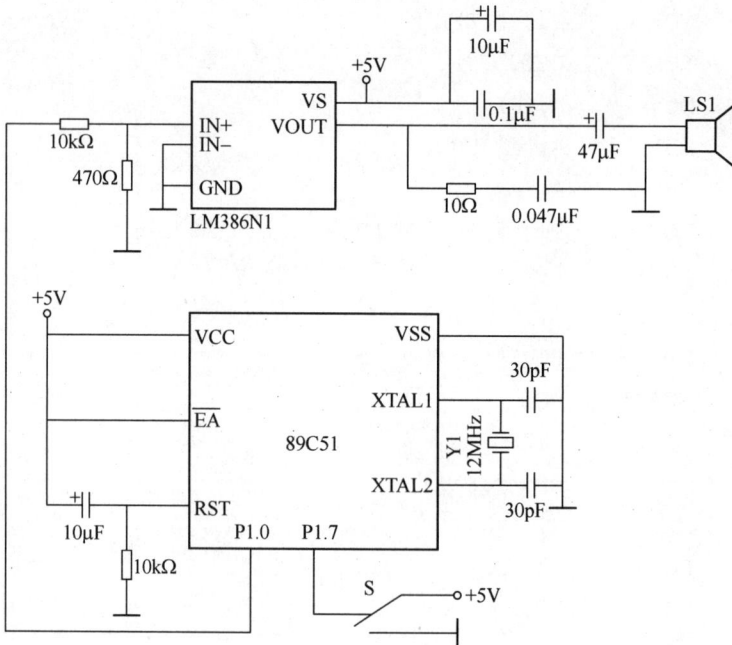

图 2.23　音频驱动实验电路图

3. 流程图及参考程序

程序流程图如图 2.24 所示。

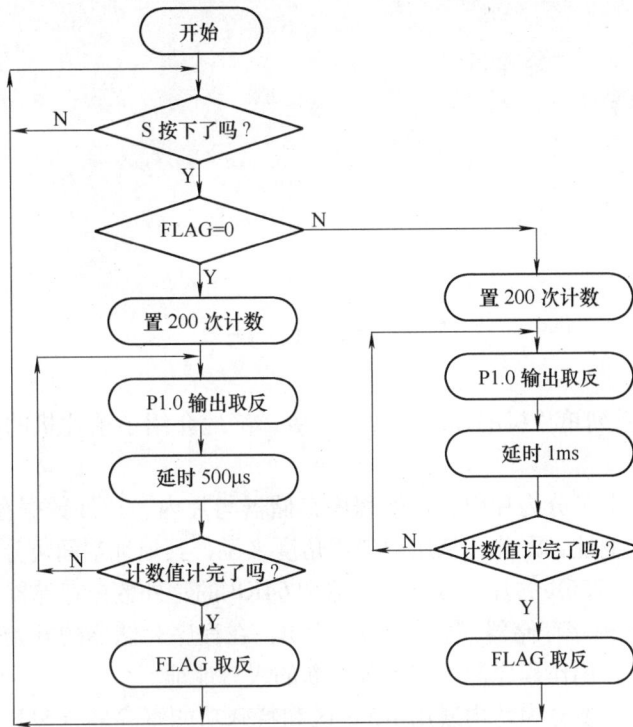

图 2.24 音频驱动实验程序流程图

参考程序如下：

```
          FLAG      BIT 00H
          ORG       0000H
START:    MOV       P1,#0FFH
          JB        P1.7, START
          JNB       FLAG, NEXT
          MOV       R2, #200
DV:       CPL       P1.0
          LCALL     DELAY500
          LCALL     DELAY500
          DJNZ      R2, DV
          CPL       FLAG
NEXT:     MOV       R2, #200
DV1:      CPL       P1.0
          LCALL     DELAY500
          DJNZ      R2, DV1
          CPL       FLAG
          SJMP      START
DELAY500: MOV       R7, #250
```

```
LOOP:       NOP
            DJNZ    R7, LOOP
            RET
            END
```

4. 实验步骤

请参照上一实验进行。

本 章 小 结

本章介绍了 51 系列单片机的片内资源，然后详细地介绍了单片机的引脚功能和内部硬件结构。

从物理地址空间上可分为片内、片外程序存储器与片内、片外数据存储器。由于片内、片外程序存储器统一编址，因此，从用户使用角度来说，其地址空间可分为片内外统一编址的 64KB 程序存储器、256B 的片内数据存储器和 64KB 的片外数据存储器三部分。

51 系列单片机的程序存储器寻址空间为 64KB，在程序存储器的开始部分，定义了一些具有特殊功能的地址，用作程序起始和各种中断的入口地址。

片内数据存储器主要分为片内通用 RAM 区和特殊功能寄存器（SFR）区两部分。片内通用 RAM 区（00H~7FH）又分为工作寄存器区（00H~1FH）、位寻址区（20H~2FH）和用户 RAM 区（30H~7FH）三部分。特殊功能寄存器（SFR）的字节地址为 80H~FFH，主要是用来对片内各功能模块进行管理、控制、监视的控制寄存器和状态寄存器，其中字节地址的低位为 8 和 0 的特殊功能寄存器可按位寻址。

51 系列单片机具有 4 个双向的 8 位 I/O 接口 P0~P3，共 32 根接口线。P0 口为三态双向口，负载能力为驱动 8 个 TTL 电路，P1~P3 口为准双向口，负载能力为驱动 4 个 TTL 电路。在实际使用中，一般遵循以下规则：P0 口一般作为系统扩展地址低 8 位/数据复用口，P1 口一般作为 I/O 接口，P2 口作为系统扩展地址高 8 位和 I/O 接口，P3 口作为第二功能使用。

51 系列单片机时钟信号的产生通常有两种方式：即内部时钟方式和外部时钟方式。CPU 执行指令都是在时钟电路控制下进行的。由时钟电路产生的时钟脉冲信号的周期为时钟周期，两个振荡周期为一个状态周期，一个机器周期包含 6 个状态周期，CPU 执行一条指令所需要的时间为指令周期，它是以机器周期为单位的。

51 系列单片机的复位电路分为上电自动复位、手动按键复位等。空闲工作方式和掉电保护方式是两种节电方式，都是由电源控制寄存器 PCON 来控制的。

本章的最后还给出了两个实验与实训，使读者更加深入地掌握 I/O 接口的使用和控制方法。

习 题

1. 填空题

（1）51 系列单片机内部 RAM 的工作寄存器区共有_____个单元，分为_____组工作寄存器，每组有_____个工作单元，以_____作为寄存器名称。

（2）为寻址程序状态字的 F0 位，可使用的地址和符号有_____、_____、_____和_____。

（3）若不使用 51 系列单片机的片内程序存储器，引脚 $\overline{EA}$ 必须接_____。

（4）单片机的复位都是靠外部电路实现的，分为_____、_____和_____。

（5）P0 口的每一个 I/O 接口线均可驱动_____个 TTL 输入端，而 P1~P3 口的每一个 I/O 接口线均可输出驱动_____个 TTL 输入端。

（6）决定程序执行顺序的寄存器是_____，它是_____位专用寄存器，_____（填"是"或"不是"）特殊功能寄存器。

（7）P0~P3 口都可以作为 I/O 接口，而当作为输入端口时，应先向端口的输出锁存器写入_____。

（8）当单片机复位时，累加器（A）、程序状态字（PSW）、堆栈指针（SP）以及 P0~P3 口锁存器的内容分别是_____、_____、_____和_____。

2. 选择题

（1）中央处理单元（CPU）包括_____。

    A. 运算器和控制器   B. 运算器和存储器

    C. 输入输出设备   D. 控制器和存储器

（2）PSW = 18H 时，则当前工作寄存器是_____。

    A. 0 组   B. 1 组   C. 2 组   D. 3 组

（3）51 系列单片机中一般作为系统扩展地址低 8 位/数据复用口的是_____。

    A. P0   B. P1   C. P2   D. P3

（4）对程序计数器（PC）的操作_____。

    A. 是通过传送进行的   B. 是自动进行的

    C. 是通过加 1 指令进行的   D. 是通过减 1 指令进行的

（5）单片机程序存储器的寻址范围是由程序计数器（PC）的位数决定的，51 系列单片机的 PC 为 16 位，因此其寻址范围为_____。

    A. 4KB   B. 8KB   C. 128KB   D. 64KB

（6）以下有关 PC 和 DPTR 的结论错误的是_____。

    A. DPTR 是可以访问的而 PC 不能访问

    B. 它们都是 16 位的寄存器

    C. 它们都具有加 1 功能

    D. DPTR 可以分为两个 8 位的寄存器使用，但 PC 不能

（7）若设置堆栈指针（SP）的值为 37H，在进行子程序调用时把断点地址进栈保护后，SP 的值为_____。

    A. 36H   B. 37H   C. 38H   D. 39H

3. 简答题

（1）51 系列单片机的内部硬件结构包括哪几部分？各部分的作用是什么？

（2）什么是单片机的振荡周期、状态周期、机器周期和指令周期？当单片机时钟频率为 12MHz 时，一个机器周期是多少？

（3）51 系列单片机内 256B 的数据存储器的地址空间分配有什么特点？各部分的作用如何？

（4）51 系列单片机是如何实现工作寄存器组 R0~R7 选择的？开机复位后，CPU 使用的是哪组工作寄存器？它们的地址是什么？若使用工作寄存器的第 3 组，则 PSW 应如何设置？此时 R0 所对应的片内 RAM 存储单元的地址是什么？

（5）堆栈有哪些功能？堆栈指针（SP）的作用是什么？在程序设计时，为什么一般要对 SP 重新赋值？

（6）请说明位地址 00H 和字节地址 00H 的差别，并指明位地址 00H 的位在片内 RAM 中的具体存放位置。位寻址与字节寻址之间有什么关系？字节单元和该字节的位单元之间有什么关系？

（7）51 系列单片机并行扩展外部存储器和外部 I/O 接口时，P0、P2、P3 口分别传送的是什么信号？

（8）什么是单片机复位？复位后单片机的状态如何？

（9）如何使 51 系列单片机退出空闲工作方式？

第 **3** 章

51 系列单片机的指令系统和
汇编语言程序设计

　　51 系列单片机的指令系统采用的是 RISC 指令集，该指令集具有精简、高效的特点。在指令系统中，根据指令的功能，可分为数据传送类指令、算术运算类指令、逻辑运算类指令、控制转移类指令及位操作类指令。其中的位操作指令又称作布尔操作指令，在 51 系列单片机中，有一个位（布尔）处理器，可以对可寻址的位进行操作，这是此单片机的一大特点。如果根据指令在程序存储器中所占的字节数来分类，则可以分成单字节指令、双字节指令和三字节指令。根据指令执行的时间，可以将指令分为单机器周期指令，双机器周期指令和四机器周期指令（一个机器周期等于 12 个振荡周期），可以据此判断一段程序执行时所需时间的长短。

　　在单片机系统中，程序是系统的灵魂，程序的编写对系统的稳定性及功能的发挥至关重要。根据结构的不同，程序可分为顺序结构、循环结构、分支结构及查表程序等，在编写程序时，要根据程序编写的方法及功能选择合适的结构，以达到事半功倍的效果。另外，程序根据功能分类，可分为主程序及子程序，子程序也非常重要，它可以简化程序结构，减少程序代码等。只有掌握好程序的结构及编写方法，才能更好地应用单片机。

学习目标

➢ 掌握 51 单片机的指令功能。
➢ 掌握单片机指令对标志位的影响。
➢ 掌握各条指令的具体应用方法。
➢ 掌握应用程序中的程序设计方法。
➢ 掌握程序的各种结构及编写方法。
➢ 掌握子程序的编写要点。

知识结构

本章知识结构如图 3.1 所示。

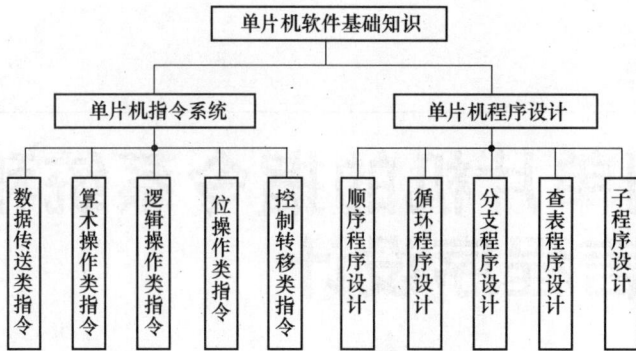

图 3.1　本章知识结构

3.1　51 系列单片机的指令格式及标识

指令是由处理器执行的可完成基本操作（或者说是功能）的命令。一款单片机能够执行的全部命令的集合，就是该单片机的指令系统。在单片机中，指令是一条一条地存放在程序存储器中的，以二进制代码的形式存在的机器语言；在 51 系列单片机中，每条指令的长度是由该指令需要表达的内容决定的，可以是一个字节，也可以是两个字节，还可以是三个字节。机器语言对于记忆、书写、识别及理解和使用都很不便，所以，人们就给每一条机器语言用助记符等重新取名，这就形成了汇编语言。每一条汇编语言都与唯一的一条机器语言相对应，在具体应用时，使用汇编语言编写和调试单片机的程序，再用相关的计算机软件进行翻译，使之变成机器语言。

3.1.1　指令格式

51 系列单片机汇编指令共有 111 条，可实现不同的功能。指令的书写有其固定的格式，必须严格遵守。指令由操作码助记符和操作数等所组成，指令格式如下：

［标号：］操作码助记符 □［目的操作数］［，源操作数］［；注释］

说明：上述格式中的 ［ ］ 表示该部分可有，也可以没有，视具体情况而定；"□"表示空格；指令中的所有标点符号均为英文；注释的具体内容，可以为中文，也可为英文。

1）标号。它是用户自定义的符号，表示指令所在的地址。标号以英文字母或下划线开头，后可跟数字、字母或下划线构成的字符串，标号以冒号结尾，冒号为标号的标志。另外，标号不能与系统定义的字符串重名。

2）操作码助记符。它由 2~5 个英文字符串组成，如 ADD、SUBB、MUL、DIV 等。

3）操作数。以一个或几个空格与操作码助记符隔开，操作数有两种：目的操作数和源操作数。目的操作数是数据进行操作后的存放地，源操作数则是参与数据操作的来源。比如：MOV A，R0，这条指令的功能是将寄存器 R0 中的数送到累加器 A 中，R0 就是源操作数，A 就是目的操作数。根据指令的不同，操作数可以有 1~3 个或者没有（如空操作指令），操作数之间以逗号"，"分开。

4）注释一般是对该指令的解释，用于说明变量的意义，实现某种功能等。注释是不可执行的，但对理解程序有帮助作用的文字，注释可有可无。注释的标志是前面的分号，从分号开始到该行结束均为注释。

3.1.2 指令中常用的符号

在学习指令时，要对指令进行描述，表 3.1 给出了常用的描述符号。掌握这些符号，是更好地理解指令、掌握指令的关键。

表 3.1 指令中常用符号的约定含义

符 号	含 义
Rn	这里的 n 是泛指，在一条具体指令中，用 0~7 代替
Ri	在具体指令中，i 有两种选择，只能是 0 或 1
#data	8 位立即数的常数，在书写指令时，data 用一个具体数代替，数值不超过 255
#data16	表示一个 16 位的常数，在书写指令时，data16 用一个具体数代替，数值不超过 65535
direct	表示操作数的 8 位地址
addr11、addr16	表示 11 位、16 位地址，在具体指令中，往往用标号来代替
bit	位操作指令中，bit 表示可以进行位操作的某一位的地址
rel	是一个 8 位的有符号数，其值为−128~+127，在书写指令时，常用标号代替
C	PSW 中的进位标志位
(X)	表示 X 单元中的数据内容
((X))	表示以 X 中的数据为地址的存储单元中的数据内容
/	在位操作指令中，表示取反操作
@	间接寻址寄存器或基址寄存器的前缀，用于寄存器间接寻址和"基址+变址"寻址方式指令
$	当前指令所在地址，用于无条件转移指令中
→	在对指令进行解释时，表示数据的传递方向

3.1.3 伪指令

伪指令不是单片机执行的指令，它们放在汇编程序中，指示汇编器如何对源程序进行汇编，经汇编后，伪指令不产生机器码。伪指令是汇编程序中不可缺少的指令，对正确编写程序及简化程序很重要。下面介绍一些常用的伪指令。

1. 定位伪指令 ORG

格式：ORG　16 位地址

说明：本伪指令通知汇编器，后面的程序段放在 16 位地址指明的起始单元。

【例 3-1】 ORG 伪指令应用举例。

```
        ORG  1010H
START:  MOV  A, 20H
        ⋮

        ORG  1500H
NEXT:   MOV  R0, #30H
        ⋮
```

在这段程序中，规定了以 START 开始的程序从 1010H 单元开始存放，以 NEXT 开始的程序从 1500H 单元开始存放。

2. 定义字节伪指令 DB

格式：［标号：］　DB　项或项表

说明：本伪指令用于定义一个字节型数据表格，表格中可以有一个或多个字节型数据，每个数据间用逗号分开，在空间上是连续存放在程序存储器中的。

【例 3-2】　DB 伪指令应用举例。

```
Table:  DB  00H, 01H, 02H,'0','a','A'
```

在 Table 开始的连续单元，分别存放 00H，01H，02H，30H，61H，41H，这 6 个数值的后三个分别为 0、a、A 的 ASCII 码。

3. 定义字伪指令 DW

格式：［标号：］　DW　项或项表

说明：这个伪指令与 DB 类似，但它是用于定义字型（16 位二进制）数据表格的，项和项表的数据类型可以是十进制或十六进制数，也可以是一个表达式。数据在存放时，按低字节在前，高字节在后的顺序存放。

【例 3-3】　DW 伪指令应用举例。

```
Table:  DW  1020H, 3040H, 5060H
```

在 Table 开始的连续单元，分别存放 20H，10H，40H，30H，60H，50H。

4. 定义空间伪指令 DS

格式：［标号：］　DS　表达式

说明：DS 伪指令从指定的地址开始，保留若干字节内存空间作备用。预留存储单元的个数由表达式的值确定。

【例 3-4】　DS 伪指令应用举例。

```
ORG     0F00H
DS      10H
DB      20H,40H
```

汇编后，从 0F00H 开始，保留 16 个字节的内存单元，然后从 0F10H 开始，按照下一条 DB 伪指令给内存单元赋值，得（0F10H）= 20H，（0F11H）= 40H。保留的空间将由程序的其他部分决定其用处。

DB、DW、DS 伪指令都只对程序存储器起作用，不能用来对数据存储器的内容进行赋值或进行其他初始化的工作。

5. 等值伪指令 EQU

格式：符号名　EQU　项

说明：EQU 指令用于将一个数值或寄存器名赋给一个指定的符号名，这样，在程序中就可以用符号名来代替项了。项可以是一个常数、地址标号或不含变量的表达式，还可以是某个寄存器。

【例 3-5】　EQU 伪指令应用举例。

```
LIMIT    EQU   1200
COUNT    EQU   R5
Time     EQU   20H
```

第一条伪指令是定义一个常数 LIMIT，它的值等于 1200；第二条伪指令是将 R5 更换为一个新的名字 COUNT，在程序中为了容易记住变量，可以将其换一个英文名字，以便见名知义；Time 则是给片内 20H 这个单元取的新名字。

6. 位地址符号伪指令 BIT

格式：字符   BIT   位地址

说明：其功能是给一个位地址取个新的名字，便于记忆及编程。

如：SPK   BIT   P3.7

经定义后，允许在指令中用 SPK 代替 P3.7 了。

7. 数据地址赋值伪指令 DATA

格式：符号名   DATA   表达式

说明：DATA 伪指令用于将一个内部 RAM 的地址取一个新的符号名。表达式的值在 0～255 之间。

如：hour   DATA   40H

经过上面的定义后，就可以用 hour 代替 40H 了，如在程序中使用 MOV hour, #10。

DATA 功能与 EQU 类似，但也存在以下区别：

1）EQU 必须先定义才能使用，而 DATA 不受限制。也就是说 EQU 定义的是常量，DATA 定义的是变量。

2）EQU 可以把一个汇编符号赋给一个字符名，而 DATA 不能。

3）DATA 可以将一个表达式的值赋给变量，而 EQU 不能。

4）DATA 通常用于定义数据地址。

8. 汇编结束伪指令 END

格式：END

说明：该伪指令是通知汇编器，程序到此结束。结束汇编，此时即使后面还有指令，汇编程序也不作处理。在一个程序中，END 只能出现一次，且必须出现一次。

3.2 51 系列单片机指令的寻址方式

由指令的构成可知，在指令中，要有操作数（个别指令除外），指令中给出参与运算操作数的形式称为寻址方式。一条指令采用什么样的寻址方式是由指令的功能决定的。寻址方式越多，指令功能就越强，灵活性就越大。

51 系列单片机指令的寻址方式主要有 7 种：寄存器寻址、直接寻址、寄存器间接寻址、立即寻址、基址+变址寻址、相对寻址和位寻址。各种寻址方式，都有其寻址范围，具体情况如表 3.2 所示。

表 3.2　寻址方式及相关的存储器空间

寻址方式	寻址范围
寄存器寻址	R0~R7、A、B、C（CY）、AB（双字节）、DPTR（双字节）、PC（双字节）
直接寻址	内部 RAM 低 128 个字节（00H~7FH） 特殊功能寄存器（80H~0FFH）
寄存器间接寻址	内部所有的数据存储器 RAM 内部数据存储单元的低 4 位 外部 RAM 或 I/O 接口
立即寻址	程序存储器（常数）
基址+变址寻址	程序存储器（@ A+PC，@ A +DPTR）
相对寻址	相对转移指令中地址偏移量是 8 位有符号数，转移范围以 PC 当前值为中心，介于 −128~+127 之间
位寻址	内部 RAM 中的位寻址区（位地址 00H~7FH） 特殊功能寄存器中可位寻址的位（80H~0FFH）

3.2.1　直接寻址

直接寻址就是在指令中，操作数给出了操作数的直接地址。这种寻址方式用于对芯片内的低 128 个字节（地址为 00H~7FH）及特殊功能寄存器进行字节操作。例如：

```
DEC  20H      ;(20H) - 1 → (20H)。
MOV  P0, A    ;A → P0。P0 最终是以直接地址的形式指明的。
```

3.2.2　立即寻址

立即寻址方式是指在指令中，直接给出了参与操作的数据本身。此时的操作数以字节的形式存放于程序存储器中，该数不可修改。例如：

```
ADD  A, #10H
```

其功能为把常数 10H 与累加器（A）中的内容相加，结果存放在 A 中，参与操作的常数 10H 采用的就是立即寻址。

3.2.3　寄存器寻址

在指令中，操作数是某一个寄存器的内容，这种寻址方式称为寄存器寻址。寄存器寻址是对由 PSW 中所选定的工作寄存器区中的 R0~R7 进行操作，并在指令中明确指出。累加器（A）、寄存器（B）、数据指针（DPTR）和布尔处理器的位累加器（C）也可用寄存器寻址方式访问，一般隐含在指令中。例如：

```
DEC  R0      ;(R0) - 1 → R0,明确指明操作数为寄存器 R0。
JZ   rel     ;A 中的内容为 0,则转移,对 A 的寻址为隐含。
```

3.2.4　寄存器间接寻址

以某一个寄存器的内容作为操作数的地址，这种寻址方式称为寄存器间接寻址。此时的寄存器是当前 PSW 确定的工作寄存器组中的 R0 或 R1，也可以是 DPTR，寄存器间接寻址用符号 "@" 表示。例如指令：

```
MOV  A,@R0        ;((R0)) → A
```

本指令的功能是以 R0 中的数据为地址，再将这个地址中的数据传送给累加器（A）。可见 R0 中的内容是操作数的地址。

寄存器间接寻址方式看起来似乎走了弯路，但如果将这种寻址方式的指令与其他指令配合使用，将会收到非常好的效果，是其他指令无法比拟的，所以，要引起足够的重视。

3.2.5 基址+变址寻址

基址+变址寻址方式有两种形式：以 16 位的程序计数器（PC）或数据指针（DPTR）作为基址寄存器，以 8 位的累加器（A）作为变址寄存器，两者的内容相加，形成一个新的 16 位地址，这个新地址，就是操作数的地址。该类指令常用于访问常数表格。例如：

```
MOVC  A,@A+PC      ;((A)+(PC)) → A
MOVC  A,@A+DPTR    ;((A)+(DPTR)) → A
```

这两条指令中，源操作数就是采用了基址+变址寻址方式。

3.2.6 相对寻址

相对寻址主要用于相对转移指令，当相对转移指令执行时程序将发生跳转。以 PC 的当前值加上指令中给出的相对偏移量（rel）形成转移地址。其中，rel 是一个带符号的 8 位二进制数，以补码形式置于操作码之后，数值在 −128 ～ +127 之间。例如：

```
JNC  88H     ;C=0 转跳
```

如果本条指令在程序中存放在 1000H，且此时的 C=0，则执行这条指令时，因本指令为双字节指令，所以，当前 PC 处在 1002H；作为有符号数的 88H，换算成有符号的十进制数为 −120，执行完本指令的结果是程序跳转到 0F8AH 处（1002H −120 = 0F8AH）。

3.2.7 位寻址

51 系列单片机有一个布尔处理器，可以进行位操作。在指令的操作数位置上直接给出位地址，这种寻址方式就是位寻址。例如：

```
MOV   C,40H     ;把 40H 位地址单元中的状态送给进位位 CY
SETB  TR0       ;把 TR0 位地址单元中的状态置为 1
CLR   20H       ;将位地址单元 20H 中的状态清零
```

3.3 51 系列单片机的指令系统

在 51 系列单片机中，指令系统中共有 111 条指令，其中单字节指令有 49 条，双字节指令有 45 条，三字节指令有 17 条。可以实现加、减、乘、除、与、或、非及数据的传输等功能。

51 系列单片机的指令系统按功能分，可分为五大类，每一大类指令又因操作数的给出方式及操作数所处存储区域的不同，又有多条指令。五大类指令为：数据传送类、算术运算类、逻辑运算类、控制转移类及位操作类。

3.3.1 数据传送类指令

数据传送类指令是应用最多，使用最频繁的指令，实现的功能就是将源操作数传送到目的操作数中，而源操作数的内容不改变。

1. MOV 指令

表 3.3 为 51 系列单片机指令集中的 MOV 指令。

表 3.3 MOV 指令

操作码	目的操作数	源操作数	功能	机器码	长度（字节数）	执行时间（机器周期数）	数据类型
MOV	A	Rn	(A) ← (Rn)	E8H~EFH	1	1	字节
		direct	(A) ← (direct)	E5H direct	2	1	
		@Ri	(A) ← ((Ri))	E6H~E7H	1	1	
		#data	(A) ←data	74H data	2	1	
	Rn	A	(Rn) ← (A)	F8H~FFH	1	1	
		direct	(Rn) ← (direct)	A8H~AFH direct	2	2	
		#data	(Rn) ←data	78H~7FH data	2	1	
	direct	A	(direct) ← (A)	F5H direct	2	1	
		Rn	(direct) ← (Rn)	88H~8FH direct	2	2	
		direct2	(direct) ← (direct2)	85H direct2 direct	3	2	
		@Ri	(direct) ← ((Ri))	86H~87H direct	2	2	
		#data	(direct) ←data	75H direct data	3	2	
	@Ri	A	((Ri)) ← (A)	F6H~F7H	1	1	
		direct	((Ri)) ← (direct)	A6H~A7H direct	2	2	
		#data	((Ri)) ←data	76H~77H data	2	1	
	DPTR	#data16	(DPTR) ←data16	90H data16	3	2	字

指令的格式为

    MOV 目的操作数，源操作数

目的操作数及源操作数可有多种寻址方式，所以，数据传送指令有多条，掌握了助记符及其意义，又掌握了不同的寻址方式及表示方法，就掌握了所有的数据传送指令。

数据传送指令操作完毕后，不影响 PSW 中的标志位，即 PSW 中的 CY、AC 和 OV 位；但如果传送指令的目的操作数为累加器（A），则影响 PSW 中的 P 位（奇偶校验位）；数据传送完毕后，源操作数的内容不变。

【例 3-6】 指令举例。

```
MOV   A, @R0        ; ((R0))→A,间接寻址
MOV   R0, 70H       ; (70H)→R0,直接寻址
MOV   20H, #80H     ; 80H→(20H)
MOV   @R1, A        ; (A)→((R1))
MOV   R2, #0BAH     ; 立即数 0BAH 送到 R2 中
```

注意： 在指令中，凡立即数的最高位为字母时，一定要在字母的前面加 0。

2. 堆栈操作指令

堆栈是在计算机的内部开辟一个存储区域，用于存入、取出临时性的，需要保护的一些数据。数据的存入与取出是按后进先出（LIFO）的原则来进行的。在 51 系列单片机中，有一个特殊功能寄存器叫作堆栈指针（SP），它的数据永远是堆栈顶部的地址。堆栈操作指令格式如表 3.4 所示。

表 3.4　堆栈操作指令

操作码	目的操作数	源操作数	功能	机器码	长度（字节数）	执行时间（机器周期数）	数据类型
POP	direct		(direct) ← ((SP)) (SP) ← (SP)−1	D0H direct	2	2	字节
PUSH		direct	(SP) ← (SP)+1 ((SP)) ← (direct)	C0H direct	2	2	

PUSH 指令的功能是首先将堆栈指针（SP）加 1，即 SP 中的内容加 1 后，又重新存入 SP 中，然后将直接地址指出的内容传送到堆栈指针（SP）寻址的内部 RAM 单元中。指令执行完毕后，直接地址中的数据不变。

POP 指令的功能是把堆栈指针（SP）所指向的内部 RAM 单元内容送入直接地址指出的字节单元中，堆栈指针（SP）减 1。指令执行完毕后，直接地址中的数据不变。

【例 3-7】 设在执行下列指令前，(SP) = 60H，(ACC) = 0AH，(50H) = 0BH。

```
PUSH   ACC          ; (SP)+1→(SP),(ACC)→(61H)
PUSH   50H          ; (SP)+1→(SP),(50H)→(62H)
```

结果： (61H) = 0AH，(62H) = 0BH，(SP) = 62H。

【例 3-8】 设 (SP) = 62H，(62H) = 0BH，(61H) = 0AH，执行下述指令。

```
POP 50H         ; ((SP))→(50H),(SP)-1→SP
POP 51H         ; ((SP))→(51H),(SP)-1→SP
```

结果： (50H) = 0BH，(51H) = 0AH，(SP) = 60H。

【例 3-9】 设 (A) = 10H，(B) = 40H，执行指令

```
MOV    SP, #30H
PUSH   ACC
PUSH   B
POP    ACC
POP    B
```

结果：（SP）= 30H，（A）= 40H，（B）= 10H，堆栈指针 SP 仍然指向最初的 30H 单元，实现累加器（A）和寄存器（B）中的数据互相交换。

3. 数据交换指令

这类传送指令的源操作数与目的操作数的数据传递是双向的。指令格式如表 3.5 所示。

表 3.5　交换指令

操作码	目的操作数	源操作数	功能	机器码	长度（字节数）	执行时间（机器周期数）	数据类型
XCH	A	Rn	$(A) \longleftrightarrow (Rn)$	C8H~CFH	1	1	字节
		direct	$(A) \longleftrightarrow (direct)$	C5H direct	2	1	
		@Ri	$(A) \longleftrightarrow ((Ri))$	C6H~C7H	1	1	
XCHD	A	@Ri	$(A)_{3\sim0} \longleftrightarrow ((Ri))_{3\sim0}$	D6H~D7H	1	1	半字节
SWAP	A		$(A)_{3\sim0} \longleftrightarrow (A)_{7\sim4}$	C4H	1	1	

【例 3-10】 设（A）= 12H，（10H）= 34H，执行下述指令。

```
XCH A, 10H
```

结果：（A）= 34H，（10H）= 12H。

【例 3-11】 设（A）= 15H，（R0）= 20H，（20H）= 51H，执行下述指令。

```
XCHD A, @R0
```

结果：（A）= 11H，（20H）= 55H。

【例 3-12】 设（A）= 12H，执行下述指令。

```
SWAP A
```

结果：（A）= 21H。

4. MOVX 指令

MOVX 指令用于芯片外 RAM 或 I/O 口与累加器（A）之间的数据传送，指令语法格式如表 3.6 所示。

表 3.6　MOVX 指令语法格式

操作码	目的操作数	源操作数	功能	机器码	长度（字节数）	执行时间（机器周期数）	数据类型
MOVX	A	@DPTR	（A）←（（@DPTR））片外 RAM	EOH	1	2	字节
		@Ri	（A）←（（Ri））片外 RAM	E2H~E3H	1	2	
	@DPTR	A	（（DPTR））片外 RAM←（A）	F0H	1	2	
	@Ri		（（Ri））片外 RAM←（A）	F2H~F3H	1	2	

在 51 系列单片机中，外部 RAM/IO 接口是统一编址的，所以，这类指令既可以对外部

RAM 操作，还可以对外部扩展的 I/O 口操作，要根据单片机系统的具体情况来定。这些指令中含有 DPTR 的，外部 RAM/IO 地址由 DPTR 决定，而指令中含有@ Ri 的，则地址的高 8 位由 P2 口决定，低 8 位由@ Ri 中的内容决定。

【例 3-13】 执行下述指令。

```
MOV    DPTR, #2000H
MOV    A, #12H
MOVX   @ DPTR, A
```

结果：（DPTR）= 2000H，（A）= 12H，片外 2000H 中的内容为 12H。

5. MOVC 指令

MOVC 指令用于读取程序存储器 ROM 中的数据，有两条，其指令语法格式如表 3.7 所示。此类指令又称作查表指令。

表 3.7 MOVC 指令语法格式

操作码	目的操作数	源操作数	功能	机器码	长度（字节数）	执行时间（机器周期数）	数据类型
MOVC	A	@ A+DPTR	(A)←((A)+(DPTR))	93H	1	2	字节
		@ A+PC	(PC)←(PC)+1 (A)←((A)+(PC))	83H	1	2	

MOVC A, @ A+PC 指令是以当前 PC 作为基址寄存器，A 的内容作为无符号数，两者相加后得到一个 16 位的地址，将该地址指出的程序存储器单元内容送入累加器（A），因 A 的内容为 0~255，所以（A）和（PC）相加所得到的地址只能在该指令以后的 256 个单元的地址之内。一般是在该指令的后面放一个数据表格，表格中存放的数据可以是诸如显示器所要求的显示代码等。该表格只能存放在该查表指令以下的 256 个单元内，表格的大小也不能超过 256 个元素。

MOVC A, @ A+DPTR 指令以 DPTR 作为基址寄存器，A 的内容作为无符号数和 DPTR 的内容相加，相加结果得到一个 16 位的地址，由该地址指出的程序存储器单元的内容送入累加器（A），因 DPTR 可在程序中根据具体情况设定，所以，使用本指令时的表格可放到程序中的任一位置，表格中的元素也可根据情况做得较大，不受 256 个限制。

【例 3-14】 执行下述指令。

```
2000H      MOV  A, #20H
2002H      MOVC  A, @ A+PC
```

结果：将程序存储器中 2023H 单元的内容送入累加器 A。

【例 3-15】 已知 R1 中有一个 0~9 的数，执行下列程序。

```
SQ2:   MOV  A, R1              ; (A)←(R1)
       MOV  DPTR, #TAB         ; 指向表格首地址
       MOVC A, @ A+DPTR        ; 查表得到该数的二次方数值
       MOV  R2, A              ; 存二次方值到 R2 中
```

```
HERE:    SJMP  HERE
TAB:     DB  00,01,04,09,16        ;数 0~9 的二次方表
         DB  25,36,49,64,81
```

结果：R2 的值为 R1 数值的二次方。

3.3.2 算术运算类指令

51 系列单片机算术运算指令有加法、减法、乘法、除法指令及十进制调整指令等，共计 24 条，其语法格式如表 3.8 所示。在进行算术运算时，多数运算会对标志位产生影响，可根据此影响，来判断程序的转向、执行的不同功能等。

表 3.8　算术运算指令语法格式

操作码	目的操作数	源操作数	功能	机器码	长度（字节数）	执行时间（机器周期数）	受影响的标志位
ADD	A	Rn	$(A)\leftarrow(A)+(Rn)$	28H~2FH	1	1	CY AC OV P
		direct	$(A)\leftarrow(A)+(direct)$	25H direct	2	1	
		@Ri	$(A)\leftarrow(A)+((Ri))$	26H~27H	1	1	
		#data	$(A)\leftarrow(A)+data$	24H data	2	1	
ADDC	A	Rn	$(A)\leftarrow(A)+(Rn)+(CY)$	38H~3FH	1	1	
		direct	$(A)\leftarrow(A)+(direct)+(CY)$	35H direct	2	1	
		@Ri	$(A)\leftarrow(A)+((Ri))+(CY)$	36H~37H	1	1	
		#data	$(A)\leftarrow(A)+data+(CY)$	34H data	2	1	
DA	A		将 ADD 和 ADDC 完成的运算结果转换成压缩 BCD 码	D4H	1	1	CY、AC、P
SUBB	A	Rn	$(A)\leftarrow(A)-(Rn)-(CY)$	98H~9FH	1	1	CY AC OV P
		direct	$(A)\leftarrow(A)-(direct)-(CY)$	95H direct	2	1	
		@Ri	$(A)\leftarrow(A)-((Ri))-(CY)$	96H~97H	1	1	
		#data	$(A)\leftarrow(A)-data-(CY)$	94H data	2	1	
INC	A		$(A)\leftarrow(A)+1$	04H	1	1	P
	Rn		$(Rn)\leftarrow(Rn)+1$	08H~0FH	1	1	无
	direct		$(direct)\leftarrow(direct)+1$	05H direct	2	1	
	@Ri		$((Ri))\leftarrow((Ri))+1$	06H~07H	1	1	
	DPTR		$(DPTR)\leftarrow(DPTR)+1$	A3H	1	2	
DEC	A		$(A)\leftarrow(A)-1$	14H	1	1	P
	Rn		$(Rn)\leftarrow(Rn)-1$	18H~1FH	1	1	无
	direct		$(direct)\leftarrow(direct)-1$	15H direct	2	1	
	@Ri		$((Ri))\leftarrow((Ri))-1$	16H~17H	1	1	
MUL	AB		$(B)(A)\leftarrow(B)\times(A)$	A4H	1	4	CY OV
DIV	AB		$(A)商和(B)余数\leftarrow(A)/(B)$	84H	1	4	

加法指令有三种：不带进位加法、带进位加法及加 1 指令。如果在加法指令的后面使用十进制调整指令 DA A，可对累加器（A）中的数据进行调整，使其调整为压缩 BCD 码的数。减法指令分成带进位减法指令和减 1 指令。在 51 系列单片机指令系统中，有一条乘法指令，其功能是将累加器（A）和寄存器（B）中的 8 位无符号整数相乘，所得到的 16 位积的低 8 位放在累加器（A）中，高 8 位放在寄存器（B）中。一条除法指令功能是用累加器（A）中的 8 位无符号整数除以寄存器（B）中的 8 位无符号整数，所得商的整数部分放在累加器（A）中，余数部分放在寄存器（B）中。

【例 3-16】 设（A）= 0A8H，（20H）= 42H，执行下述指令。

```
ADD  A, 20H
```

$$
\begin{array}{r}
1 0 1 0 1 0 0 0 \\
+\ 0 1 0 0 0 0 1 0 \\
\hline
1 1 1 0 1 0 1 0
\end{array}
$$

结果：（A）= 0EAH，CY = 0，AC = 0，OV = 0，P = 1。

【例 3-17】 设（A）= 56H，（20H）= 78H，执行指令。

```
ADD  A, 20H
DA   A
```

结果：（A）= 34H，CY = 1。

【例 3-18】 设（A）= 99H，（R0）= 55H，CY = 1，执行指令

```
ADDC A, R0
```

$$
\begin{array}{r}
1 0 0 1 1 0 0 1 \\
0 1 0 1 0 1 0 1 \\
+\qquad\quad 1 \\
\hline
1 1 1 0 1 1 1 1
\end{array}
$$

结果：（A）= 0EFH，CY = 0，AC = 0，OV = 0，P = 1。

【例 3-19】 设（A）= 0AAH，CY = 1，执行下述指令。

```
SUBB A, #55H
```

$$
\begin{array}{r}
1 0 1 0 1 0 1 0 \\
0 1 0 1 0 1 0 1 \\
-\qquad\quad 1 \\
\hline
0 1 0 1 0 1 0 0
\end{array}
$$

结果：（A）= 54H，CY = 0，AC = 0，OV = 1，P = 1。

【例 3-20】 设（A）= 11H，（B）= 11H，执行下述指令。

```
    MUL AB
```

结果：（B）= 01H，（A）= 21H。

【例 3-21】 设（A）= 87H，（B）= 11H，执行下述指令。

```
    DIV AB
```

结果：（A）= 07H，（B）= 10H，CY = 0，OV = 0。

3.3.3 逻辑运算及移位类指令

逻辑运算指令包括与、或、异或、清零、循环和求反等，移位指令是对 A 的循环移位操作。其指令的语法格式如表 3.9 所示。

表 3.9 逻辑运算及移位指令的语法格式

操作码	目的操作数	源操作数	功能	机器码	长度（字节数）	执行时间（机器周期数）	指令名称
CLR	A		$(A) \leftarrow 0$	E4H	1	1	清零
CPL	A		$(A) \leftarrow \overline{(A)}$	F4H	1	1	求反
ANL	A	Rn	$(A) \leftarrow (A) \wedge (Rn)$	58H~5FH	1	1	与
		direct	$(A) \leftarrow (A) \wedge (direct)$	55H direct	2	2	
		@Ri	$(A) \leftarrow (A) \wedge ((Ri))$	56H~57H	1	1	
		#data	$(A) \leftarrow (A) \wedge data$	54H data	2	1	
	direct	A	$(direct) \leftarrow (direct) \wedge (A)$	52H direct	2	1	
		#data	$(direct) \leftarrow (direct) \wedge data$	53H direct data	3	2	
ORL	A	Rn	$(A) \leftarrow (A) \vee (Rn)$	48H~4FH	1	1	或
		direct	$(A) \leftarrow (A) \vee (direct)$	45H direct	2	1	
		@Ri	$(A) \leftarrow (A) \vee ((Ri))$	46H~47H	1	1	
		#data	$(A) \leftarrow (A) \vee data$	44H data	2	1	
	direct	A	$(direct) \leftarrow (direct) \vee (A)$	42H direct	2	1	
		#data	$(direct) \leftarrow (direct) \vee data$	43H direct data	3	2	
XRL	A	Rn	$(A) \leftarrow (A) \oplus (Rn)$	68H~6FH	1	1	异或
		direct	$(A) \leftarrow (A) \oplus (direct)$	65H direct	2	1	
		@Ri	$(A) \leftarrow (A) \oplus ((Ri))$	66H~67H	1	1	
		#data	$(A) \leftarrow (A) \oplus data$	64H data	2	1	
	direct	A	$(direct) \leftarrow (direct) \oplus (A)$	62H direct	2	1	
		#data	$(direct) \leftarrow (direct) \oplus data$	63H direct data	3	2	
RL	A		$(A) \leftarrow (A)_{6 \sim 0} (A)_7$	23H	1	1	循环移位
RLC			$(CY)(A) \leftarrow (A)_7 (A)_{6 \sim 0}(CY)$	33H	1	1	
RR			$(A) \leftarrow (A)_0 (A)_{7 \sim 1}$	03H	1	1	
RRC			$(CY)(A) \leftarrow (A)_0(CY)(A)_{7 \sim 1}$	13H	1	1	

【例 3-22】 执行下述指令

```
MOV  A, #0F0H
CPL  A
```

结果：（A）= 0FH

【例 3-23】 设（A）= 0FH，（10H）= 0C6H，执行下述指令（∧表示逻辑与）。

```
ANL  A, 10H
```

$$
\begin{array}{r}
0\,0\,0\,0\,1\,1\,1\,1 \\
\wedge\,1\,1\,0\,0\,0\,1\,1\,0 \\
\hline
0\,0\,0\,0\,0\,1\,1\,0
\end{array}
$$

结果：（A）=06H。

【例3-24】 设（A）=05H，执行下述指令（∨表示逻辑或）。

```
ORL  A, #50H
```

$$
\begin{array}{r}
0\,0\,0\,0\,0\,1\,0\,1 \\
\vee\,0\,1\,0\,1\,0\,0\,0\,0 \\
\hline
0\,1\,0\,1\,0\,1\,0\,1
\end{array}
$$

结果：（A）=55H。

【例3-25】 设（A）=1AH，（20H）=82H，执行下述指令（⊕表示异或）。

```
XRL  20H, A
```

$$
\begin{array}{r}
1\,0\,0\,0\,0\,0\,1\,0 \\
\oplus\,0\,0\,0\,1\,1\,0\,1\,0 \\
\hline
1\,0\,0\,1\,1\,0\,0\,0
\end{array}
$$

结果：（20H）=98H。

【例3-26】 设（A）=99H，CY=0，执行下述指令。

```
RLC  A
```

结果：（A）=32H，CY=1。

3.3.4 控制转移类指令

控制转移类指令用于实现程序的分支或循环运行，分为：无条件转移指令、条件转移指令、子程序调用指令和返回指令，共有17条。

1. 无条件转移指令

指令语法格式如表3.10所示。

表3.10 无条件转移指令

操作码	操作数	功能	机器码	长度 （字节数）	执行时间 （机器周期数）	指令名称
LJMP	addr16	（PC）←addr16	02H addr16	3	2	长转移指令
AJMP	addr11	（PC）←（PC）+2 （PC）$_{10\sim0}$←addr11	addr 11$_{10\sim8}$00001 addr 11$_{7\sim0}$B	2	2	绝对转移指令
SJMP	rel	（PC）←（PC）+2 （PC）←（PC）+rel	80H rel	2	2	相对转移指令
JMP	@ A+DPTR	（PC）←（A）+（DPTR）	73H	1	2	散转指令
NOP		（PC）←（PC）+1	00H	1	1	空操作指令

在长转移指令 LJMP　addr 16 中，直接给出了跳转的目标地址。在执行该指令时，将地址赋给 PC，则程序就会无条件地转向指定地址。转移的目标地址可以在 64KB 程序存储器地址空间的任何地方。

绝对转移指令 AJMP　addr 11 是一条可以在 2KB 范围内，程序无条件转移到指定地址的指令。该指令在执行时，将当前 PC 的高 5 位和指令中的 11 位地址相连，形成的 16 位地址就是跳转的目标地址。

相对转移指令 SJMP　rel 执行时是将当前 PC 值加上一个偏移量 rel（rel 是一个有符号数，其值在-128 ~ +127 之间），两者之和就是跳转的目标地址。所以，目标地址可以在这条指令前 126 个字节到后 127 个字节之间。

散转指令 JMP　@A+DPTR 把累加器（A）中的 8 位无符号数与数据指针（DPTR）中的 16 位数相加，结果作为下条指令的地址送入 PC，则程序就会实现跳转，可跳转的目标地址是根据 A 来确定的。

空操作指令 NOP 不进行任何操作，仅使 CPU 等待一个机器周期，在程序中可起到延时的作用。

【例 3-27】　根据累加器（A）中的处理命令编号（0~7），使程序执行相应的命令处理程序。

```
CON:     MOV     B, #3
         MUL     AB                     ;因后面使用了长跳转指令,为 3 字节。
         MOV     DPRT, #CONIN
         JMP     @A+DPTR
CONIN:   LJMP    CON0                   ;跳转到命令 0
         LJMP    CON1                   ;跳转到命令 1
         LJMP    CON2                   ;跳转到命令 2
         LJMP    CON3                   ;跳转到命令 3
         LJMP    CON4                   ;跳转到命令 4
         LJMP    CON5                   ;跳转到命令 5
         LJMP    CON6                   ;跳转到命令 6
         LJMP    CON7                   ;跳转到命令 7
```

上述程序段中的 CON0~CON7 是程序中的标号，分别为命令 0~命令 7 的入口地址。

【例 3-28】　某单片机应用中，要根据键盘的不同输入，系统执行不同的操作。现假定读键盘程序已将键盘的输入值读到累加器 A 中（键值为 0~5），程序如下：

```
         RL     A                ;相当于 A 乘 2
         MOV    DPTR, #TAB
         JMP    @A + DPTR
          ⋮
```

```
TAB:    AJMP  OP0
        AJMP  OP1
        AJMP  OP2
        AJMP  OP3
        AJMP  OP4
        AJMP  OP5
```

说明：因 AJMP 指令为双字节，所以，在本程序段的开始处，要将 A 的值乘 2，以便利用散转指令跳转到相应的目标地址上。如果将跳转表中的 AJMP 指令转成 LJMP，则在开始处，要将 A 乘 3；跳转表中的 OPX 为地址标号；另外，请注意本例中的 MOV DPTR，#TAB 的用法。

2. 条件转移指令

条件转移指令就是根据某种特定条件来确定是否转移的指令，当条件满足时才转移到目标地址，如果条件不满足时，则执行下一条指令。指令语法格式如表 3.11 所示。此类指令均为相对跳转指令，目的地址为当前的 PC 值与有符号的偏移量相加，跳转范围为 $-128 \sim +127$ 个字节之间。在程序书写时，偏移量均不用数值表示，而用目标地址的地址标号表示。

表 3.11　条件转移指令

操作码	操作数	功能	机器码	长度（字节数）	执行时间（机器周期数）	指令名称
JZ	rel	若(A) = 0,则(PC)←(PC)+2+rel; 若(A)≠0,则(PC)←(PC)+2	60H rel	2	2	累加器(A)判 0 转移
JNZ	rel	若(A)≠0,则(PC)←(PC)+2+rel; 若(A) = 0,则(PC)←(PC)+2	70H rel	2	2	
CJNE	A,direct,rel	若(A)≠(direct),则(PC)←(PC)+3+rel; 若(A) = (direct),则(PC)←(PC)+3	B5H direct rel	3	2	比较不相等转移
	A,#data,rel	若(A)≠data,则(PC)←(PC)+3+rel; 若(A) = data,则(PC)←(PC)+3	B4H data rel	3	2	
	Rn,#data,rel	若(Rn)≠data,则(PC)←(PC)+3+rel; 若(Rn) = data,则(PC)←(PC)+3	B8H~B7H data rel	3	2	
	@Ri,#data,rel	若((Ri))≠data,则(PC)←(PC)+3+rel; 若((Ri)) = data,则(PC)←(PC)+3	B6H~B7H data rel	3	2	
DJNZ	Rn,rel	(Rn)←(Rn)−1, 若(Rn)≠0,则(PC)←(PC)+2+rel; 若(Rn) = 0,则(PC)←(PC)+2	D8H~DFH rel	2	2	减 1 不为 0 转移
	direct,rel	(direct)←(direct)−1, 若(direct)≠0,则(PC)←(PC)+2+rel; 若(direct) = 0,则(PC)←(PC)+2	D5H direct rel	3	2	

【例 3-29】 利用减 1 不为 0 转移指令编写的延时程序。

```
        MOV    R0, #200
HERE1:  MOV    R1, #100
HERE:   DJNZ   R1, HERE
        DJNZ   R0, HERE1
        RET
```

这段程序可实现延时的功能，延时是利用单片机指令运行时，不同的指令需要有不同的
机器周期才能完成，可据此计算出此段程序的延时时间。

3. 调用与返回指令

指令语法格式如表 3.12 所示。

表 3.12 子程序调用和返回指令

操作码	操作数	功能	机器码	长度（字节数）	执行时间（机器周期数）	指令名称
LCALL	addr16	$(PC)\leftarrow(PC)+3$ $(SP)\leftarrow(SP)+1,((SP))\leftarrow(PC)_{7\sim0}$ $(SP)\leftarrow(SP)+1,((SP))\leftarrow(PC)_{15\sim8}$ $(PC)\leftarrow addr16$	12H addr16	3	2	长调用指令
ACALL	addr11	$(PC)\leftarrow(PC)+2$ $(SP)\leftarrow(SP)+1,((SP))\leftarrow(PC)_{7\sim0}$ $(SP)\leftarrow(SP)+1,((SP))\leftarrow(PC)_{15\sim8}$ $(PC)_{10\sim0}\leftarrow addr11$	addr $11_{10\sim8}$ 10001 addr $11_{7\sim0}$ B	2	2	绝对调用指令
RET		$(PC)_{15\sim8}\leftarrow((SP)),(SP)\leftarrow(SP)-1$ $(PC)_{7\sim0}\leftarrow((SP)),(SP)\leftarrow(SP)-1$	22H	1	2	子程序返回指令
RETI		$(PC)_{15\sim8}\leftarrow((SP)),(SP)\leftarrow(SP)-1$ $(PC)_{7\sim0}\leftarrow((SP)),(SP)\leftarrow(SP)-1$ 清除中断状态寄存器的标志位	32H	1	2	中断返回指令

主程序调用子程序以及从子程序返回的过程如图 3.2 所示。在一个程序中，子程序还可
以调用其他的子程序，称为子程序嵌套。子程序嵌套过程如图 3.3 所示。

【例 3-30】 若（SP）= 60H，子程序 Delay 的首地址位于 1378H，本条指令的地址为
1234H，执行下述指令。

```
ACALL  Delay
```

结果：（SP）= 62H，（61H）= 36H，（62H）= 12H，（PC）= 1378H。

【例 3-31】 若（SP）= 60H，标号 Start = 1234H，标号 Delay = 0FE00H，执行下述
指令。

```
Start: LCALL  Delay
```

结果：（SP）= 62H，（61H）= 37H，（62H）= 12H，（PC）= 0FE00H。

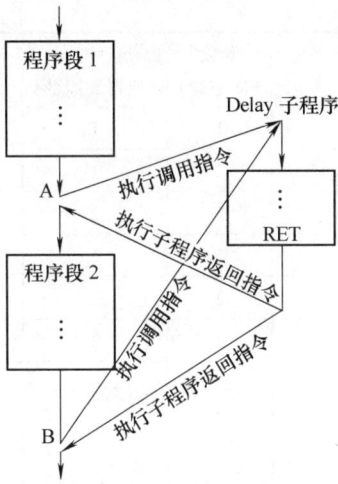

图 3.2　调用子程序示意图

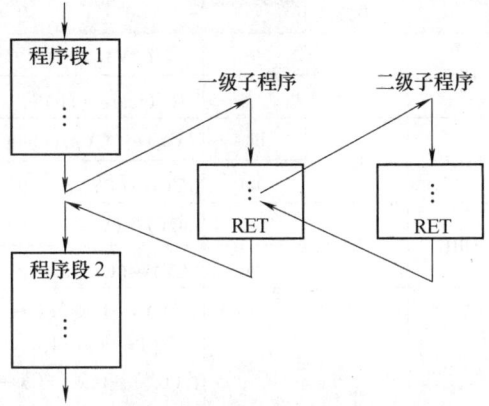

图 3.3　子程序嵌套示意图

【例 3-32】　根据上例，假定在子程序中没有其他进栈及出栈操作，在子程序的最后放置返回指令，执行

```
RET
```

结果：（SP）= 60H，（PC）= 1237H，因 PC 中的值为下一条指令的地址，所以，CPU 从 1237H 开始执行程序。

中断返回指令 RETI 用于中断子程序返回，它具有两个功能：一是执行 RET 指令的功能，二是在返回前，清除内部相应的中断状态寄存器的标志。位在中断子程序中，最后一条指令必须是 RETI。

3.3.5　位操作类指令

在 51 系列单片机中，有一个布尔处理器，以进位标志位 CY 作为运算器（一般记作 C）。可对位进行操作，是 51 单片机的一个特点，在实际应用中很重要，使用很频繁。通过位操作，可实现位的传送，位的逻辑操作及位的条件转移。位操作的对象为进位标志位 C、RAM 中的可进行位操作的单元及特殊功能寄存器中地址可被 8 整除的寄存器中的任一位。位操作指令语法格式如表 3.13 所示。

表 3.13　位操作指令

操作码	目的操作数	源操作数	功能	机器码	长度（字节数）	执行时间（机器周期数）	指令名称
MOV	C	bit	（CY）←（bit）	A2H bit	2	1	位传送指令
	bit	C	（bit）←（CY）	92H bit	2	2	
CLR	C		（CY）←0	C3H	1	1	位逻辑操作指令
	bit		（bit）←0	C2H bit	2	1	
SETB	C		（CY）←1	D3H	1	1	
	bit		（bit）←1	D2H bit	2	1	

（续）

操作码	目的操作数	源操作数	功能	机器码	长度（字节数）	执行时间（机器周期数）	指令名称
CPL	C		$(CY)\leftarrow(\overline{A})$	B3H	1	1	位逻辑操作指令
	bit		$(bit)\leftarrow(\overline{bit})$	B2H bit	2	1	
ANL	C	bit	$(CY)\leftarrow(CY)\wedge(bit)$	82H bit	2	2	
		/bit	$(CY)\leftarrow(CY)\wedge\overline{(bit)}$	B0H bit	2	2	
ORL	C	bit	$(CY)\leftarrow(CY)\vee(bit)$	72H bit	2	2	
		/bit	$(CY)\leftarrow(CY)\vee\overline{(bit)}$	A0H bit	2	2	
JC		rel	若$(CY)=1$，则$(PC)\leftarrow(PC)+2+rel$；若$(CY)\neq1$，则$(PC)\leftarrow(PC)+2$	40H rel	2	2	位条件转移指令
JNC		rel	若$(CY)\neq1$，则$(PC)\leftarrow(PC)+2+rel$；若$(CY)=1$，则$(PC)\leftarrow(PC)+2$	50H rel	2	2	
JB	bit,rel		若$(bit)=1$，则$(PC)\leftarrow(PC)+3+rel$；若$(bit)\neq1$，则$(PC)\leftarrow(PC)+3$	20H bit rel	3	2	
JNB	bit;rel		若$(bit)\neq1$，则$(PC)\leftarrow(PC)+3+rel$；若$(bit)=1$，则$(PC)\leftarrow(PC)+3$	30H bit rel	3	2	
JBC	bit,rel		若$(bit)=1$，则$(PC)\leftarrow(PC)+3+rel$，$(bit)\leftarrow0$；若$(bit)\neq1$，则$(PC)\leftarrow(PC)+3$	10H bit rel	3	2	

【例 3-33】 位传送指令应用举例。

```
MOV  C,01H
MOV  08H,C
```

结果：(20H).1→(21H).1。这里（20H).1 表示地址为 20H 单元的第 1 位，（21H).1 表示地址为 21H 单元的第 1 位。指令中的 01H、08H 是位地址。

【例 3-34】 编程，在单片机的 P1.7 位输出一个方波，方波周期为 6 个机器周期。

```
SETB  P1.7       ;使 P1.7 位输出"1"电平
NOP              ;延时 2 个机器周期
NOP
CLR   P1.7       ;使 P1.7 位输出"0"电平
```

```
NOP              ;延时 2 个机器周期
NOP
SETB P1.7        ;使 P1.7 位输出"1"电平
SJMP $           ;暂停
```

【例 3-35】 用 P1.0~P1.3 作为输入，P1.7 作为输出，编写程序实现图 3.4 所示的逻辑功能运算。

图 3.4 中的逻辑运算功能的逻辑表达式为 $Q = \overline{W + Y}(Y + \overline{Z})$

```
W  BIT  P1.0         ;用伪指令定义符号地址
X  BIT  P1.1
Y  BIT  P1.2
Z  BIT  P1.3
Q  BIT  P1.7
MOV  C, W            ;实现逻辑功能
ORL  C, X
MOV  F0, C
MOV  C, Y
ORL  C, /Z
ANL  C, /F0
MOV  Q, C
```

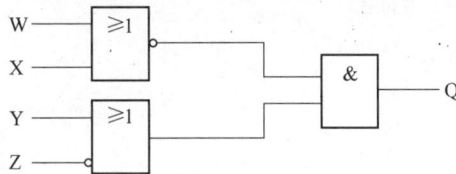

图 3.4　逻辑电路

3.4　汇编语言程序设计

3.4.1　程序设计方法

目前常用的 51 系列单片机程序设计语言主要有 MCS-51 汇编语言和 C51 两种语言。本节重点讲述 MCS-51 汇编语言的程序设计方法。C51 程序设计在第 4 章介绍。

用汇编语言编写的程序简捷，占用程序存储空间较少，执行速度快，但是可读性差，适用于应用较简单，对数据只需简单操作，对速度有很高要求的场合。对于较复杂的应用，由于其需要采用较多较复杂的计算，因此建议使用 C51 编写程序。

程序的编写可以分步进行，通过分步，可以化繁为简，通常可采用以下几个步骤。

1）仔细分析程序需要解决的问题，可采取什么的方法，以确定程序编写的方向。

2）确定算法。也就是确定所采用的计算公式和计算方法。

3）根据上述两点，绘制本程序的流程图。一个正确、简捷的流程图是编写程序的关键，它不但可以提高编程的效率，还可提高程序的正确率。

4）确定变量的数据格式是位型的、字节型的，还是字型的，然后进行存储单元分配。

5）根据流程图，编写程序。

6）程序调试。编写完的程序是否正确，能否与硬件配合，能否正确、可靠、合理地满足要求，必须通过调试才能知道，为此，要对程序进行调试。

请注意：在汇编程序中，不区别字符的大小写。

3.4.2 顺序程序设计

顺序程序在单片机中是最简单的程序段，顺序程序的执行过程是从前到后进行的，中间无判断，也无分支。在一个单片机应用中，顺序程序只是其中的一部分，判断和分支才是程序智能的体现，才能体现单片机的优越性。顺序结构程序的流程图如图3.5所示。

图 3.5 顺序结构程序的流程图

【例 3-36】 将芯片内 RAM 中 30H、31H、32H、33H、34H 五个单元中的数相加，和存入 35H、36H 中，其中 36H 存高位，35H 存低位。

```
ORG     1000H
ADD0    EQU     30H
ADD1    EQU     31H
ADD2    EQU     32H
ADD3    EQU     33H
ADD4    EQU     34H
SUML    EQU     35H
SUMH    EQU     36H
MOV     SUMH, #0
MOV     A, ADD0
ADD     A, ADD1
MOV     SUML, A
MOV     A, #0
ADDC    A, SUMH
MOV     SUMH, A
MOV     A, SUML
ADD     A, ADD2
MOV     SUML, A
MOV     A, #0
ADDC    A, SUMH
MOV     SUMH, A
MOV     A, SUML
```

```
ADD     A, ADD3
MOV     SUML, A
MOV     A, #0
ADDC    A, SUMH
MOV     SUMH, A
MOV     A, SUML
ADD     A, ADD4
MOV     SUML, A
MOV     A, #0
ADDC    A, SUMH
MOV     SUMH, A
END
```

说明：从本例中可以看出，指令的执行是从上到下一条一条执行的，中间无任何判断，跳转指令等。在本例中，使用了伪指令 EQU 将需要进行求和的各数进行了定义，这样，在程序段中只需对定义后的名字进行寻址即可，该种方式实质上是直接寻址的形式。利用伪指令的好处有两个：第一，在程序的编写过程中，根据变量的用途重新定义后，使得变量更易记忆及理解；第二，便于程序的移植。如果想将片内 RAM 的 50H 至 54H 中的五个数相加，并存入到 30H 及 31H 中，只需将上面的程序段中的伪指令做相应修改即可，对程序中的其他指令无需变动。

【例 3-37】 图 3.6 是一个单片机应用的电路（部分）。

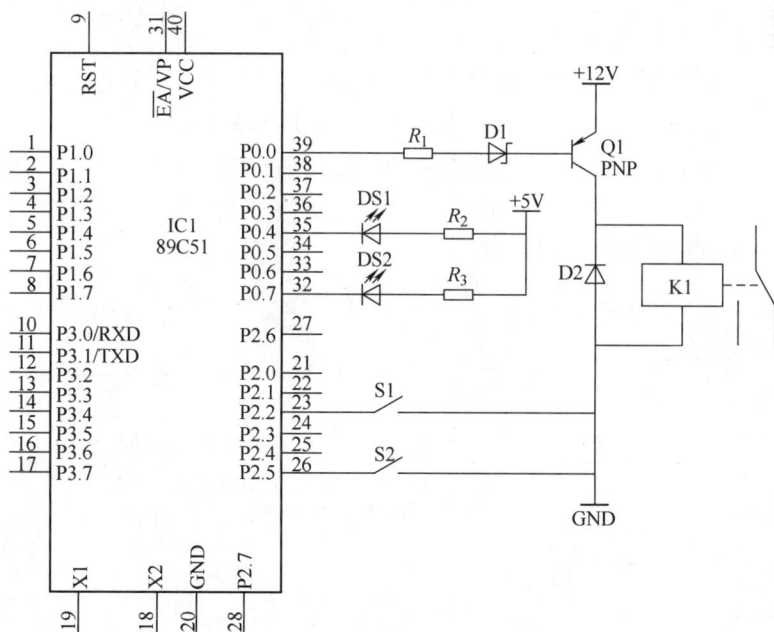

图 3.6　发光管及继电器驱动电路

在这个应用中，要求系统上电后，发光二极管 DS1 亮，DS2 灭，继电器 K1 断开。

```
ORG    0000H
CLR    P0.4
SETB   P0.7
SETB   P0.0
SETB   P2.2
SETB   P2.5
```

或：

```
MOV    P0, #0EFH
MOV    P2, #0FFH
```

说明： 上述两个程序段功能完全相同，只不过前一段是对具体位的操作，而后一段则是对端口的操作。在一个具体的应用中，往往要求系统中单片机的某些引脚或 I/O 接口在上电时处于某种状态，如高电平或低电平，输入或输出。此外，在软件的设计中，可能要求某些片内的资源处于某种工作方式等，这就要求对单片机的相应资源进行设置，这个设置过程称作初始化。

3.4.3 分支程序设计

在单片机的应用中，经常用到分支程序，即对某些情况进行判断，然后根据判断结果，跳转到分支程序。例如图 3.7 所示的流程图中，程序在执行过程中判断某条件是否成立，当条件成立时，执行程序段 1，当条件不成立时，则执行程序段 2。分支程序均要由条件转移指令来对条件进行判断。

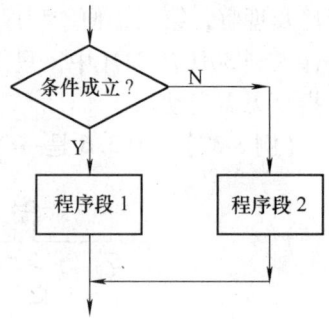

【例 3-38】 图 3.6 为某一单片机应用系统图部分电路，其中的 DS1 为温度警告指示灯，设系统检测到的温度值存放在芯片内的 30H 中，当其数值大于 240 时，警告灯点亮，并且继电器闭合，否则警告灯灭，继电器不动作。

图 3.7 分支程序流程图

```
       ORG    2000H
       MOV    A, 30H
       SUBB   A, #240
       JC     SMALL      ;检测的值小于 240 时,转移
       CLR    P0.4       ;检测的值大于 240 时,报警输出
       CLR    P0.0
       SJMP   OVER
SMALL: SETB   P0.4
       SETB   P0.0
OVER:  SJMP   $
```

【例 3-39】 空调机在制冷时，若排出空气比吸入空气温度低 8℃以上，则认为工作正常，否则认为工作故障，并设置故障标志。

设内存单元 40H 存放吸入空气温度值，41H 存放排出空气温度值。若（40H）-（41H）≥ 8℃，则空调机制冷正常，在 42H 单元中存放"0"，否则在 42H 单元中存放"FFH"以示故障（在此时 42H 单元被设定为故障标志）。

为了可靠地监控空调机的工作情况，应做两次减法，第一次减法（40H）-（41H），若 CY=1，则肯定有故障；第二次减法用两个温度的差值减去 8℃，若 CY=1，说明温差小于 8℃，空调机工作也不正常。程序流程图如图 3.8 所示。

```
        ORG    1000H
START:  MOV    A, 40H      ;吸入温度值送 A
        CLR    C           ; 0→CY
        SUBB   A, 41H      ;(40H)-(41H)→A
        JC     ERROR       ;CY=1,则故障
        SUBB   A, #8       ;温差小于 8℃?
        JC     ERROR       ;是则故障
        MOV    42H, #0     ;工作正常
        SJMP   EXIT        ;转出口
ERROR:  MOV    42H, #0FFH  ;否则置故障标志
EXIT:   SJMP   $           ;暂停(自身跳转)
        END
```

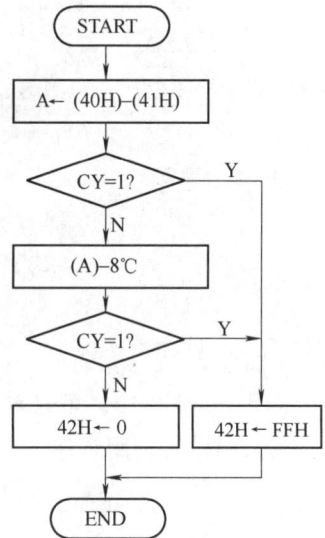

图 3.8 程序流程图

3.4.4 循环程序设计

典型的循环程序结构如图 3.9 所示，它主要包括循环条件初始化部分、处理过程部分及循环控制部分。

循环条件初始化部分：设置地址指针或计数器的初始值，为程序的循环做准备。

处理过程部分：是单片机要做的实际工作部分，用于完成某种功能。

循环控制部分：对循环条件做必要的处理，并判断循环是否结束，如不结束，则要跳转到处理过程部分的起始位置，如果循环条件结束，则跳出本循环。

【例 3-40】 利用循环程序的设计方法，实现例 3-36 中的功能。

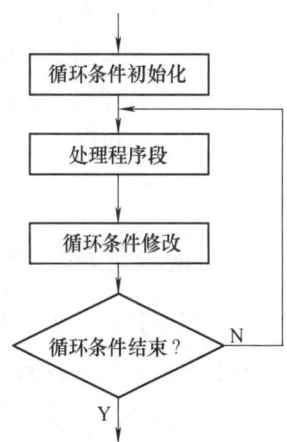

图 3.9 循环程序流程图

```
          ORG     1000H
          SUMH    EQU       36H
          SUML    EQU       35H
          ADD0    EQU       30H
          LEN     EQU       5
          MOV     R0, #ADD0
          MOV     SUMH, #0
          MOV     R1, #LEN
          MOV     A, #0
START:    ADD     A, @R0
          MOV     SUML, A
          MOV     A, #0
          ADDC    A, SUMH
          MOV     SUMH, A
          MOV     A, SUML
          DJNZ    R1, START
          SJMP    $
```

说明： 从本例中，可以看到，与实现相同功能的例 3-36 相比，程序变得简单了许多。

【例 3-41】 利用软件实现延时。

```
          ORG     1000H
DEL0:     MOV     R7, #220
DEL1:     MOV     R6, #100
DEL2:     DJNZ    R6, DEL2
          DJNZ    R7, DEL1
```

说明： 单片机在执行程序时，要消耗一定的时间，不同的指令消耗的时间可能不同，如本例中的 DJNZ 指令需要 2 个机器周期，而 MOV 指令，则需要 1 个机器周期（1 机器周期 = 12 个振荡周期，根据单片机系统的晶振频率，可以求出振荡周期）。本例延时的时间为

$$[(100 \times 2) + 1 + 2] \times 220 + 1（个机器周期）$$

3.4.5 查表程序设计

查表程序是单片机中常用的编程方法，该方法具有简单快捷的优点。

所谓查表，就是在函数 $Y = F(X)$ 中，根据变量 X 找出与之对应的 Y，寻找的方法不是经过计算得到的。查表程序常用于下面三种情况。

1）代码转换：在此种情况下一般数据的变化无规律或规律复杂。如用于 LED 显示时，要将需要显示的内容转换成相应的显示代码。

2）相对复杂的计算：51 系列单片机的运行速度有限，复杂的计算要浪费过多的时间，使系统的实时性变差。为此，在变量不多的情况下，可用查表的形式得到函数值。

3）对非线性的传感器进行补偿：此时首先要根据传感器的输入/输出情况制成表格。如制成温度传感器在不同温度下的输出端电压值的表格；查表时，根据电压值求得温度值，这样就可以很好地解决温度传感器的非线性问题。

【例 3-42】 用查表法将累加器（A）中的值转换成 ASCII 码（A 中的值为 0~ F）。

```
        ORG    2000H
        MOV    DPTR, #TAB
        MOVC   A, @ A + DPTR
HERE: SJMP    HERE
TAB:  DB     30H,31H,32H,33H,34H,35H,36H,37H,38H,39H
        DB     41H,42H,43H,44H,45H,46H
        END
```

本例中的查表指令 MOVC A, @ A + DPTR 也可以换成 MOVC A, @ A + PC，此时的程序段应为

```
        ORG    2000H
        ADD    A, #2
        MOVC   A, @ A + PC
HERE:  SJMP   HERE
TAB:   DB     30H,31H,32H,33H,34H,35H,36H,37H,38H,39H
        DB     41H,42H,43H,44H, 45H,46H
        END
```

【例 3-43】 累加器（A）中的值为 0~9、A、B、C、D、E、F，请将其在数码管中显示出来。硬件电路如图 3.10 所示。

如果要在 LED 数码管上显示 0~9 及 A~F 这些信息，那么，在 P1 口上直接输出这些数据是不能满足要求的，而要在 P1 口上输出它们的显示代码，即数据 3FH、06H、5BH、4FH、66H、6DH、7DH、07H、7FH、6FH、77H、7CH、39H、5EH、79H、71H。为此，要根据累加器（A）中的值，查表，得到显示代码，再将显示代码送到 P1 口，才能达到要求。

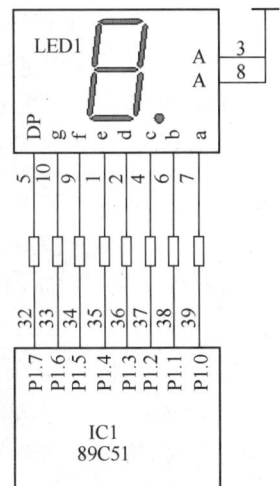

```
        ORG    0000H
        MOV    DPTR, #TAB
        MOVC   A, @ A + DPTR
        MOV    P1, A
TAB:  DB 3FH,06H,5BH,4FH,66H,6DH
        DB 7DH,07H,7FH,6FH,77H,7CH,39H,5EH
        DB 79H,71H
```

图 3.10　LED 显示

【例 3-44】 在一个温度检测系统中，温度传感器为非线性元件，试用查表法编写程序，要求：传感器的电压值经放大后，送到 8 位 A/D 转换器中转换，结果置于芯片内 40H 单元中。根据 40H 中的数值，查表得到温度值，高位放于 42H，低位放 41H 中。

```
        ORG    0200H
        MOV    DPTR, #TAB
        MOV    A, 40H
        RLC    A              ;累加器乘 2
        JNC    SMALL          ;40H 中的数值小于 128 时
        INC    DPH
SMALL:  MOV    R0, A
        MOVC   A, @A+DPTR
        MOV    41H, A
        MOV    A, R0
        INC    A
        MOVC   A, @A+DPTR
        MOV    42H, A
        RET
TAB:    DW ...                ;数据表
```

3.4.6 子程序设计

编写子程序，可以避免在完成同一功能时重复编程，使程序变得简短；同时，也会因为程序变得简短，程序的代码量减少，节省了程序存储器的空间；子程序还简化了程序的逻辑结构，从而使整个程序易于理解，编写方便，调试方便。子程序可以被主程序调用；子程序 A 还可以被另外一个子程序 B 调用，此时的子程序 A 称作二级子程序，就是说子程序可以被嵌套调用；但是，子程序不可以调用主程序。

子程序的结构如图 3.11 所示。

【例 3-45】 软件延时子程序。

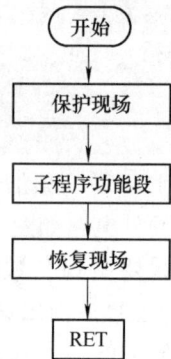

图 3.11 子程序结构图

```
        DEL1   EQU   30H
        DEL2   EQU   31H
DEL:    PUSH   DEL1
        PUSH   DEL2
        MOV    DEL1, #220
LOP1:   MOV    DEL2, #100
LOP2:   DJNZ   DEL2, LOP2
        DJNZ   DEL1, LOP1
```

```
        POP      DEL2
        POP      DEL1
        RET
```

说明： 本例是一个延时子程序，没有参数传送，只要调用它，就可实现一定时间的延时；在主程序中，如果用到了 30H、31H，就调用了本子程序，为了保证主程序运行的正确性，需要在子程序中进行现场保护，并在子程序结束前进行现场恢复，请注意保护与恢复的顺序。

3.5 实验与实训

3.5.1 数据传送指令训练

1. 实验目的

1）掌握 51 系列单片机内部 RAM 和外部 RAM 的数据操作，从而了解这两部分存储器的特点和应用，熟练使用 MOV，MOVX 等指令。

2）掌握使用单片机集成开发环境 Keil 进行单片机程序开发的方法。

2. 实验内容

将内部 RAM 中以 30H 为首地址的连续 20 个单元的数据传送到以 50H 为首地址的单元中。

3. 实验设备

本实验为纯软件性质，除计算机外，不需要其他设备，在计算机的集成开发环境上直接进行软件仿真即可。本书中主要以 Keil 软件为主。

4. 参考程序

```
        ORG      0000H
        LJMP     START
        ORG      0030H
START:  MOV      DPTR, #0100H
        MOV      R2, #20
        MOV      R0, #30H
LP1:    MOV      A, #00H
        MOVC     A,@A+DPTR
        MOV      @R0, A
        INC      R0
        INC      DPTR
        DJNZ     R2, LP1
        MOV      R0, #30H
        MOV      R1, #50H
        MOV      R2, #20
```

```
LP2:    MOV     A, @R0
        MOV     @R1, A
        INC     R0
        INC     R1
        DJNZ    R2, LP2
        LJMP    START
        ORG     0100H
        DB      00H,01H,02H,03H,04H,05H,06H,07H,08H,09H
        DB      0AH,0BH,0CH,0DH,0EH,0FH,10H,11H,12H,13H
        END
```

5. 实验步骤

根据上面的参考程序，做以下内容：

1）双击桌面的"Keil uvision"图标，或单击"开始→程序"中的"Keil uvision"，启动集成开发环境软件。

2）建立文件，单击"File"→"New"，则会建立一个空白文件。

3）编写程序，将参考程序输入这个新建的文件中。

4）保存文件：如编写的文件为汇编文件，扩展名要保存为.asm，如编写的程序用 C 语言，扩展名为.c。由于本参考程序是汇编程序，故扩展名一定要用.asm。

5）项目文件的建立：单击"project→new project"命令建立项目文件。

在图 3.12 所示的对话框中，可选择保存路径和定义项目名称，然后保存。

图 3.12　项目建立对话框

项目保存后，出现 CPU 选择对话框，如图 3.13 所示，在此对话框中，选择 CPU 的生产厂及型号。

CPU 的型号要根据实际应用情况来确定，此实验，可选用 intel 的 8031 或 Atmel 的 89C51 等。

CPU 选择完成后，出现是否添加启动文件对话框（对于使用汇编文件，可不加），如图 3.14 所示。

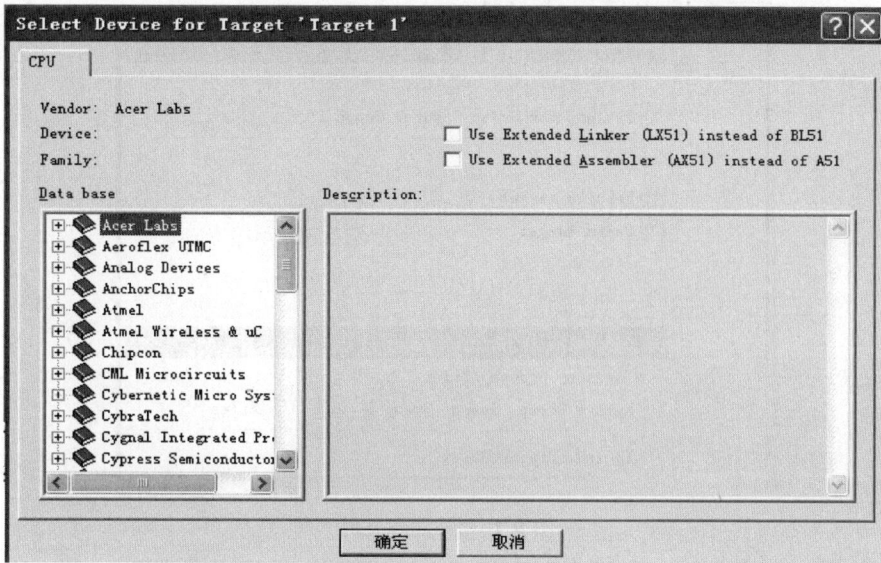

图 3.13 CPU 选择对话框

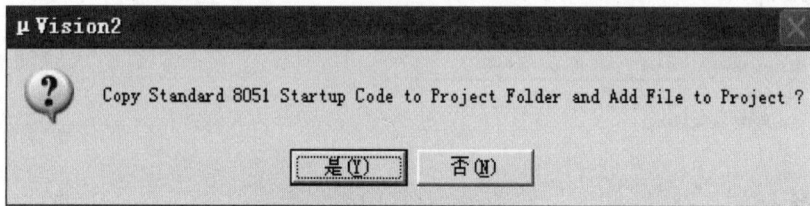

图 3.14 启动文件对话框

6）给项目中添加程序文件。当项目建立好后，就可以给项目添加程序文件了，既可加 C 语言程序，又可加汇编文件。注意：项目相当于一个文件夹，它对属于同一个项目的文件进行管理，而这个项目具体做什么，要由程序文件来定。程序文件只是项目文件中的一种文件而已，一个项目由多种文件构成，如程序文件、头文件、库文件、目标文件等。

在项目管理器窗口中，展开 Target 1，可看到 Source Group1。右键单击 "Source Group1"，出现如图 3.15 所示的窗口，选取 "Add Files to Group 'Source Group 1'"。在出现的对话框中，选择想添加的文件，添加的文件为程序文件或头文件。注意：在添加文件前，要选择文件的类型，否则，可能看不到源文件。

7）设置参数。在项目管理器窗口中，右键单击 "Target 1"，选择 "Options for Target' Target 1'"，出现如图 3.16 所示的窗口。在 "Target" 标签下，设置晶体频率，是否使用片内 ROM 等选项。如使用的是软件仿真（用 Keil 软件模拟），要求设置晶振的频率；如使用的是硬件仿真（使用仿真器），则频率的设置无效。对 ROM 的设置要根据实际情况而定。

在 "Output" 标签中设置是否产生 HEX 文件，HEX 文件名，及调试时是否使用硬件仿真器等。

在 "Debug" 标签中设置仿真类型：软件模拟或硬件仿真。

其余可以为默认选项。

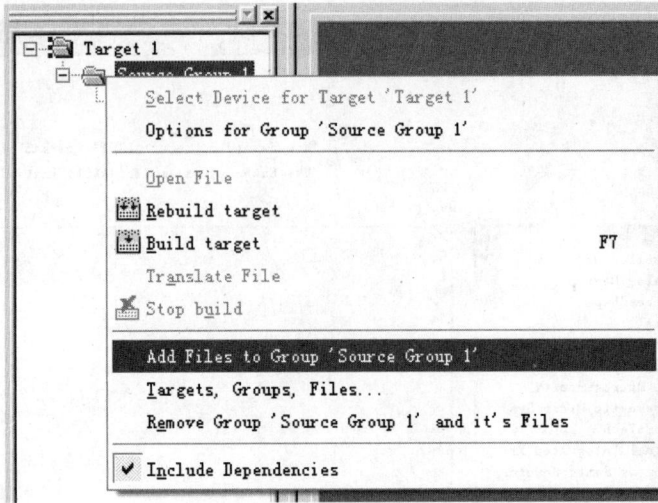

图 3.15　添加源文件

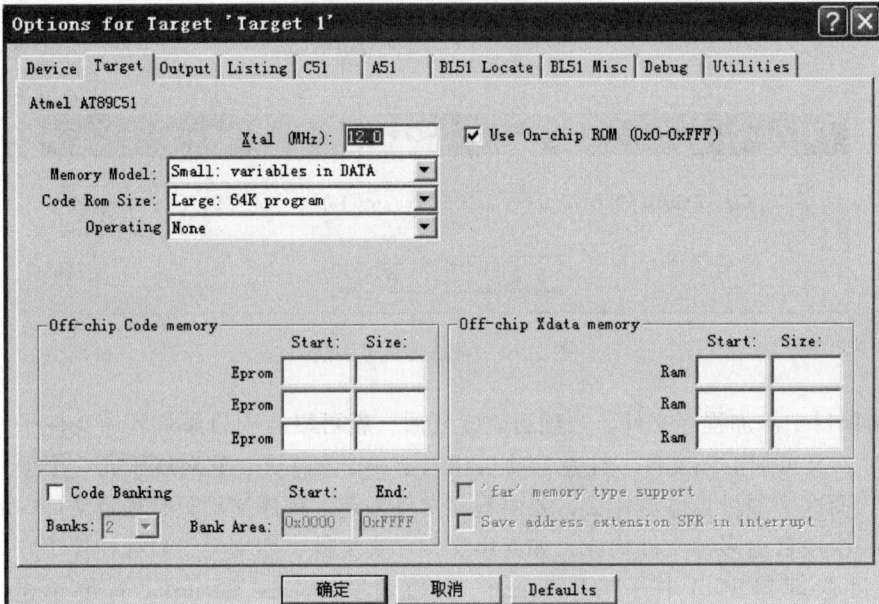

图 3.16　目标选项对话框

8）编译链接项目。单击"Project→Rebuilt all target files"或单击工具栏中的 图标。此操作可对源程序进行汇编或编译，以检查程序中有无语法方面的错误。只有本过程通过了编译，才能对所编写的程序进行调试。

9）运行调试并观察结果。单击菜单栏中的"Debug→start/stop debug session"，可进行调试。可单步、停止、全速运行，可设置断点，也可使其运行到光标处等。所谓断点，可理解为车站的站点，车运行到站时，要停下来。它是人为设定的点，可使程序执行到此处停下来，以方便调试。

10）其他说明。

如何设置断点：双击待设置断点的源程序或反汇编程序行，第一次双击设置断点，第二次双击取消该断点。

如何查看和修改寄存器的内容：在寄存器窗口可观察寄存器的情况，单击这个寄存器的值，稍停再单击，其值颜色变化，此时可改此值。

如何观察存储器区域：单击菜单栏中的"view→memory window"，或单击工具栏中的 图标，打开存储器窗口，可以显示 4 个区域，单击窗口下部分的编号，可以切换显示的区域。在地址栏中输入起始地址，如 D：XXH 或 X：XXH，或 I：XXH 或 C：XXH，分别可以观察内部 RAM 的低 128 个字节，外部 RAM 的数据，内部 RAM 的高 128 字节，程序存储器的数据。

如何观察片内外设：在主菜单中单击"Peripherals"可选择中断、I/O 口、串口及定时器等外设。

6. 思考题

编写能够满足以下要求的汇编程序，并调试。

1）将内部 RAM 中以 60H 为首地址的连续 20 个单元的数据清零。

2）51 系列单片机内部 RAM 的 40H~4FH 单元置初值 00H~0FH，然后将 40H~4FH 单元的内容传送到外部 RAM 的 6000H~600FH 单元中，再将 6000H~600FH 单元的内容传送到单片机内部 RAM 的 50H~5FH 单元中。单步执行编写的参考程序，可以检查相应的 CPU 及外部 RAM 现场程序运行的情况。

3.5.2　多字节十进制加法

1. 实验目的

通过本实验，学习 51 系列单片机汇编语言程序设计的方法。

2. 实验说明

多字节的十进制加法，加数首地址由 R0 指出，被加数和结果的存储单元首地址由 R1 指出，字节数由 R2 指出。

3. 参考程序

设加数存储单元为 50H、51H，被加数和结果存储单元在 20H、21H 中。

程序如下：

```
        ORG    0000H
RESET:  AJMP   MAIN
        ORG    0030H
MAIN:   MOV    SP, #60H
        MOV    R0, #51H     ; 设置加数首地址(高8位)
        MOV    @R0, #22H    ; 加数高8位赋值
        DEC    R0
        MOV    @R0, #33H    ; 加数低8位赋值
        MOV    R1, #21H     ; 设置被加数首地址
        MOV    @R1, #44H    ; 被加数高8位赋值
        DEC    R1
```

```
            MOV      @R1，#55H        ；被加数低8位赋值
            MOV      R2,#02H         ；设置加法字节数
            ACALL    DACN
HERE:       AJMP     HERE
DACN:       PUSH     ACC
            CLR      C
DAL:        MOV      A，@R0
            ADDC     A，@R1
            DA       A
            MOV      @R1，A
            INC      R0
            INC      R1
            DJNZ     R2，DAL
            POP      ACC
            RET
            END
```

4. 实验步骤

请参照上一个实验的步骤进行实验。

5. 思考题

本实验只对两个字节的数进行加法运算，如果要对更多字节的数进行加法运算，应如何编写程序？请参照本程序，编写一个4个字节的加法运算程序，并在计算机上仿真。

3.5.3 拆字程序

1. 实验目的

掌握拆分字节程序的设计方法；熟悉并使用逻辑操作指令编写程序。

2. 实验说明

字节的拆分与重组是单片机编程中常常用到的，本实验是将芯片内50H单元的内容进行拆分，拆分后的高4位放于52H的低4位中，而50H中的低4位放于51H的低4位中。

3. 参考程序

```
    ORG    0000H
    MOV    A，50H
    ANL    A，#0FH
    MOV    51H，A
    MOV    A，50H
    SWAP   A
    ANL    A，#0FH
    MOV    52H，A
    END
```

4. 实验步骤

请根据 3.5.1 的内容对本程序进行调试。单步执行本程序，看看每条指令所起的作用是什么。

5. 思考题

试编写一个程序，使之可以实现以下功能：将芯片内 RAM 的 50H 中的高 4 位与 51H 中的低 4 位组成一个新字节，并存放在芯片外的 7E00H 中。通过 Keil 软件调试所编写的程序。

3.5.4 二进制转 BCD 码

1. 实验目的

掌握二进制数转为 BCD 码的方法，进一步学习编程方法。

2. 实验说明

在计算机中，数据是以二进制的形式存放的。在单片机的具体应用中，有时需要将二进制的数据转换为 BCD 码的形式，以方便显示。BCD 码在微型计算机中又有两种形式：一种是非压缩 BCD 码，即一个字节只放一位 BCD 码；另一种是压缩 BCD 码，在一个字节中，用高 4 位及低 4 位表示两位 BCD 码。

二进制数转换为 BCD 码的方法是将二进制数除以 1000、100、10 等，所得的商即为 BCD 码的千、百、十位数，余数为个位数。

3. 实验要求

下面的参考程序是将累加器（A）中的 8 位二进制数转换为 BCD 码的形式，结果存放在 30H、31H、32H 中，其中 30H 中放置"个"位的 BCD 码，31H 中放置"十"位的 BCD 码，32H 中放置"百"位的 BCD 码。

请参考所给的程序，编写一个将 8 位二进制数转换成 BCD 码的子程序及相应的主程序，在主程序中通过对累加器（A）进行赋值，然后再通过调用该子程序实现二进制数转换为 BCD 码的功能。

4. 参考程序

```
ORG      0100H
MOV      B, #100
DIV      AB
MOV      32H, A        ;得"百"位 BCD 码
MOV      A, B
MOV      B, #10
DIV      AB
MOV      31H, A        ;得"十"位 BCD 码
MOV      30H, B        ;得"个"位 BCD 码
END
```

5. 实验步骤

1）建立新工程。

2）创建新的汇编源文件，并添加到工程中。

3）编写能够满足实验要求的汇编程序，并调试。

4）如果所编程序不能实现要求，对其进行修改或重新编写。

6. 思考题

本实验只是对 8 位的二进制数进行 BCD 码转换，如果要对一个 16 位的二进制数进行 BCD 码转换，应如何编程。

3.5.5 延时程序的设计

1. 实验目的

通过本实验，掌握使用软件定时的方法。

2. 实验说明

在单片机中，定时是最为常用的功能。实现定时的方法有多种，如可以采用指令循环的方法来实现，可以使用单片机内部的定时器来实现，还可以采用单片机外部扩展的定时器件来实现。

如果系统工作时，时间允许，则可采取循环执行指令的方式实现延迟。指令在执行时，需要一定的时间，有的指令需要 1 个机器周期，有的指令需要 2 个机器周期，甚至有的指令需要 4 个机器周期才能执行完毕。一个机器周期由 12 个振荡周期（注意：有的 51 系统单片机的机器周期可能是 6 个或 1 个，这由单片机的生产厂家及型号决定的）构成，而振荡周期又是由晶体振荡器的频率决定的，如一个拥有 6MHz 晶体振荡器的单片机，其 1 个机器周期为 $T = 12 \times \dfrac{1}{6 \times 10^6}$ s $= 2\mu$s。当一段程序设计好以后，通过分析，可知其执行后需要多少个机器周期，这样，该段程序的延时时间也就知道了。

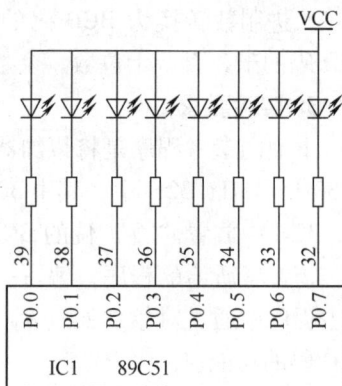

图 3.17　流水灯

3. 实验要求

已知本系统的晶体振荡器的频率为 6MHz，利用软件实现延时，循环点亮图中的发光二极管，循环周期为 0.1s。实现电路如图 3.17 所示。

4. 实验参考程序

```
            ORG    0000H
            LJMP   START
            ORG    0100H
START:      MOV    A, #0FEH
LOOP:       RL     A
            JZ     START
            MOV    P0, A
            ACALL  DELAY
            SJMP   LOOP
DELAY:      MOV    R1, #127
```

```
DEL1:     MOV     R2, #200
DEL2:     DJNZ    R2, DEL2
          DJZN    R1, DEL1
          RET
          END
```

5. 实验步骤

请参考前面的实验，对本程序进行调试。

6. 思考题

（1）请计算本程序中延时程序的延时时间。

（2）如果想使循环周期延长 5 倍，应如何处理，请在实验过程中加以验证。

（3）本例中发光二极管的点亮图案较少，如果想增加图案，应如何编程？

本 章 小 结

本章主要讲述了 51 系列单片机的指令系统和汇编语言程序设计。

指令系统为单片机所支持的所有指令的集合，本章对数据传送类指令、算术运算类指令、逻辑运算类指令、控制转移类指令及位操作类指令做了介绍，同时给出了一些例子，以便对指令有更加深刻的理解。

在单片机汇编程序设计中，重点讲述了各种结构的程序设计方法，同时列举了例子，供读者理解、学习；对编程中常用到的子程序的设计方法也做了较为详细的说明；伪指令在编程中应用较多，对简化程序编写等作用很突出，在本章中，常用伪指令的各种用法，在例子中均做了介绍，望读者能够认真体会。

对于单片机的应用来说，硬件与软件都很重要，一个技术人员，不能只掌握硬件功能而对软件一无所知，反之亦然。为了更好地应用单片机，要求至少掌握一种开发语言，常用的开发语言有汇编语言和 C 语言两种，汇编语言比较直接，产生的程序代码较少，运行速度快，在实践中有很多应用。另外，掌握了汇编语言，对单片机硬件的理解也会更加深刻。

习　题

1. 填空题

（1）一般的汇编语言程序由＿＿＿＿和＿＿＿＿构成，其中＿＿＿＿在汇编时不生成机器码，＿＿＿＿在汇编时产生机器码。

（2）在指令 DIV AB 中，除数是＿＿＿＿，被除数是＿＿＿＿，指令执行后，所得商存放在＿＿＿＿，余数存放在＿＿＿＿。

（3）指令 RET 的作用是＿＿＿＿，而指令 RETI 的作用是＿＿＿＿。

（4）在 51 系列单片机的汇编程序中标号是以"＿＿＿＿"结束，而注释是以"＿＿＿＿"开始。

（5）51 系列单片机在上电后，程序是从_____开始自动执行的。

（6）堆栈是遵循"_____，_____"的原则，用来存放数据的存储单元。在 CPU 中由一个专用的寄存器来指示堆栈中数据存取的位置，这个寄存器就是堆栈指针。它指向_____的位置。51 系列单片机中的堆栈是向上生长的。当需要入栈时，CPU 首先将 SP 加_____，再将数据存到堆栈指针所指示的那个单元。

2. 选择题

（1）在伪指令 DW 00，30，40，50 中，每个数据所占字节数为_____。

    A. 1   B. 2   C. 3   D. 4

（2）指令 RLC A 的作用是_____。

    A. 将累加器 A 中的数据左移一位

    B. 将累加器 A 中的数据右移一位

    C. 将累加器 A 中的数据及进位标志位左移一位

    D. 将累加器 A 中的数据及进位标志位右移一位

（3）如果将芯片外数据存储单元 7000H 的内容读入累加器 A 中，可用_____指令。

    A. MOV   A，#7000H

    B. MOV   A，7000H

    C. MOV DPRT，#7000H

      MOVC A，@ A + DPTR

    D. MOV DPRT，#7000H

      MOVX A，@ DPTR

（4）下面的说法中，不正确的是_____。

    A. SJMP rel 是相对跳转指令，可以在 256 个字节内跳转。

    B. LJMP 是长跳转指令，可以跳转到程序存储器中的任意一条指令处。

    C. ACALL 是绝对调用指令，可在当前的 2KB 范围内调用子程序。

    D. JMP 是跳转指令，执行本指令后，程序从 0 地址开始执行。

（5）（30H） = 12，（35H） = 34，（SP） = 60H，执行下面的程序段后，以下说法不正确的是_____。

    PUSH   30H

    PUSH   35H

    POP   35H

    POP   30H

    A.（SP） = 60H   B.（61H） = 12

    C.（62H） = 34   D. 30H 与 35H 中的内容实现了互换

3. 简答题

（1）在 51 系列单片机指令系统中，寻址方式有几种？并举例。

（2）1 个机器周期是多长时间，它对应用单片机有什么意义？

（3）PSW 为单片机的程序状态字，请说出它每一位的作用。

（4）什么是伪指令？

（5）列举访问外部数据存储器和其他扩展部件的几种方法。

（6）列举访问程序存储器的几种指令，并理解各个指令的用法。

（7）简述如何判断字节指令和位操作指令。

4. 编程题

（1）用间接寻址的方法编写一个子程序，将内部 RAM 中 40H~49H 的内容相加，结果存放到 4AH（存低位）及 4BH（存高位）中。

（2）编写一个程序段，将 30H 中的 bit7 及 bit6 求反，bit5 及 bit4 清零，bit3 和 bit2 置1，bit1 和 bit0 保持不变。

（3）试编写一个程序，其功能是使 P1.0 口上接的 LED（低电平有效）亮 0.5s、灭0.5s。经过 5 个周期变化后，P1.1 上的 LED 点亮，当 P1.0 口上的 LED 再变化 5 个周期后，P1.1 上的 LED 灭，以上变化循环往复。设晶振频率为 12MHz。

（4）在 P2.0 的引脚上接一个接地的按键，编写一个程序，要求按键被按下并释放后，上小题的功能开始执行，如果再按一次按键并释放后，上述功能结束。

（5）编写一个子程序，使 P1.6 引脚上产生一个频率为 50Hz，占空比为 1 的方波。

（6）设逻辑运算表达式为

$$Y = A(\overline{B} + C) + D(\overline{E + \overline{F}})$$

式中，变量 A、B、C 分别为 P1.0、P1.5、定时器溢出标志 $TF1$；D、E、F 分别为 16H、25H、外部中断允许标志 $IE1$；输出变量 Y 为 P1.7，编程实现上述逻辑功能。

（7）用 51 系列单片机的 P1 口做输出，经驱动电路接 8 个发光二极管，如图 3.18 所示。当输出位为 1 时，发光二极管点亮；输出为 0 时，发光二极管为暗。试编制灯亮移位程序，令 8 个发光二极管每次亮一个，循环左移，一个一个地亮，循环不止。

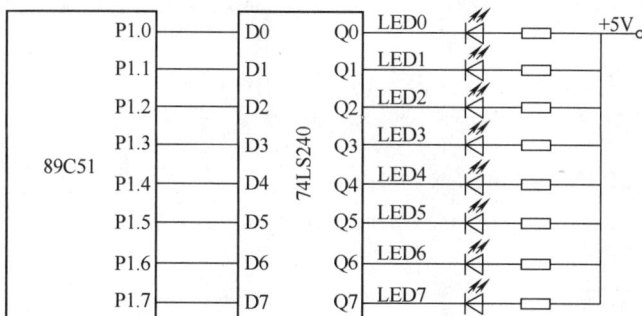

图 3.18　发光二极管电路图

（8）在某应用系统中，有 A~Z 20 个单字符合法命令，这些命令的处理程序入口地址依次存放在标号为 ADDTAB 开始的地址表中，若输入的命令字符存放于 A 中，试编写一个散转程序，其功能为：若（A）为非法命令字符，则转至 ADDERR；若为合法命令字符，则转至相应的入口地址。

5. 读程序

（1）请说出下面程序段完成的功能是什么？并在每条指令后标出该指令的作用。

```
            ORG     0000H
            MOV     P0, #0FFH
    LOOP:   MOV     A, P0
            MOV     P1, A
            LJMP    LOOP
            END
```

（2）读下面子程序，画出引脚 P1.1 的电平变化曲线，要求标出每段高电平及低电平的时间。系统中所用的晶振频率为 12MHz。

```
    INIT_1820:  SETB    P1.1
                NOP
                CLR     P1.1
                MOV     R1, #3
    TSR1:       MOV     R0, #107
                DJNZ    R0, $
                DJNZ    R1, TSR1
                SETB    P1.1
                NOP
                NOP
                NOP
                NOP
                MOV     R0, #25H
    TSR2:       DJNZ    R0, TSR2
                RET
```

（3）指出执行下列程序段以后，累加器（A）中的内容。

```
    MOV     A, #3
    MOV     DPTR, #0A000H
    MOVC    A, @A+DPTR
    ⋮
    ORG     0A000H
    DB      '123456789ABCDEF'
```

（4）设（SP）= 74H，指出执行以下程序段以后，（SP）的值及 75H、76H、77H 单元的内容。

```
    MOV     DPTR, #0BF00H
    MOV     A, #50H
    PUSH    ACC
    PUSH    DPL
    PUSH    DPH
```

（5）已知内部 RAM 中的 30H~32H 内容为 12H、34H、56H，请写出下面子程序执行后 30H~32H 的内容。

```
RRS:   MOV    R7, #3
       MOV    R0, #30H
       CLR    C
RRLP:  MOV    A, @R0
       RRC    A
       MOV    @R0, A
       INC    R0
       DJNZ   R7, RRLP
```

（6）已知（A）= 87H，（R0）= 42H，（42H）= 34H，请写出执行下列程序段后 A 的内容。

```
       ANL    A, #23H
       ORL    42H, A
       XRL    A, @R0
       CPL    A
       SWAP   A
```

（7）已知（A）= 35H，（R1）= 50H，（50H）= 87H。按顺序执行下列各条指令，每条指令执行后，A、R1 和 50H 单元的内容各为多少？

```
       XCH    A, 50H
       PUSH   50H
       POP    ACC
       MOV    A, #12H
       XCHD   A, @R1
```

（8）已知（30H）= 35H，（31H）= 50H，执行下列程序段后 30H、31H、32H、33H 以及 A、CY 的内容各为多少？并说明该程序段的功能。

```
       MOV    R0, #30H
       MOV    A, @R1
       INC    R1
       ADD    A, @R1
       INC    R1
       MOV    @R1, A
       MOV    A, #00H
       ADDC   A, #00H
       INC    R1
       MOV    @R1, A
```

（9）已知（40H）= 80H，（41H）= 24H，执行下列程序段后 40H、41H、42H、43H 以及

A、CY 的内容各为多少？并说明该程序段的功能。

```
MOV   A, 40H
MOV   B, #04H
MUL   AB
ADD   A, 41H
MOV   42H, A
MOV   A, #00H
ADDC  A, B
MOV   43H, A
```

第4章

C51 程序设计

51 系列单片机常用的编程语言是汇编语言和 C51 语言。汇编语言是单片机软件开发的基础，在前一章中已经进行了详细介绍。C 语言是近年来国内外普遍使用的一种单片机应用系统开发语言。C 程序设计语言功能丰富，表达能力强，使用灵活，应用面广，目标程序运行效率高，可移植性好，而且能直接对计算机硬件进行操作。C 语言既有高级语言使用方便的特点，也有汇编语言直接面向硬件的特点。

学习目标

➢ 了解 C51 语言的基本特点。
➢ 了解 C51 语言的基本书写方法。
➢ 掌握 C51 语言的基本使用方法。
➢ 理解并掌握 C51 语言的基本结构和语句、构造数据类型。
➢ 理解并掌握 C51 语言函数。

知识结构

本章知识结构如图 4.1 所示。

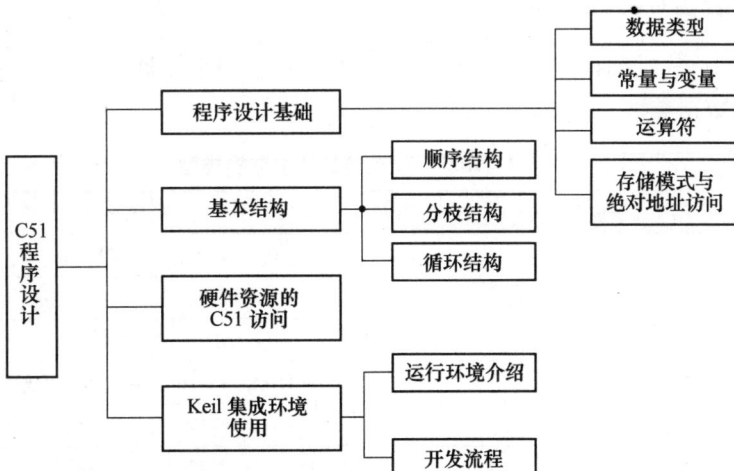

图 4.1 本章知识结构图

4.1　C51 程序设计基础

单片机开始应用初期，因为受开发工具限制，只能使用汇编语言，但是汇编语言可读性比较差，用汇编语言编制的一组程序，通常只能为一个系统所使用，建立新系统时很难移植，大都必须重新开发程序，在系统规模较大时，开发时间长、难度大。因此，随着开发工具及集成电路技术的发展，单片机开始使用高级语言，其中也包括 C 语言。C 语言是目前国际上广泛使用的程序设计语言之一，它具有以下特点：

1）C 语言是一种编译型程序设计语言，具有功能丰富的库函数，其运算速度快、编译效率高、可移植性好，与汇编语言相比可读性强。

2）C 语言具有完善的模块程序结构，便于改进和扩充。在设计程序时，可以按模块分别开发，分开调试，大大缩短了开发周期。

3）C 语言虽然比汇编语言产生的目标代码多（一般增加不多）。但随着编译器的发展，并且以目前程序存储器的发展水平来衡量，增加不多的目标代码多占用一点存储空间，已经不是大问题。而 C 语言在提高程序的开发速度方面，则是汇编语言所无法做到的。

4）在有优良的仿真器支持下，可以通过人工优化其中的关键部分，基本上能接近汇编语言的水平。

C51 具有的优点如下：

1）C51 可自动管理存储器的分配，无需考虑不同存储器的寻址和数据类型等细节。

2）程序由函数构成，便于进行模块化程序设计。

3）子程序库丰富，大大减轻了编程的工作量。

4）可以与汇编语言交叉编程，使编程更加灵活方便，便于提高程序的性能。

为了使读者掌握 C51 程序设计的基本方法，本节主要介绍 C51 语言程序设计的基础知识，包括数据类型、常量、变量、运算符和程序基本结构等，读者在学习本节的内容时要注意标准 C 语言和 C51 语言的区别。

4.1.1　C51 语言中的数据类型

对于 51 系列单片机编程而言，支持的数据类型与它的编译器有关。表 4.1 列出了 Keil C51 支持的基本数据类型。

表 4.1　Keil C51 支持的基本数据类型

数据类型	长度	值　　域
unsigned char	1 字节	0~255，无符号字符变量
signed char	1 字节	−128~+127，有符号字符变量
unsigned int	2 字节	0~65535，无符号整型数
signed int	2 字节	−32768~+32767，有符号整型数
unsigned long	4 字节	0~+4294967295，无符号长整型数
signed long	4 字节	−2147483648~+2147483647，有符号长整型数
float	4 字节	−1.175494E−38~+3.402823E+38，浮点数（精确到 7 位）

（续）

数据类型	长度	值　域
*	1~3 字节	对象指针
bit	位	0 或 1
sfr	1 字节	0~255
sfr16	2 字节	0~65535
sbit	位	0 或 1

1. 字符型（char）

char 类型数据的长度是 1 字节，通常用于定义处理字符数据的变量或常量。主要分为无符号字符型和有符号字符型两类，各自特点如下：

无符号字符类型 unsigned char：用字节中所有的位来表示数值，所能表达的数值范围是 0~255。常用于处理 ASCII 字符或 8 位的整形数据，是 C51 中常用的数据类型。

有符号字符类型 signed char：用字节中最高位表示数据的符号，"0"表示正数，"1"表示负数，负数用补码表示，所能表示的数值范围是 −128~+127，该类型为默认数据类型。

2. 整型（int）

Int 类型数据长度是 2 字节，通常用于定义处理双字节的变量或常量，包括有符号型和无符号型两类，各自特点如下。

无符号整型 unsigned int：用 2 字节中所有的位来表示数值，所能表达的数值范围是 0~65535。

有符号整型 signed int：字节中最高位表示数据的符号，"0"表示正数，"1"表示负数，负数用补码表示，所能表示的数值范围是 −32768~+32767，该类型为默认数据类型。

3. 长整型（long）

Long 类型数据的长度是 4 字节，通常用于定义处理 4 字节的变量或常量。也分为有符号型和无符号型两类，各自特点如下。

无符号长整型 unsigned long：用 4 字节中所有的位来表示数值，所能表达的数值范围是 0~4294967295。

有符号长整型 signed long：字节中最高位表示数据的符号，"0"表示正数，"1"表示负数，负数用补码表示，所能表示的数值范围是 −2147483648~+2147483647，该类型为默认数据类型。

4. 浮点类型（float）

float 类型数据的长度是 4 字节，通常用于定义需要进行复杂数学计算的变量或常量，与整型数据相比，浮点类型带有小数位，并且可以表示更大范围的数值。它用符号位表示数的符号，用阶码与尾数表示数的大小。

5. 指针型（*）

指针本身是一个变量，其内容为数据在存储器中的存储地址。在 C51 中，指针长度一般为 1~3 字节。

6. 位类型（bit）

bit 类型是 C51 的扩展类型，使用它可定义位变量，取值是 1 个二进制位，不是"1"就

是 "0"，类似其他程序设计语言中布尔类型变量的取值，如 "True" 和 "False"。例如：

```
bit ds=0;                    //定义一个位变量 ds,并赋初值为 0
```

7. 特殊功能寄存器型（sfr）

sfr 类型是 C51 的扩展类型，占用 1 个内存单元，值域为 0～255。使用它能访问 51 系列单片机内部的所有特殊功能寄存器。例如：

```
Sfr   P0 =0x80;              //定义 P0 为 P0 端口在片内的寄存器,端口地址为 80H
P0 =0xff;                    //令 P0 口的 8 个引脚都输出逻辑"1"
```

8. 16 位特殊功能寄存器型（sfr16）

sfr16 类型是 C51 的扩展类型，占用 2 个内存单元，值域为 0～65536。sfr16 和 sfr 一样，都是用于定义和声明特殊功能寄存器，不一样的是，它用于描述 16 位的特殊功能寄存器。例如：

```
Sfr16 DPTR=0x82;             //定义 DPTR 为 16 位 SFR,低 8 位地址为 82H
DPTR=0x1234;                 //给 DPTR 赋值
```

9. 特殊功能位型（sbit）

sbit 类型是 C51 的扩展类型，占用 1 个二进制位，值为 "0" 或 "1"，使用 sbit 能定义可位寻址的特殊功能寄存器中的位变量，注意不要和 bit 功能混淆。例如：

```
Sbit P0_0=0x80;              //定义 P0.0 的位地址为 80H
```

这里只介绍了 Keil C51 支持的最常用的基本数据类型，除此之外，还有数组结构以及枚举等扩展数据类型，由于篇幅限制，不再一一介绍。

4.1.2 C51 语言中的常量和变量

1. 常量

程序运行过程中，其值不改变的量称为常量。对于常量，标准 C 语言和 C51 语言的语法规定没有什么不同，都可以用一个标识符代表一个常量，称为符号常量。

常量分为以下几种类型。

（1）整型常量

整型常量即整型常数。包括十进制、八进制和十六进制的整数。十进制整型常数可用常规方法表示，如 123，-456，0；为了与十进制相区别，八进制整型常数以 0 开头，如 0123 或写成 $(123)_8$；十六进制数则以 0x 开头，如 0x123、0x3F。

（2）实型常量

实型常量即实型常数，又称浮点数。它由数字和小数点组成，可以用十进制形式表示，如写成 0.123，-1.23，23.0，0.0；也可以用指数形式示，如 1.23e3 或 1.23E3 都代表 1.23×10^3。注意字母 e（或 E）之前必须有数字，且 e（或 E）后面指数必须为整数，如写成 e3，在 e 之前无数字，或写成 e3.5，在 e 之前既无数字，e 之后又非整数，则都是不合法的指数形式。

（3）字符常量

C51 的字符常量是指用单引号括起来的单个字符。如 'a'，'x'，'D'，'?' 都是字符常量。注意‘a’和‘A’是不同的字符常量。

C51 还有一种特殊形式的字符常量，就是以一个"＼"开头的字符序列。例如，在 printf 函数中的‘＼n'，它代表一个"换行"符。这种非显示字符难以用一般形式的字符表示，故规定用这种特殊方式表示。

（4）字符串常量

C51 还有另一种字符数据即字符串。字符串常量与字符常量不同，字符串常量是由一大串字符组成，并用一对双引号括起来的字符序列。如"You are welcome""CHINA""八""123.45"等都是字符串常量。而字符常量则不同，字符常量由单字符组成，并用一对单引号括起来。printf 语句可以输出一个字符串。如 printf（"How do you do."），也可以只输出一个字符。

2. 变量

凡数值可以改变的量称为变量。变量由变量名和变量值构成。在单片机内部，变量名实际上代表存储器地址，变量值代表存储器内容。C51 规定变量名只能由字母、数字和下划线组成，且不能以数字打头。变量分成以下几种类型，如表 4.2 所示。

表 4.2　变量类型表

变量名称	符号	类型	数据长度/bit	值域范围
位型量		bit	1	0，1
有符号字符型	有	signed　char	8	$-128\sim127$
无符号字符型	无	unsigned　char	8	$0\sim255$
有符号参数型	有	signed　int	16	$-32768\sim+32767$
无符号参数型	无	unsigned　int	16	$0\sim65535$
有符号长整型	有	signed　long	32	$-2^{31}\sim2^{31}-1$
无符号长整型	无	unsigned　long	32	$2^{32}-1$
浮点型		floot	32	
指针型		指针	$8\sim24$	对象地址
特殊位型		sbit	1	0 或 1
8 位特殊功能寄存器型		sfr	8	$0\sim255$
16 位特殊功能寄存器型		sfr16	16	$0\sim65535$

（1）位型变量

定义为位型的变量，其值可以是 0 或 1，它可以存放在可位寻址的存储单元中。

（2）字符型变量

字符型变量用来存放字符，但只能放一个字符。字符变量的定义形式为

```
char c1,c2;
```

一个字符变量在内存中占一个字节。将一个字符放到一个字符变量中，实际上是将该字符的 ASCII 代码放到存储单元中。例如将字符‘a’和‘b’分别赋予 c1 和 c2，字符‘a’

和'b'的 ASCII 代码分别为 97 和 98，在内存中变量 c1 和 c2 的值就分别为 97 和 98。字符数据存储形式与整数的存储形式相类似，正因为这样，C 语言中的字符型数据和整型数据可以通用。一个字符型数据既可以以字符形式输出，也可以以整数形式输出，以输出时所带的格式符为准。以字符形式输出时，需要先将存储单元中的 ASCII 码转换成相应字符，然后输出。以整数形式输出时，直接将 ASCII 码作为整数输出。也可以对字符型数据进行算术运算，此时相当于对它们的 ASCII 码进行算术运算。若最高位为 1，则代表是负数，数据一般用补码表示。但要注意：如果 c 被定义为字符变量，例如 char c；则 c = 'a' 是正确的赋值，而 c = "a" 则是错误的。因为用一对双引号括起来的字符是字符串，字符串"a"实际上在内存中占用两个字节，不能把其赋予只有一个字节的字符变量。

（3）整型变量

从表 4.2 中可知，整型变量又分为 int、unsigned int、signed long、unsigned long 4 种类型，因此在程序中使用整型变量时，必须详细定义。例如：

```
int i,k;                /*指定变量 i,k 为整型*/
unsigned int m;         /*指定变量 m 为无符号整型*/
unsigned long p;        /*指定变量 p 为无符号长整型*/
signed long q,s;        /*指定变量 q,s 为有符号长整型*/
```

16 位整型变量放在存储器中，先放高位，后放低位。如存储 0x1234，如图 4.2 所示。

（4）长整型变量

长整型为 32 位变量的内存结构，如图 4.3 所示。

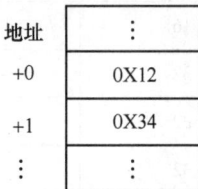

图 4.2　保存整型变量的内存结构

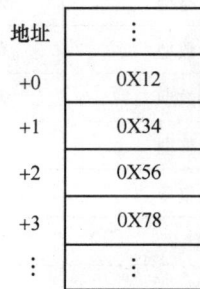

图 4.3　保存长整型变量的内存结构

（5）浮点型变量

浮点型变量长度为 32 位占 4 个字节，其中 1 位为符号位（用 s 表示），8 位为指数位（用 E 表示），23 位为尾数（用 M 表示）。如表 4.3 所示。

表 4.3　浮点型变量表

地址	+3	+2	+1	+0
内容	SEEE EEEE	EMMM MMMM	MMMM MMMM	MMMM MMMM

（6）指针变量

指针变量是指用于存放某个变量地址的变量，不同类型的变量，其数据长度不同，占用的地址也不同，所以指针数据的长度随其对象而定。

4.1.3　C51 语言中的运算符

为了在程序中实现各种运算，需要熟悉常用的运算符。C 语言中运算符非常丰富，本节对 C51 中用到的 C 语言的运算符进行了归纳，主要有 7 种类型。

1. 算术运算符

算术运算符主要用于各类数值运算，共 7 种，如表 4.4 所示。

表 4.4　算术运算符

符号	+	-	*	/	++	--	%
说明	加法运算	减法运算	乘法运算	除法运算	自增 1	自减 1	取模运算

需要注意的是"/"和"%"这两个符号都涉及除法运算。"/"运算是取商，如"7/2"的结果为 3；而"%"运算为取余数，如"7%2"的结果为 1。

表 4.4 中的自增和自减运算符是使变量自动加 1 或减 1，有以下几种形式：

++i:i 值先加 1,再参与其他运算。

－－i:i 值先减 1,再参与其他运算。

i++:i 先参与其他运算,i 的值再加 1。

i－－:i 先参与其他运算,i 的值再减 1。

2. 逻辑运算符

逻辑运算符主要用于数据逻辑运算，共 3 种，如表 4.5 所示。

表 4.5　逻辑运算符

符号	&&	‖	!
说明	逻辑"与"运算	逻辑"或"运算	逻辑"非"运算

3. 关系运算符

关系运算符主要用于比较运算，共 6 种，如表 4.6 所示。

表 4.6　关系运算符

符号	>	>=	<	<=	==	! =
说明	大于	大于等于	小于	小于等于	等于	不等于

4. 位操作运算符

位操作运算符主要用于位操作，共 6 种，如表 4.7 所示。

表 4.7　位操作运算符

符号	&	┃	^	~	>>	<<
说明	位逻辑"与"	位逻辑"或"	位"异或"	位取反	位右移	位左移

5. 赋值运算符

赋值运算符主要用于赋值运算，分为简单赋值（=）、复合算术赋值（+=、-=、*=、/=、%=）和复合位运算赋值（&=、┃=、^=、>>=、<<=），表 4.8 所示为赋值运

算符。

表 4.8　赋值运算符

符号	说明	符号	说明	符号	说明	符号	说明
=	赋值	+=	加后赋值	-=	减后赋值	*=	乘后赋值
/=	除后赋值	%=	取模后赋值	&=	按位"与"后赋值	| =	按位"与"后赋值
^=	按位"异或"后赋值	>>=	右移后赋值	<<=	左移后赋值		

4.1.4　C51 的存储模式与绝对地址访问

1. 数据的存储器类型

C51 在定义变量类型时，必须定义它的存储器类型。存储器类型与 51 系列单片机的存储结构是对应的。C51 变量的存储器类型如表 4.9 所示。

表 4.9　C51 变量的存储器类型

存储器类型	描　　述
data	直接寻址内部数据存储区，访问变量速度最快（128B）
bdata	可位寻址内部数据存储区，允许位与字节混合访问（16B）
idata	间接寻址内部数据存储区，可访问全部内部地址空间（256B）
pdata	分页（256B）外部数据存储区，由操作码 MOVX　@Ri 访问
xdata	外部数据存储区（64KB），由操作码 MOVX　@DPTR 访问
code	程序存储区（64KB），由操作码 MOVC　@A+DPTR 访问

如果用户不对变量的存储器类型进行定义，则编译器采用默认的存储器类型。默认的存储器类型由编译器控制命令指定。

2. 存储器模式

存储器模式决定了变量的默认存储器类型、参数传递区和无明确存储区类型的说明。C51 的存储器模式如表 4.10 所示。

表 4.10　存储器模式

存储器模式	描　　述
SMALL	参数及局部变量放入可直接寻址的内部存储器（最大 128B，默认存储器类型为 data）
COMPACT	参数及局部变量放入分页外部数据存储器（最大 256B，默认存储器类型为 pdata）
LARGE	参数及局部变量直接放入外部数据存储器（最大 64KB，默认存储器类型为 xdata）

设定存储器模式可使用两种方法。第一种方法是在编译命令行中加入参数，如 C51 PROGRAM1.C COMPACT。PROGRAM1 是要编译的程序文件名；第二种方法是在程序的第一行加预处理命令#pragma compact。

3. 绝对地址访问

（1）特殊功能寄存器的定义

C51 使用一种专用的关键字 sfr 对 SFR 进行定义。如：

```
sfr   SCON=0x98;          /*定义串行通信控制寄存器地址*/
sfr   TMOD=0x89;          /*定义定时器模式寄存器地址*/
sfr   Acc=0xc0;           /*定义累加器地址*/
```

程序中可以直接引用所定义的寄存器名。

（2）位变量的定义

C51 中有 3 种位变量的定义方法。

用定义符 bit 将变量定义为位类型变量。

例如：

```
bit xx;
```

用字节寻址变量的位定义。

例如：

```
idata int yy;             /*yy 定义为内部 8 位整型变量*/
sbitzz=yy^15;             /*zz 定义为 yy 的第 15 位*/
```

（3）特殊功能寄存器的位定义

方法 1：使用头文件及 sbit 定义符。

例如：

```
#include <reg51.h>
sbit   P2_7=P2^7;         /*P2_7 定义为 P2 的第 7 位*/
sbit   acc_0=ACC^0;       /*acc_0 定义为 A 的第 0 位*/
```

方法 2：使用头文件，再直接使用位名称。

例如：

```
#include    <reg51.h>
RS1=0;
RS0=0;
```

方法 3：用字节地址位表示。

例如：

```
sbit    OV=0xe0^2;
```

方法 4：用寄存器名的位地址表示。

例如：

```
sfr    PSW=0xd0;          /*定义 PSW 地址*/
sbit   CY=PSW^7;          /*CY 为 PSW 的第 7 位*/
```

4. 对存储器和外接 I/O 接口地址的访问

（1）对存储器的访问

头文件 absacc.h 可对不同的存储区的绝对地址进行访问，该文件包括的函数有：

CBYTE（访问 code 区,字符型）	CWORD（访问 code 区,int 型）
DBYTE（访问 data 区,字符型）	DWORD（访问 data 区,int 型）
PBYTE（访问 pdata 或 I/O 区,字符型）	PWORD（访问 pdata 区,int 型）
XBYTE（访问 xdata 或 I/O 区,字符型）	XWORD（访问 xdata 区,int 型）

例如：

```
# include  <absacc.h>
#definecomPBYTE[90xff]
```

（2）程序中出现 com 的地方就是对地址为 ff 的外部 RAM 或 I/O 访问的绝对地址。

```
DWORD[0]=0x1234
```

将 1234H 送到内部 RAM 的 00、01 两个单元。

（3）对外部 I/O 接口的访问

51 系列单片机 I/O 接口与外部数据存储区是统一编址的，因此对 I/O 接口地址可用 XBYTE 或 PBYTE。

例如：

```
XBYTE[0x7fff]=0x30
```

将 30H 输出到地址为 7fffH 的接口。

4.2　C51 程序的基本结构

C51 语言是一种结构化程序设计语言，从程序结构上可把程序分为三类：顺序、分支和循环结构，这三种基本结构可以组成各种复杂程序。

4.2.1　顺序结构

顺序结构是程序的最基本、最简单的结构，程序自上而下执行，程序执行时按编写的顺序依次往下执行每一条指令，直到最后一条。

4.2.2　分支结构

在程序设计中，经常需要对某情况进行判断，然后根据判断结果执行满足条件的程序，该程序就是分支程序，跳转条件判断语句包括 if 语句和 switch 语句。

1. if 语句结构

if 语句的执行步骤是：首先判断 if 后的表达式条件是否成立，若条件成立（为真）则执行表达式后面的语句部分，否则执行下一条语句。由于 if 语句后面有一个分号作为结束标志，所谓下一条语句就是指分号后的语句。单分支流程图如图 4.4 所示。

【例 4-1】　从键盘输入两实数，然后按值的大小顺序输出。

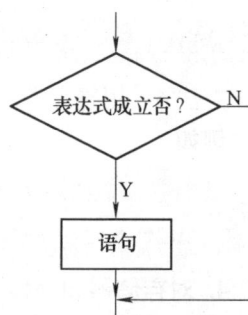

图 4.4　单分支流程图

```
#include"stdio.h"
main()
{
  float a,b,t;                       /*定义三个实型变量*/
  scanf("%f,%f",&a,&b);              /*从键盘输入两实数至 a,b*/
  if(a>b)                            /*判断 a 大于 b 否*/
  {t=a;a=b;b=t;}                     /*交换 a,b 两变量的值*/
  printf("%5.2f,%5.2f",a,b);         /*按格式输出 a,b 的值*/
}
程序运行后屏幕显示为
3.5, 2.5
2.50, 3.50
```

2. switch 语句结构

```
switch(表达式)
{
case 常量表达式 1:      语句 1;break;
case 常量表达式 2:      语句 2;break;
  ⋮
case 常量表达式 n:      语句 n;break;
default:               语句 n+1;break;
}
```

要注意:

1) 当 switch 括弧内的表达式的值与某一个 case 后面的常量表达式的值相等时,就执行 case 后面的语句,若所有的 case 中的常量表达式值都没有与表达式的值匹配时,就执行 default 后面的语句。

2) 每个 case 的常量表达式的值必须互不相同,否则将出现互相矛盾的现象(对表达的同一个值,有两种或多种执行方案)。

3) 各个 case 和 default 的出现次序不影响执行结果。

4) 一个 case 分支的语句执行完之后,若它的后面没有 break 语句,程序将移到下一个 case 分支或 default 语句,而且不管该 case 分支的表达式条件是否成立,都要继续执行该 case 分支的语句。如果每一个分支的语句执行完之后,仍没有 break 语句,将会一直执行到最后。为了使执行一个 case 分支后,能跳出 switch 结构,用在每个 case 分支语句后面加个 break 语句来实现。

【例 4-2】 给定一个百分制成绩,要求转换为五级记分制的成绩,并规定 90 分以上为 'A',80~89 分为 'B',70~79 分为 'C',60~69 分为 'D',60 分以下为 'E'。

```
#include"stdio.h"
main()
{
```

```
int   score,c;
char g;
printf("请输入学生成绩":);
scanf("%d",&score);
if((score>100)||(score<0))
prinf("\n输入错误!");
else
{
  c=(score-score%10)/10;
  switch(c)
  {
    case10:
    case9:    g='A';break;
    case8:    g='B';break;
    case7:    g='C';break;
    case6:    g='D';break;
    case5:
    case4:
    case3:
    case2:
    case1:
    case0:    g='E';
    }
prinf("成绩:%d,等级成绩为%c",score,g);
  }
}
```

程序中有的 case 语句后有 break 语句,有的没有。可以分析出:输入 90 分以上的成绩,变量 c 的值为 10 或 9 时都执行 g='A'语句;输入 60 分以下成绩时,即变量 c 的值为 5、4、3、2、1 或 0 时,程序都将顺序执行最后一句的 case 0:g='E'语句。

4.2.3 循环结构

当程序中的某些指令需要反复执行多次时,采用循环程序结构,这样会使程序代码缩短,节省存储单元,而且能使程序结构紧凑并增强可读性。循环结构包括 for 语句、while 语句和 do-while 语句 3 种。

1. for 循环

for 语句使用非常灵活,不仅可以实现计数循环,而且可以实现条件控制循环。语法结构如下:

```
for(循环初始化;循环执行条件;循环执行后操作)
{
    语句;            //循环体
}
```

含义是：首先进行循环初始化，即给循环变量赋初值；再对循环执行条件进行判断，若为"真"则执行循环体一次，否则跳出循环；然后再修改循环变量的值，转回第 2 步重复执行。for 语句在使用时需要注意以下几点：

1）for 语句的各表达式都可以省略，在省略各表达式时要注意防止程序陷入死循环。

2）在整个 for 循环过程中，循环初始化语句只执行一次，后面两个语句可以执行多次。

3）循环体内的处理程序可以为空操作。

4）循环体可能多次执行，也可能一次都不执行。

for 语句的流程图如图 4.5 所示。

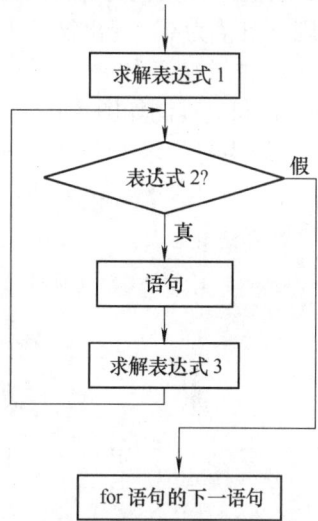

图 4.5　for 语句的流程图

【例 4-3】　用 for 语句实现计算，并输出 1 ~ 100 的累加和。

```
#include <reg51.h>          //包含特殊功能寄存器库
#include <stdio.h>          //包含I/O函数库
  voidmain(void)            //主函数
  {
    int i,s=0;              //定义整型变量i和s
    SCON=0x52;              //串行口初始化
    TMOD=0x20;
    TH1=0xF3;
    TR1=1;
    for(i=1;i<=100;i++)s=s+i;  //累加1~100之和在s中
    prinf("1+2+3+4+…+100=%d\n",s);
    while(1);
  }
```

2. while 循环

while 语法结构如下：
```
while(表达式)
  {
    语句;      //循环体
  }
```

含义是：计算表达式的值，若为"真"则执行循环体内语句，然后再对表达式进行计算，执行循环体内语句，直到表达式的值为"假"时停止循环。表达式的值是循环体执行的条件，要先判断后执行，循环体可能多次执行，也可能一次都不执行。

while 语句的执行步骤是：先判断 while 后的表达式是否成立，若成立（其值为非 0）则重复执行 while 语句中的循环体，否则（其值为 0）退出循环去执行 while 语句的下一条语句。但应注意如果循环体含一个以上的语句，应用花括弧括起来。while 语句流程图如图 4.6 所示。

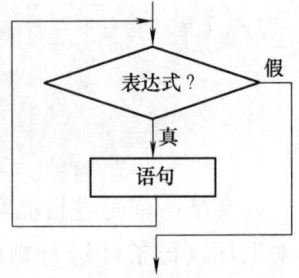

图 4.6　while 语句流程图

【例 4-4】　求 1+2+3+…+100 的和。

```
#include <reg51.h>              //包含特殊功能寄存器库
#include <stdio.h>              //包含 I/O 函数库
voidmain(void)                  //主函数
{
  int i,s=0;                    //定义整型变量 i 和 s
  i=1;
  SCON=0x52;                    //串行口初始化
  TMOD=0x20;
  TH1=0xF3;
  TR1=1;
  while(i<=100)                 //累加 1~100 之和在 s 中
    {s=s+i;
    i++;
    }
  prinf("1+2+3+4+…+100=%d\n",s);
  while(1);
}
```

3. do-while 循环

```
do-while 语法的结构如下：
do
  {
    语句；        //循环体
    while(表达式);
```

含义是：先执行循环体程序，到 while 语句时，计算"表达式"的值，进行循环条件是否满足的判断，若为"真"则再次执行循环体程序，直到表达式的值为"假"时停止循环。循环体至少会执行一次。

这种形式是先执行 do 后面的循环体，后判断表达式是否成立，当表达式的值为非零时，返回重新执行循环体，直至表达式值为零，则停止循环，如图 4.7 所示。

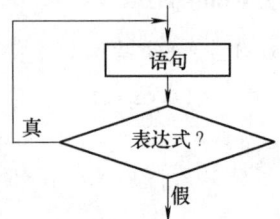

图 4.7　do-while 语句流程图

【**例 4-5**】 用 do while 语句求 1+2+3+…+100 的和。

```
#include <reg51.h>               //包含特殊功能寄存器库
#include <stdio.h>               //包含 I/O 函数库
  voidmain(void)                 //主函数
  {
    int i,s=0;                   //定义整型变量 i 和 s
    i=1;
    SCON=0x52;                   //串行口初始化
    TMOD=0x20;
    TH1=0xF3;
    TR1=1;
    do                           //累加 1~100 之和在 s 中
    {s=s+i;
    i++;
    }
    while(i<=100)
    prinf("1+2+3+4+…+100=%d \n",s);
    while(1);
}
```

4.3 硬件资源的 C51 访问

C51 程序设计常用到单片机内部硬件资源，以下介绍存储区、特殊功能寄存器、可寻址位和并行 I/O 接口这些硬件资源在 C51 程序中的定义、使用及注意事项。对于中断系统、定时器和串行接口这些硬件资源的 C51 访问问题，在后面章节专门介绍，这里不再赘述。

1. 存储区的访问

51 系列单片机有不同的存储区，可以利用绝对地址访问头文件"absacc.h"中的函数来对不同的存储区进行访问，"absacc.h"中的相关函数如表 4.11 所示。

表 4.11 "absacc.h"头文件中的函数

函数名	功能	函数类型	函数名	功能	函数类型
CBYTE	访问 code 区	字符型	CWORD	访问 code 区	整型
DBYTE	访问 data 区	字符型	DWORD	访问 data 区	整型
PBYTE	访问 pdata 区或 I/O 口	字符型	PWORD	访问 pdata 区或 I/O 口	整型
XBYTE	访问 xdata 区或 I/O 口	字符型	XWORD	访问 xdata 区或 I/O 口	整型

使用时要注意访问的存储区类型、数据类型以及绝对地址的格式。例如：

```
#include<absacc.h>              //包含头文件,不可缺少
#definePort1 XBYTE[0xffd0]      //定义外部 I/O 端口 Port1 的地址为 xdata
                                  区的 0xffd0
#define dram1 XBYTE[0x1000]     //定义 dram1 的地址为 xdata 区的 0x1000
#define dcode1 CBYTE[0x0100]    //定义 dcode1 的地址为 code 区的 0x0100
#define ram1 DBYTE[0x20]        //定义 ram1 的地址为 data 区的 0x20 地址
```

2. 特殊功能寄存器的访问

C51 编译器可以利用扩展的关键字 sfr 和 sfr16 对特殊功能寄存器进行访问。

（1）访问 8 位 SFR

格式：sfr 特殊功能寄存器名=特殊功能寄存器地址常数

例如：

```
sfr P0=0x80          //定义 P0 端口,其地址为 80H
```

其中 sfr 关键字后面是一个要定义的标识符名，可任意选取，但要符合命名规则，名字最好有一定的含义，以利于理解。等号后面必须是常数，不允许有带运算符的表达式，而且该常数必须在特殊功能寄存器的地址范围之内（80H~FFH）。

（2）访问 16 位 SFR

格式：sfr16 特殊功能寄存器名=特殊功能寄存器地址常数

例如：

```
sfr16 DPTR=0x82           //定义 DPTR,其低 8 位地址为 82H,高 8 位为 83H
```

其中，等号后面是 16 位特殊寄存器的低 8 位地址，高 8 位地址一定要位于物理低 8 位地址之上。需要注意的是不能用于定时器 T0 和 T1 的初值寄存器定义。使用时可将所有 sfr 定义放入头文件"reg51.h"里，在程序最开始位置将其包含即可。

3. 可寻址位的访问

51 系列单片机中可寻址位分为 SFR 中的位和一般位两种变量，需要采用不同方法进行访问。

（1）访问 SFR 中的位

sbit 用来定义可位寻址的特殊功能寄存器中的某位，位地址位于 80H~FFH 内。常用的定义方法如下：

```
   sbit 位变量名=位地址
 sbit P0_1=0x81;            //直接把位地址赋给位变量
   sbit 位变量名=特殊功能寄存器名^位位置
 sfr P0=0x80;              //先定义一个特殊功能寄存器名
 sbit P0_1=P0^1;           //再指定位变量所在的位置
   sbit 位变量名=字节地址^位位置
 sbit P1_1=0x90^1          //把特殊功能寄存器的地址直接用常数表示
```

操作符"^"后面的值的最大值取决于指定的基址类型：char 为 0~7，int 为 0~15，long 为 0~31。

（2）访问一般位变量

访问一般位变量时，可用 bit 定义位变量。

```
bit led;                //定义位变量 led
```

用 bit 定义位变量时，不需要指定地址，编译器会自动地将位地址分配在 00H~7FH 区域中。在定义位变量时，其存储器类型限制为 data，bdata 或 idata，如果将位变量定义成其他类型都会在编译时出错。例如：

```
bit bdata ds=0;         //定义存储器类型为 bdata 的位变量 ds,并赋初值为 0
bit xdata ds=0;         //错误,不能将位变量定义在外部 RAM 区
bit code ds=0;          //错误,不能将位变量定义在 ROM 区
```

不能使用 bit 定义位指针和位数组。如：

```
bit *ptr;               //错误,不能用位变量来定义指针
bit ary[ ];             //错误,不能用位变量来定义数组
```

当访问的位变量位于内部 RAM 的可位寻址区 20H~2FH 时，可以利用 C51 编译器提供的 bdata 存储器类型对字节变量进行定义，再用 sbit 指定 bdata 变量的相应位后就可以进行位访问，此处不能用 bit 来进行位定义。例如：

```
char bdata flag;        //在可位寻址区定义 char 类型的变量 flag
sbit flag3=flag^3;      //用 sbit 定义位变量来独立访问 flag 的某一位
bit flag3=flag^3;       //错误,此处不能用 bit 来定义位变量
```

4. 并行 I/O 端口的访问

51 系列单片机芯片内的 4 个并行 I/O 端口（P0~P3），都是 SFR，故可采用定义 SFR 的方法进行访问。而在芯片外扩展的 I/O 端口，可与芯片外扩展的 RAM 统一编址，即把一个外部 I/O 端口当作外部 RAM 的一个单元，进行 C51 访问。

4.4　Keil C51 集成环境的使用

当前主流的 C51 程序开发是在 Keil μ Vision4 开发环境下进行的，下面首先介绍该开发环境。

Keil μ Vision4 集成开发环境是 Keil Software 公司于 2009 年 2 月发布的，用于在微控制器和智能设备上创建、仿真和调试嵌入式应用。Keil μ Vision4 引入了灵活的窗口管理系统，使开发人员能够使用多台监视器，能够把窗口显示元素拖放到窗口的任何地方。新的用户界面可以更好地利用屏幕空间和更有效地组织多个窗口。Keil μ Vision4 提供了一个整洁、高效的环境来开发应用程序。Keil μ Vision4 支持最新的 ARM 芯片，还添加了一些新功能。2011 年 3 月 ARM 公司发布的集成开发环境 RealView MDK 开发工具中集成了 Keil μ Vision4，其编译器、调试工具能完美地与 ARM 器件进行匹配。

4.4.1　Keil μ Vision4 运行环境介绍

单片机应用程序的开发与在 Windows 系统中运行的项目工程开发有所不同。Windows 系

统编译程序后会生成扩展名为 .exe 的可执行文件,该文件在 Windows 环境下直接运行;而单片机编译的目标文件为 HEX 文件,该文件包含了在单片机上可执行的机器代码,这个文件经过烧写软件下载到单片机 Flash ROM 中就可以运行了。

在 Keil μ Vision4 中新建工程的具体步骤如下:

双击快捷图标,进入 Keil μ Vision4 集成开发环境,出现如图 4.8 所示的窗口。

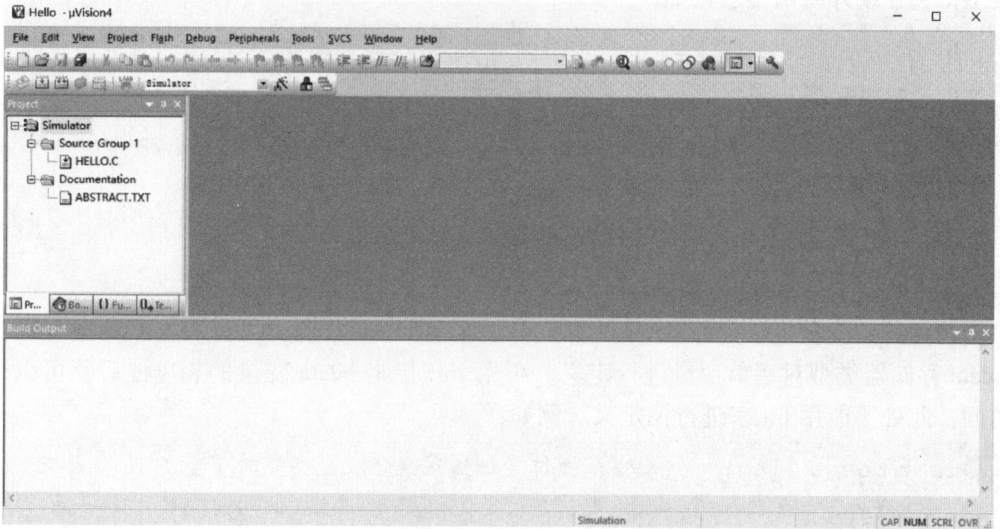

图 4.8　启动 Keil 软件初始的编辑页面

1)建立一个新工程,单机"Project"下拉菜单中的"New μ Vision Project"选项,如图 4.9 所示。

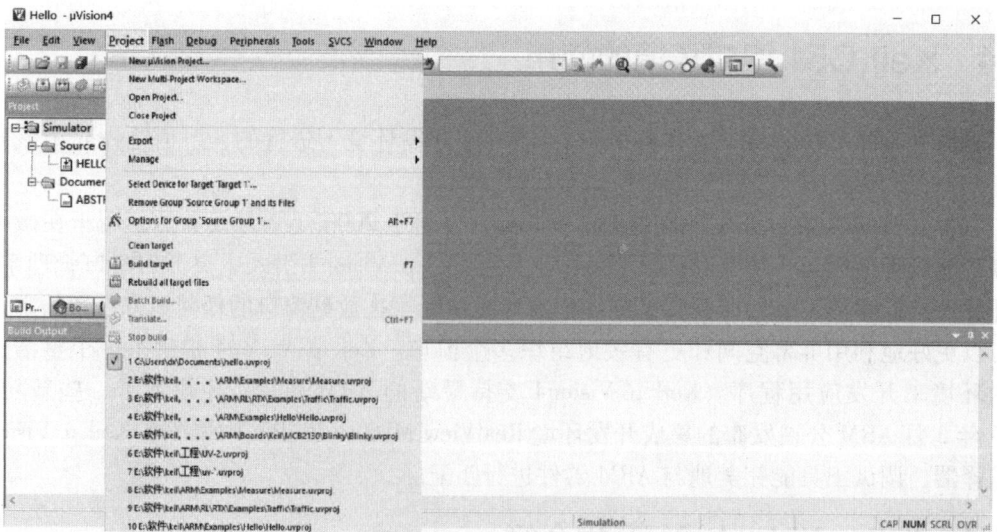

图 4.9　新建工程

2）选择工程保存路径，输入过程文件名，然后单击"保存"按钮，如图 4.10 所示。

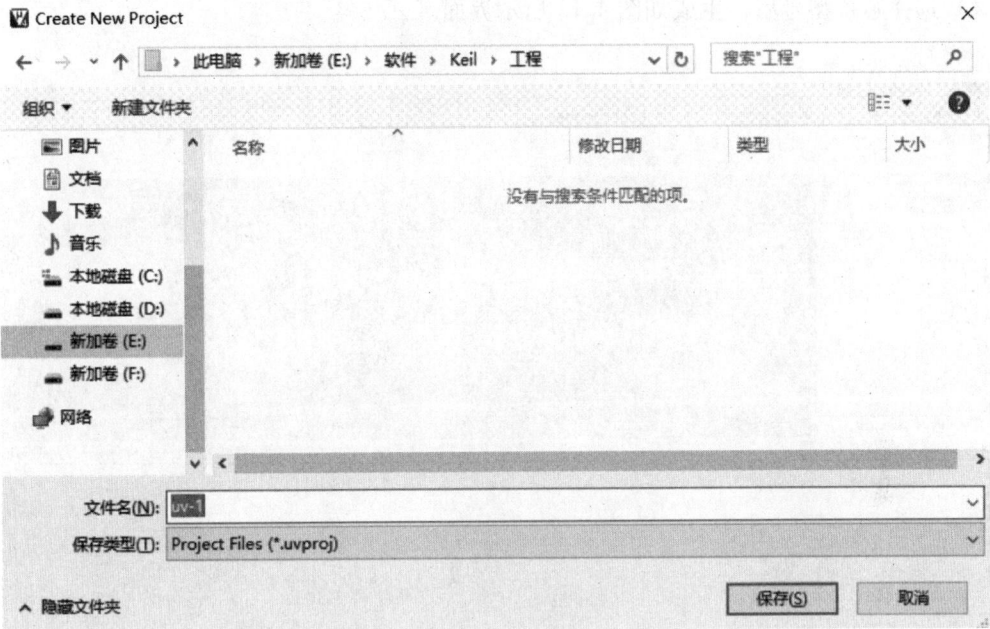

图 4.10　保存工程

3）保存后会弹出一个对话框，这时用户可以选择单片机的各种型号，如图 4.11 所示。

4）对话框中不存在想要使用的单片机型号，如 STC89C52，因为 51 内核单片机具有通用性，可以选择 Atmel 的 AT89C52 来代替。右边的"Description"是对用户选择芯片的介绍，如图 4.12 所示。

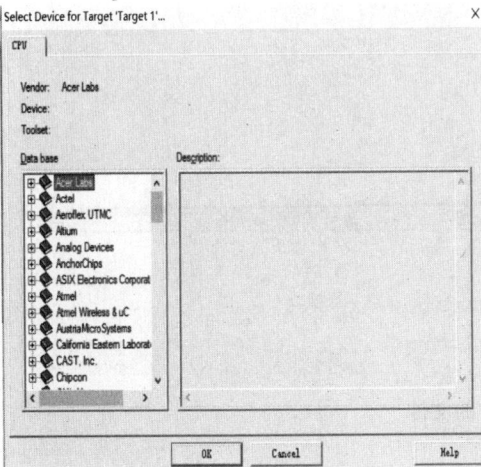

图 4.11　单片机型号选择

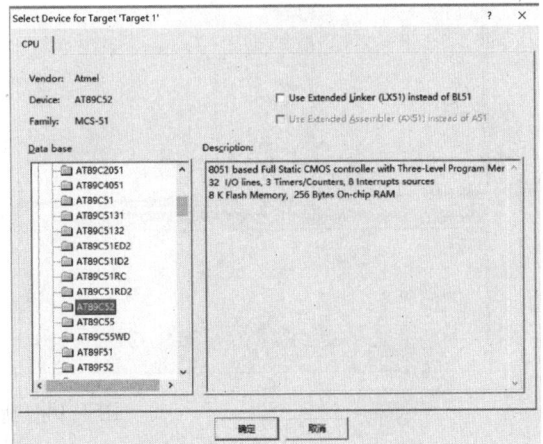

图 4.12　所选单片机型号的介绍

4.4.2　Keil μVision4 集成开发环境的单片机开发流程

1）选择芯片型号后，生成如图 4.13 所示界面。

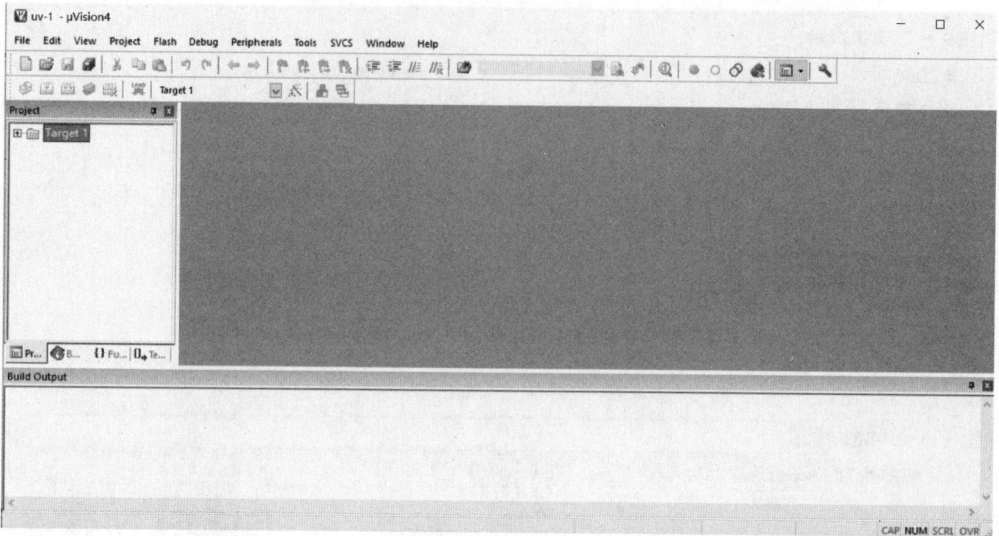

图 4.13　新生成的页面

2）在工程里添加用于写代码的文件，这时单击 "File→New" 或者单击界面快捷方式 生成文件，如图 4.14 所示。

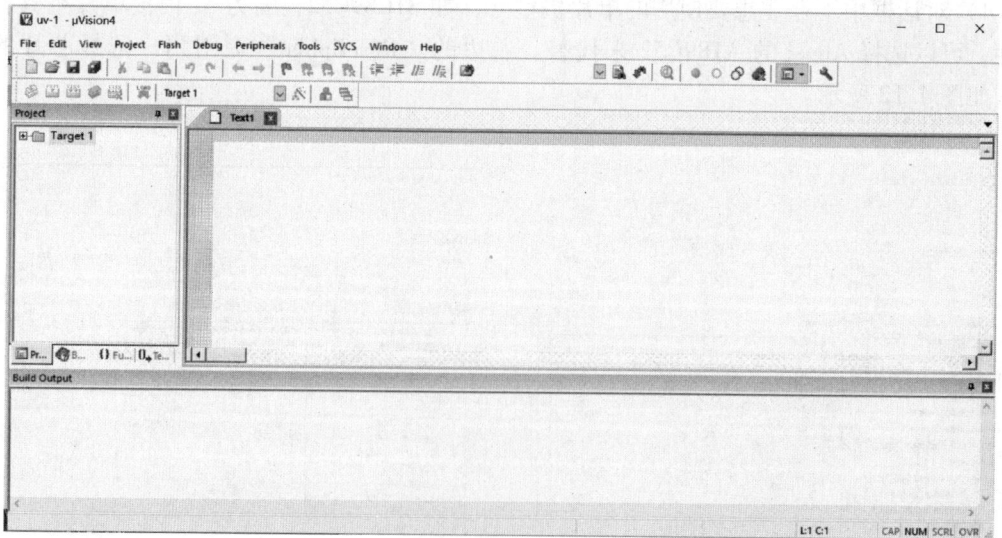

图 4.14　新生成的文件

3）保存新生成的文件，注意应保存在 4.4.1 节中存储的工程里。如果用 C 语言编写程序，则扩展名为 .c；如果用汇编语言编写程序，则扩展名为 .asm。此时文件名可与工程名不同，用户可任意填写，这里以 C 语言程序作为示例，如图 4.15 所示。

4）保存文件后，单击界面左侧栏中"Target 1"前面的 ⊞ ，选中"source Group1"后右键单击，选择"Add Files to Group 1 'Source Group1'..."，将文件加入工程，如图 4.16 所示。

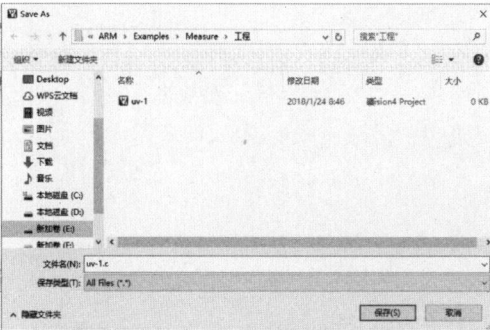

图 4.15　保存新生成的文件

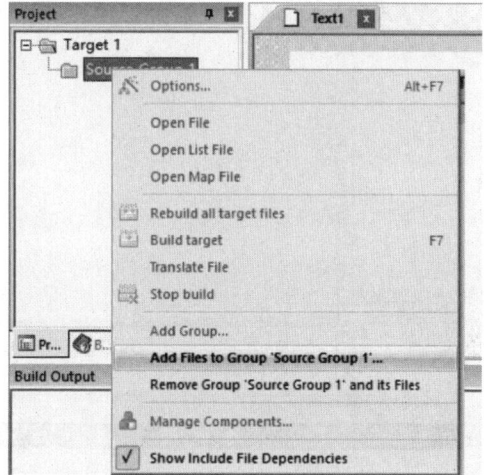

图 4.16　将文件加入工程

5）加入文件后弹出"Add Files to Group 1 'Source Group1'"对话框，如图 4.17 所示。单击"Add"按钮，将出现提示音表示已经加入文件了，不需要再加入，单击"Close"按钮即完成加入文件的操作并退出该对话框。

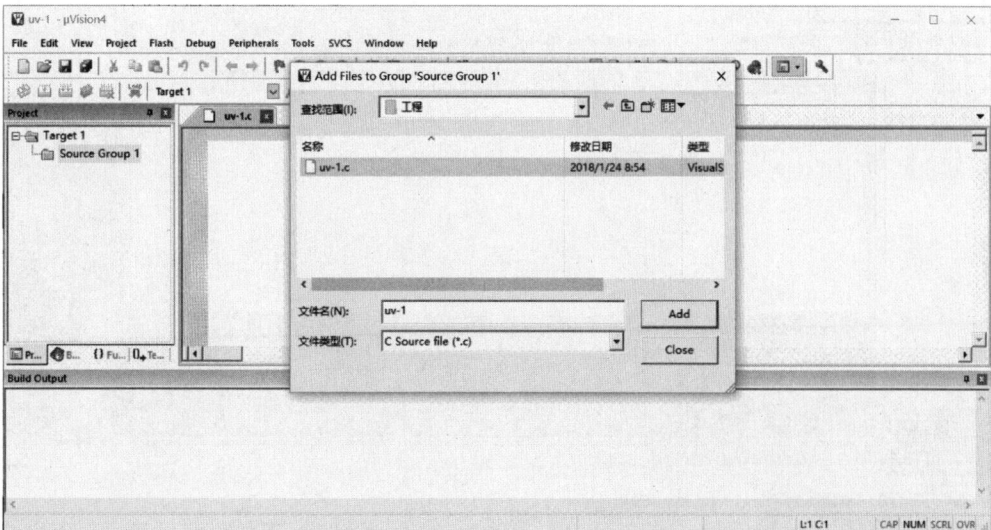

图 4.17　选中文件加入工程

6）完 成 文 件 加 入 后，单 击"Source Group1"前 面 的 ⊞，即 界 面 左 侧 栏 中 ⊞ Source Group 1 ，如图 4.18 所示。

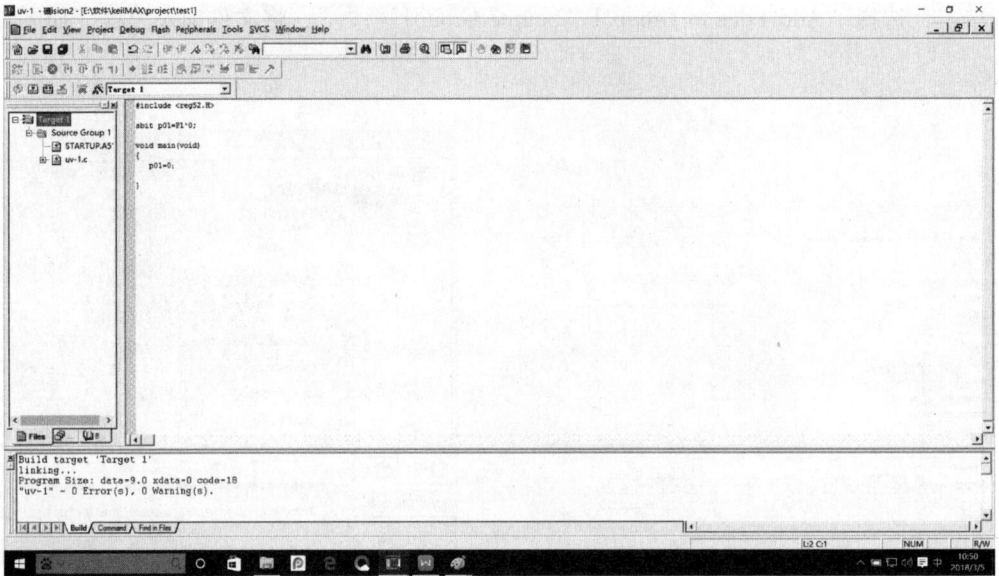

图 4.18　文件加入工程后的编程页面

7）本例中编写了单片机控制流水灯亮灭的程序，代码编写完成后，对程序进行编译，为编译当前程序，为编译修改过的程序，为重新编译当前程序。图 4.19 为编译后输出信息窗口显示的结果。

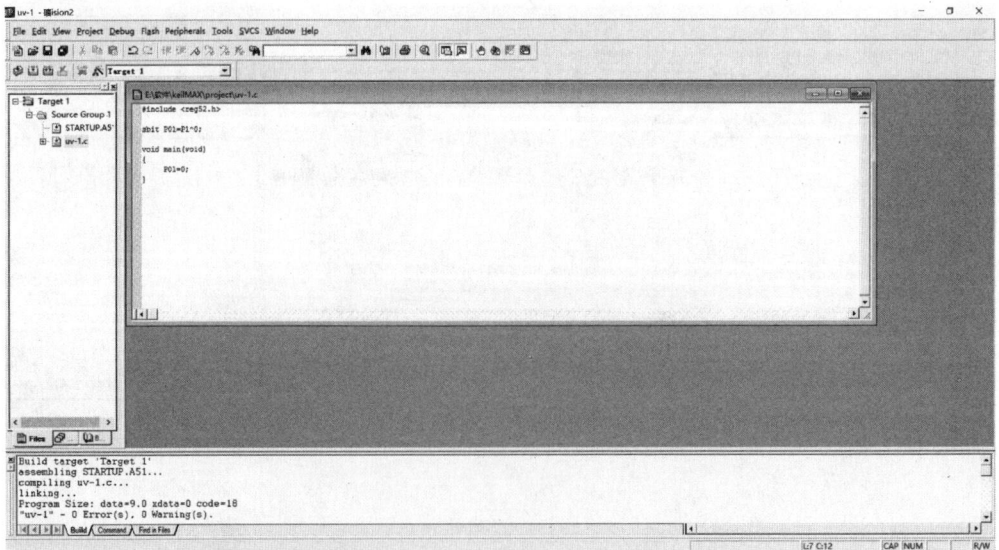

图 4.19　编译后输出信息窗口显示的结果

8）单击弹出如图 4.20 所示的对话框，单击"Output"选项卡，勾选"Create HEX File"后，单击，产生单片机可执行文件，如图 4.21 所示。

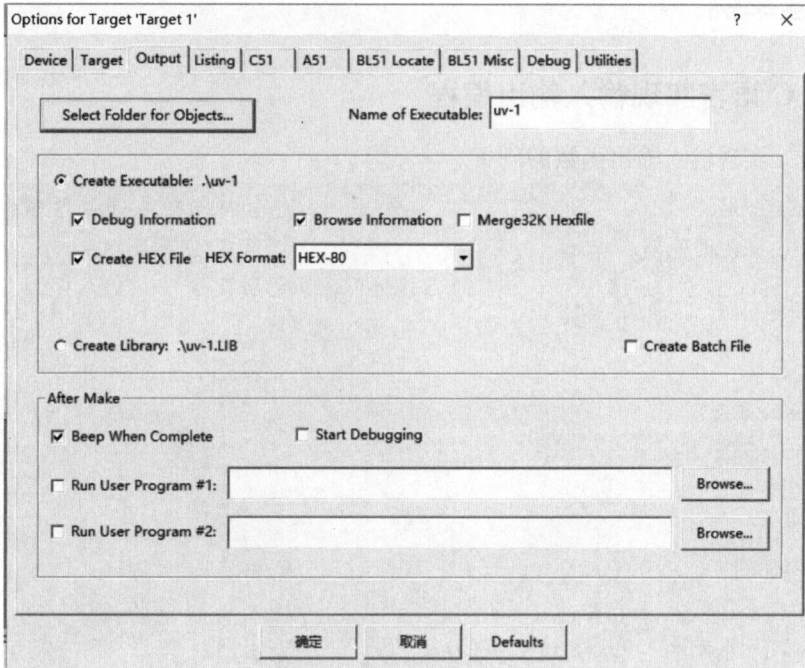

图 4.20　勾选 "Create HEX File"

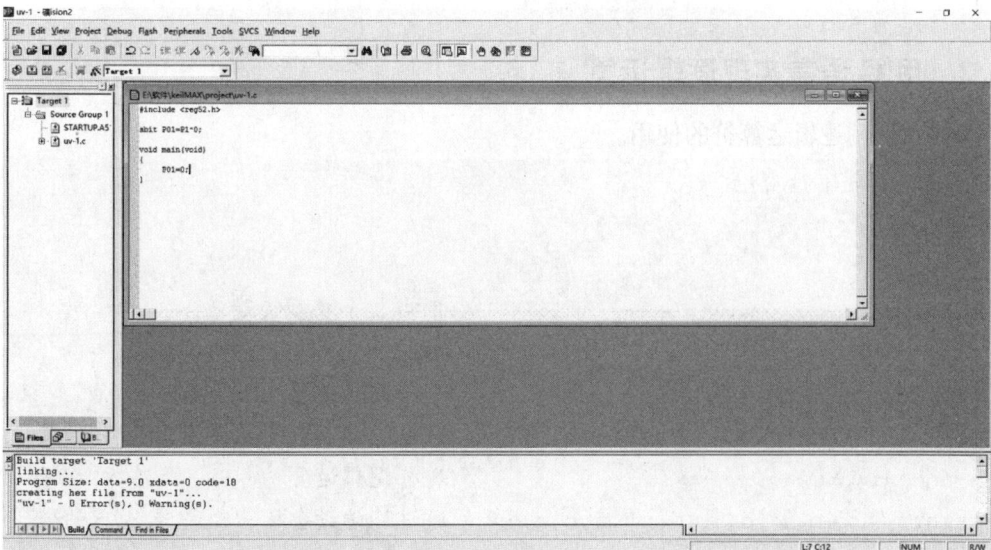

图 4.21　产生 . HEX 文件

4.5 编程举例

4.5.1 用 C 语言实现输入输出编程

【例 4-6】 实现输入输出函数的例子。

```
#include <reg52.h>                      //包含特殊功能寄存器库
#include <stdio.h>                      //包含 I/O 库函数
void main(void)                         //主函数
{
  int  x,y;                             //定义整型变量 x 和 y
  SCON=0x52;
  TMOD=0x20;
  TH1=0XF3;
  TL1=1;
  printf("input  x,y:\n");              //输出提示信息
  scanf("%d%d",&x,&y);                  //输入 x 和 y 的值
  printf("\n");                         //输出换行
  printf("%d+%d=d",x,y,x+y);            //按十进制形式输出
  printf("\n");                         //输出换行
  printf("%xH+%xH =%xH ",x,y,x+y);      //按十六进制形式输出
  while(1);                             //结束
}
```

4.5.2 用 C 语言实现逻辑运算

【例 4-7】 逻辑运算符的使用。

```
#include<stdio.h>
void main()
{
int a,b,c;                              //声明 3 个整型变量 a,b,c
a=b=c=1;                                //为 3 个变量均赋值 1
++a&&++b || --c;                        //进行逻辑运算
printf("%4d,%4d,%4d\n",a,b,c);          //通过终端设备输出变量 a,b,c 的值
--a || ++b&&c++;                        //进行逻辑运算
printf("%4d,%4d,%4d\n",a,b,c);          //通过终端设备输出变量 a,b,c 的值
}
```

4.5.3 用 C 语言实现数据转换

【例 4-8】 编写一个实现将十六进制数转换成相应十进制数的函数。

```
#include<stdio.h>
int  HexToInt(Char * s)
{
  int  n=0,t;
  char  c;
  while(c= * s++)
  {
    t=0;
    if('0'<=c&&c<='9')
      t=c-'0';
    if('A'<=c&&c<='F')
      t=c-'A'+10;
    if('a'<=c&&c<='f')
      t=c-'a'+10;
    n=n * 16+t;
  }
  return  n;
}
voidmain( )
{
  char * s="A00D";
  printf("%d",HexToInt(s));
}
```

4.5.4 用 C 语言实现公式的编辑

【例 4-9】 编写程序，实现由主函数输入 m, n, 按下述公式计算并输出 C_m^n 的值。

$$C_m^n = \frac{m!}{n! \ (m - n)!}$$

```
#include <stdio.h>
int func(int n)
{
  int i,s=1;
  for(i=1;i<=n;i++)
  {
    s=s * i;
  }
retun s;
```

```
}
void main( )
{
    int m,n;
    scanf("%d %d",&m,&n);
    printf("&d",func(m)/(func(n)*func(m-n)));
}
```

4.6 实验与实训

4.6.1 简单矩阵运算

1. 实验目的

掌握 C51 语言编写矩阵运算的方法，并进一步扩展操练。

2. 实验说明

数学公式中的矩阵是一种至关重要的表达式，在很多数学模型中都有矩阵之间的运算。所以要实现数据的运算，首先要学会利用 C 语言编写矩阵，其次要实现矩阵之间的运算。包括矩阵之间的转换，矩阵之间的相乘，矩阵的转置，整形矩阵的行列式值等。

3. 实验要求

将已知矩阵转换成另外一种相关形式。

4. 参考程序

试编写一个程序，把下面的矩阵 *a* 转置成矩阵 *b* 的形式。用两种算法完成。

$$a = \begin{pmatrix} 1 & 2 & 5 \\ 3 & 4 & 8 \\ 6 & 7 & 9 \end{pmatrix} \qquad b = \begin{pmatrix} 9 & 7 & 6 \\ 8 & 4 & 3 \\ 5 & 2 & 1 \end{pmatrix}$$

```
#include<stdio.h>
void main( )
{
    int a[3][3]=(1,2,5,3,4,8,6,7,9);
    int i,j,k;
    for(i=0;i<3;i++)
    {
        for(j=0;j<3;j++)
        printf("%3d",a[i][j]);
        printf("\n");
    }
    printf("\n");
    /*method 1
    for(i=0;i<3;i++)
```

```
      {
      k=a[0][i];
      a[0][i]=a[2][i];
      a[2][i]=k;
      }
        for(i=0;i<3;i++)
        {
        k=a[i][0];
        a[i][0]=a[i][2];
        a[i][2]=k;
        } */
   /* method 2 */
   for(i=0;i<3;i++)
     {
     k=a[0][i];
     a[0][i]=a[2][2-i];
     a[2][2-i]=k;
     }
     k=a[1][0];
     a[1][0]=a[1][2];
     a[1][2]=k;
     for(i=0;i<3;i++)
     {
       for(j=0;j<3;j++)
       printf("%3d",a[i][j]);
       printf("\n");
     }
   printf("/n");
}
```

5. 实验步骤

1）建立新工程。

2）创建新的汇编源文件，并添加到工程中。

3）编写能够满足实验要求的 C51 程序，并调试。

4）如果所编程序不能实现要求，对其进行修改或重新编写。

6. 思考题

编写程序，求矩阵 *a* 的转置矩阵。

4.6.2 数据排序

1. 实验目的

掌握数据排序的程序编写方法，熟练应用 C51 语言。

2. 实验说明

数据串经常使用在各种程序中，但是在编写数据串的时候，由于各种原因容易出错。如需要使用精准的数据串，需使用程序进行重新排序。

3. 实验要求

从键盘输入一个字符串，然后按照字符顺序从小到大进行排列，并删除重复的字符。

4. 参考程序

程序如下：

```c
#include<stdio.h>
#include<string.h>
void main(void)
{
  char str[100],*p,*q,*r,c;
  printf("输入字符串:");
  gets(str);
  for(p=str;*p;p++)
    {
    for(q=r=p;*q;q++)
    if(*r>*q)r=q;
    if(r!=p)
    }
  c=*r;
  *r=*p;
  *p=c;
  }
}
for(p=str;*p;p++)
  {
  for(q=p;*p==*q;q++);
  if(p!=q)strcpy(p+1,q);
  }
printf("结果字符串是:%s\n",str);
}
```

5. 思考题

键盘中随机输入一字符串，要求利用冒泡法实现数据由大到小排序。

4.6.3 延时程序的设计

1. 实验目的

掌握利用 C51 语言编写延时程序的方法。

2. 实验说明

在单片机使用过程中，每条语句的运行时间较短。如果要实现等待、显示时间停留、波形输出等功能，必须延迟一段时间。把延时程序作为一个固定的使用方法，或者作为一个固定的程序块显得十分重要。

3. 实验要求

利用 C 语言编写一段延时程序。

4. 参考程序

```
#include <reg51. h>
#include <stdio. h>
void delay(unit);
void main(void)
{
while(1)
  {
  delay(2000);
  }
}
void delay(unit i)                    /*延时函数*/
{ int i,j;
  for(i=0;i<250;i++)                  /*用双重空循环实现延时*/
  for(j=0;j<250;j++);
}
```

由于用 C 语言编写的程序，最后还要转换为机器码，因此以上程序延迟的时间，要结合机器码的执行时间而定，又因为不同的编译器转换出来的机器码会略有不同，所以从 C 语言程序本身计算的延时，只能作为大体估算值，执行一次空循环，大约要 $4 \sim 10$ 个机器周期，若时钟为 12MHz，一个空循环约为 $4 \sim 10 \mu s$，250 次空循环约为 $1 \sim 2.5ms$，以上程序延时为 $250 \sim 1000ms$。

5. 思考题

利用三重循环实现 5s 的延时程序。

本 章 小 结

C51 语言即 51 系列单片机的 C 语言。C 语言中的操作数对应 C51 中的变量（常量），采用 C51 程序设计语言，编程者只需了解变量（常量）的存储类型与 51 单片机存储空间的对应关系，而不必深入了解其寻址方式，C51 语言编译器会自动完成变量（常量）的存储单元分配，并产生最为适合的目标代码。

C51 语言规定变量必须先定义后使用，C51 语言对变量进行定义的格式如下：

〔存储种类〕 数据类型 〔存储器类型〕 变量名表

存储种类是可选项，有 4 种，分别为自动（auto）、外部（extern）、静态（static）和寄存器（register）。如果省略存储种类，则该变量默认为自动（auto）变量。自动变量的作用范围在定义它的函数体或复合语句内部，在定义它的函数体或复合语句被执行时，C51 语言才为该变量分配内存空间，当函数调用结束返回或复合语句执行结束时，自动变量所占用的内存空间被释放，这些内存空间又可被其他的函数体或复合语句使用。使用自动变量能最有效地使用 51 系列单片机的内存。

存储器类型指明该变量所处的内存空间。应把频繁使用的变量放在内部数据区，这样可使 C51 语言编译器产生的程序代码最短，运行速度最快。

51 系列单片机的机器指令只支持字节和位变量，尽可能地选择 char 或 bit 的变量类型，它们只占用 1B 或 1 位。除了根据变量长度来选择变量类型外，还需要考虑该变量是否会用于负数的场合，如果程序中可以不用负数，那么可把变量类型定义为无符号类型。

习　题

1. 填空题

（1）float 型变量的精度可达_____位，double 型变量的精度可达_____位。

（2）若 int x = 1，y = 2，w；则执行 w = x>y？++x：++y；后 w 的值是_____。

（3）while 语句的特点是先_____条件，后决定是否执行循环体。

（4）break 语句用来中断_____语句和_____语句。

（5）函数类型是指函数返回值的_____，使用_____语句将这个返回值给主调函数。

（6）结构变量的指针成员常通过_____内存分配获得一个有效地址。

2. 选择题

（1）unsigned 类型变量的取值范围是_____。

　　A. 0~255　　　　　B. 0~65535　　　　C. −256~255　　　D. −32768~32767

（2）若 int a = 3，b = 10；，则合法的表达式是_____。

　　A. a = 5 * b = 7　　B. b=--a　　　　　C. a+=-1　　　　D. a%（-5）

（3）循环体的执行次数是_____。

```
int x=10;
while(x++<20)
x+=2;
```

　　A. 4　　　　　　　　B. 3　　　　　　　　C. 10　　　　　　D. 11

（4）指出标有/*　*/语句的执行次数是_____。

```
int i,y=0;
for(i=0;i<20;i++)
{if(i%2==0)continue;
 y+=i;  /*  */
  }
```

A. 20 　　　　　　 B. 19 　　　　　　 C. 10 　　　　　　 D. 9

（5）下面对函数的叙述中，_____是不正确的。

　　A. 函数不能嵌套定义，可以嵌套调用。 B. 一个函数只能有一个 return 语句。

　　C. 函数的返回值通过 return 语句获得。 D. viod 类型函数没有返回值。

（6）一结构定义如下，_____。

```
student   student
{long   num;
 char   name[20]
 char   sex;
 float   score;
 }
```

　　A. stuct 是 C 语言关键字 　　　　　 B. student 是结构变量

　　C. x 是结构变量 　　　　　　　　　 D. p 是结构指针变量

3. 简答题

（1）C51 特有的数据类型有哪些？

（2）C51 中存储器类型有几种、它们分别表示的存储器区域是什么？

（3）在 C51 中，通过绝对地址访问的存储器有几种？

（4）在 C51 中，中断函数与一般函数有什么不同？

（5）按给定存储类型和数据类型，写出下列变量的说明形式。

①在 data 区定义字符变量 va11。

②在 idata 区定义整型变量 va12。

③在 xdata 区定义无符号字符型数组 va13〔4〕。

④在 xdata 区定义一个指向 char 类型的指针 px。

⑤定义可寻址位变量 flag。

⑥定义特殊功能寄存器变量 P3。

⑦定义特殊功能寄存器变量 SCON。

⑧定义 16 位的特殊功能寄存器 T0。

4. 读程序

（1）写出下列关系表达式或逻辑表达式的结果，设 a=3，b=4，c=5。

① a+b>c&&b==c

② a‖b+c&&b-c

③ ！（a>b）&&！c‖1

④ ！（a+b）+c-1&&b+c/2

（2）写出下列程序的执行结果。

```
#include<stdio.h>
extern serial_initial();
main()
{
int x,y,z;
```

```
serial_initial();
x=y=8;z=++x;
printf("\n %d %d %d",y,z,x);
x=y=8;z=x++;
printf("\n %d %d %d",y,z,x);
x=y=8;z=--x;
printf("\n %d %d %d",y,z,x);
x=y=8;z=x--;
printf("\n %d %d %d",y,z,x);
printf("\n");
while(1);
}
```

(3) 说明下面程序实现了什么功能。

```
#include<stdio.h>
void main(viod)
{
    int a,b,*pa=&a,*pb=&b,*p;
    scanf("%d%d",&a,&b);
    if(a<b)
    {
    p=pa;
    p=pb;
    pb=p;
    }
printf("a=%d,b=%d\n",a,b);
printf("max=%d,min=%d\n",*pa,*pb);
}
```

(4) 读程序说明在程序中共计算了多少个圆的面积。

```
#include<stdio.h>
#define PI 3.14
void main()
{
    double r,area;
or(r=1;r<=10;r++)
    {
    area=PI*r*r;
    if(area>100)break;
```

```
    printf("1f \n",area);
    }
}
```

（5）读程序计算结果。

```
#include<reg51. h>
#include<stdio. h>
viod main(void)
{
  int i,s=0;
  SCON=0x52;
  TMOD=0x20;
  TH1=0xF3;
  TR1=1;
  for(i=1;i<=100;i++)s=s+I;
  printf("1+2+3+4+…+100=%d \n",s);
}
```

5. 编程题

（1）用分支结构编程实现如下结果：当输入"1"时显示"A"，输入"2"时显示"B"，输入"3"时显示"C"，输入"4"时显示"D"，输入"5"时结束。

（2）输入 3 个无符号字符数据，要求按由大到小的顺序输出。

（3）用三种循环结构编写程序实现输出 1 到 10 的二次方之和。

（4）对一个有 5 个元素的无符号字符数组按由小到大的顺序排序。

（5）用指针实现：输入 3 个无符号字符数据，按由大到小的顺序输出。

（6）有 3 个学生，每个学生包括学号、姓名、成绩，要求找出成绩最高的学生的姓名和成绩。

第5章

51系列单片机的定时器/计数器

定时器/计数器是单片机不可或缺的重要器件，熟悉定时器/计数器的结构组成和工作原理，是正确设计单片机控制系统的基本要求。

➢ 了解51单片机的定时器/计数器的结构和工作原理。

➢ 掌握定时器/计数器的门控位的使用方法。

➢ 熟练掌握定时器/计数器的四种工作方式及编程方法。

本章知识结构如图5.1所示。

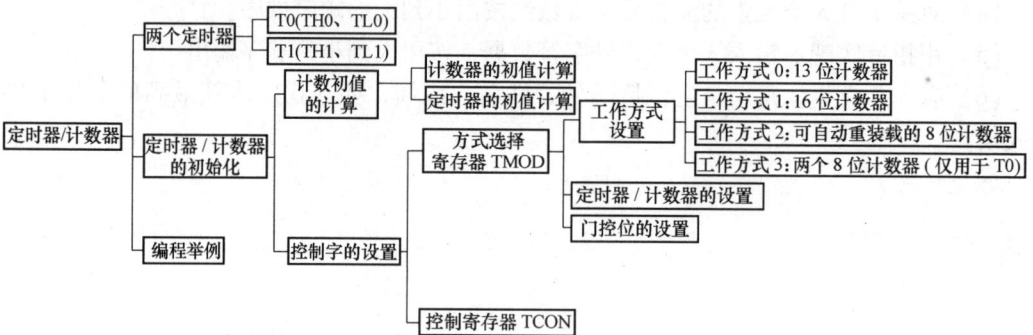

图5.1 本章知识结构图

5.1 51系列单片机定时器/计数器的结构及工作原理

定时器/计数器是单片机的主要资源，其核心是16位加法计数器。它可以工作于定时方式，也可以工作于计数方式，两种工作方式的实质都是对脉冲计数。当它对内部固定频率的机器周期进行计数时，称为定时器；当它对外部事件计数时，由于频率不固定，称为计数器。

在 51 系列单片机的内部有两个 16 位定时器/计数器 T0 和 T1，它们均可作为定时器或计数器使用，具有不同的工作方式，用户可通过对特殊功能寄存器的编程，方便地选择适当的工作方式及设定 T0 或 T1 工作于定时状态还是计数状态。

5.1.1 定时器/计数器的结构

定时器/计数器 T0 和 T1 的内部结构框图如图 5.2 所示。定时器/计数器 T0 由寄存器 TL0 和 TH0 组成，定时器/计数器 T1 由寄存器 TL1 和 TH1 组成，它们均为 8 位寄存器，映射在特殊功能寄存器中，地址为 8AH~8DH。它们用于存放定时或计数的初始值。此外，还有一个 8 位的方式选择寄存器 TMOD 和一个 8 位的控制寄存器 TCON。TMOD 用于选择定时器/计数器的工作方式，TCON 用于启动或停止定时器/计数器。

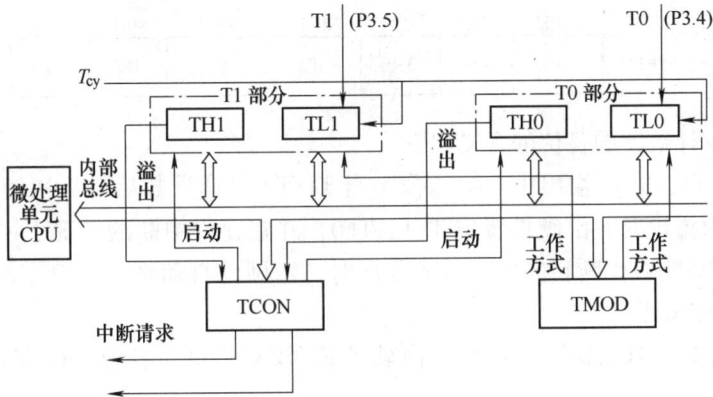

图 5.2 定时器/计数器 T0、T1 的内部结构框图

5.1.2 定时器/计数器的工作原理

1. 定时方式

在作为定时器使用时，加法计数器的时钟脉冲是由晶体振荡器的输出经 12 分频后得到的，所以定时器可以看作是对单片机机器周期的计数器。当晶振频率一定时，机器周期的值就是固定的，如果晶振频率为 12MHz，则一个机器周期为 $1\mu s$，因此对机器周期计数就达到了定时的目的。

2. 计数方式

在作为计数器使用时，加法计数器的时钟脉冲是芯片引脚 T0（P3.4）或 T1（P3.5）上输入的脉冲，所以计数器可以看作是对外部输入脉冲的计数器。每输入一个脉冲，加法计数器就加 1。加法计数溢出时可向 CPU 发出中断请求信号。

不论是定时方式还是计数方式，计数器的初值可以由程序设定，设置的初值不同，加法器达到溢出所需的计数值或定时时间就不同。在定时器/计数器的工作过程中，加法计数器的内容可用程序读回 CPU。

5.2　51系列单片机定时器/计数器的控制寄存器

对定时器/计数器工作模式、工作方式的设定及控制是通过工作方式选择寄存器（TMOD）和控制寄存器（TCON）这两个特殊功能寄存器来完成的。TMOD用于控制和确定各定时器/计数器的工作方式和功能。TCON用于控制各定时器/计数器的启动和停止并可反映定时器/计数器的状态，它们包涵在21个特殊功能寄存器SFR中。

5.2.1　控制寄存器（TCON）

控制寄存器（TCON）中用于外部中断的各位含义在第7章介绍，此处只介绍与定时器/计数器有关的各位的含义。

控制寄存器（TCON）的格式如下：

8FH	8EH	8DH	8CH	8BH	8AH	89H	88H
TF1	TR1	TF0	TR0	IE1	IT1	IE0	IT0

用于定时器/计数器的各位的含义如下：

TF1、TF0：T1（T0）溢出中断标志位。当T1/T0启动计数后，从初值开始加1计数，当T1（T0）计数溢出时，由硬件置位TF1、TF0，并在允许中断的情况下，向CPU发出中断请求信号，CPU响应中断转向中断服务程序时，由硬件自动将该位清零，TF1（TF0）也可以由程序查询或清零。

TR1、TR0：T1、T0启/停控制位。由软件置位/复位进行控制T1、T0的启动或停止计数。

5.2.2　方式选择寄存器（TMOD）

方式选择寄存器（TMOD）用于设定两个定时器/计数器的工作方式，它只能按字节寻址。字节地址为89H。其格式如下：

D7	D6	D5	D4	D3	D2	D1	D0
GATE	$C/\overline{T}$	M1	M0	GATE	$C/\overline{T}$	M1	M0

T1 方式字段 ｜ T0 方式字段

TMOD的低4位用于定时器/计数器0，高4位用于定时器/计数器1。其各位定义如下：

GATE：门控位，用于控制定时器/计数器的启动。如果GATE=1，定时器/计数器0的启动受芯片引脚$\overline{INT0}$（P3.2）控制，定时器/计数器1的启动受芯片引脚$\overline{INT1}$（P3.3）控制；如果GATE=0，定时器/计数器的启动与引脚无关。一般情况下GATE=0。

在以下两种情况下，均可以选通定时器/计数器x（x为0或1）。

1）当GATE=1，且$\overline{INTX}$=1，TRX=1时，此时可以用于测量$\overline{INTX}$端口输入正脉冲的宽度。

2）当GATE=0，且TRX=1时，一般情况下，选用该方法。

C/$\overline{T}$：定时方式或计数方式选择位，当 C/$\overline{T}$ = 1 时为计数方式，当 C/$\overline{T}$ = 0 时为定时方式。

M1、M0：定时器/计数器工作方式选择位，定时器/计数器 T0、T1 都有 4 种工作方式，与 M1、M0 的四种取值组合一一对应，其值与工作方式的对应关系如表 5.1 所示。

表 5.1　定时器/计数器的工作方式

M1	M0	工作方式	方　式　说　明
0	0	0	13 位定时器/计数器
0	1	1	16 位定时器/计数器
1	0	2	可自动重装载的 8 位定时器/计数器
1	1	3	仅适用于 T0，分为两个 8 位计数器，T1 在方式 3 时停止工作

5.3　51 系列单片机定时器/计数器的工作方式

T0 和 T1 都具有 4 种工作方式，当工作于方式 0、1、2 时，T0 和 T1 功能相同，但工作在方式 3 时，其功能不同。下面分别介绍这 4 种工作方式。

5.3.1　工作方式 0

当 TMOD 方式选择寄存器的 M1M0 = 00 时，定时器/计数器工作于方式 0。如图 5.3 所示为方式 0 的逻辑结构图。由图可看出定时器/计数器中的计数单元为 13 位，由高 8 位 THX 和低 5 位 TLX 组成，TLX 的高 3 位不用。最大计数长度为 2^{13}。

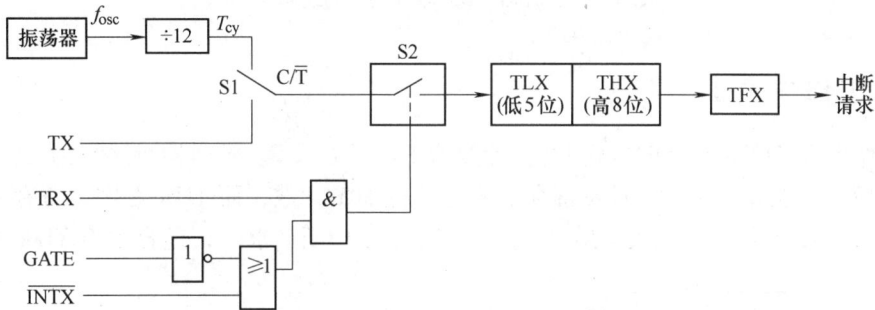

图 5.3　定时器/计数器方式 0 的逻辑结构

当图 5.3 中开关 S1 接至上端，即 C/$\overline{T}$ = 0 时，加法计数器以晶振频率的 12 分频信号（机器周期脉冲 T_{cy}）作为计数脉冲，工作于定时器方式。

当图 5.3 中开关 S1 接至 TX 端，即 C/$\overline{T}$ = 1 时，加法计数器以外部脉冲输入端 TX 引脚上输入的脉冲作为计数脉冲，工作于计数方式。

图 5.3 中开关 S2 的作用是控制定时器/计数器的选通。当 GATE = 1，且 $\overline{INTX}$ = 1，TRX = 1 时，或者当 GATE = 0，且 TRX = 1 时，开关 S2 闭合，定时器/计数器开始工作。否则开关 S2 断开，定时器/计数器停止工作。

启动定时器/计数器前需要预置计数初值。启动后计数器立即加 1，当 TLX 低 5 位计数满并回零后，向 THX 进位，当 13 位计数满并回零后，中断溢出标志 TFX 置 1，产生中断请求，表示定时时间到或计数次数到。若允许中断（ETX = 1）且 CPU 处于开中断（EA = 1）状态，则 CPU 响应中断，转向中断服务程序，同时 TFX 自动清零。必须注意的是：加法计数器 THX 溢出后，必须用程序重新对 THX、TLX 设置初值，否则下一次 THX、TLX 将从 0 开始计数。

5.3.2　工作方式 1

当 TMOD 的 M1M0 = 01 时，定时器/计数器工作于方式 1。定时器/计数器方式 1 的逻辑结构如图 5.4 所示。由图可知方式 1 与方式 0 基本相同。唯一区别在于工作于方式 1 时，THX、TLX 都是 8 位加法计数器并构成了 16 位定时器/计数器，最大计数长度为 2^{16}。与方式 0 相同，在加法计数器 THX 溢出后，必须用程序重新对 THX、TLX 设置初值，否则下一次 THX、TLX 将从 0 开始计数。

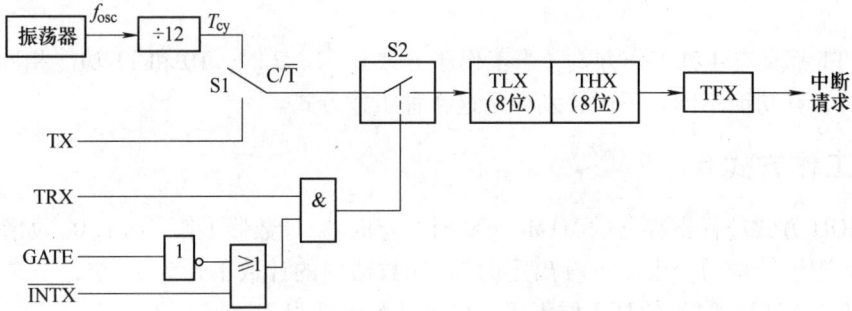

图 5.4　定时器/计数器方式 1 的逻辑结构

5.3.3　工作方式 2

当 TMOD 的 M1M0 = 10 时，定时器/计数器工作于方式 2。定时器/计数器方式 2 的结构如图 5.5 所示。在此方式下，TLX 寄存器进行 8 位加 1 计数，而 THX 专用于寄存 8 位计数初值并保持不变。当 TLX 计数溢出时，除了产生溢出中断请求外，还自动将 THX 中不变的

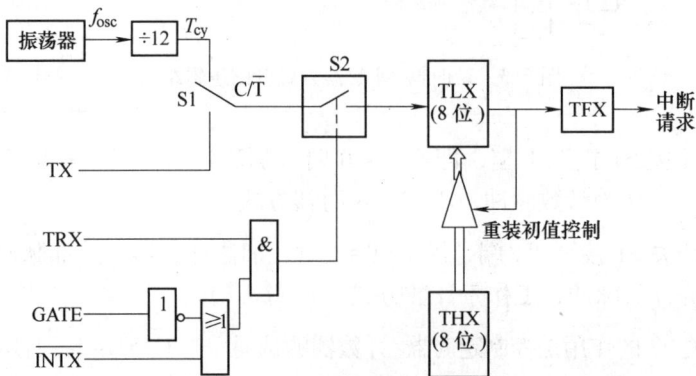

图 5.5　定时器/计数器方式 2 的逻辑结构

初值重新装载到 TLX 中，使 TLX 重新从初值开始计数。因此方式 2 为可自动重装载的定时器/计数器，最大计数长度为 2^8。方式 2 适用于产生固定时间间隔的控制脉冲，也可以作为波特率发生器。

5.3.4　工作方式 3

当 TMOD 的 M1M0＝11 时，定时器/计数器工作于方式 3。定时器/计数器方式 3 的结构如图 5.6 所示。方式 3 只适用于定时器/计数器 T_0。

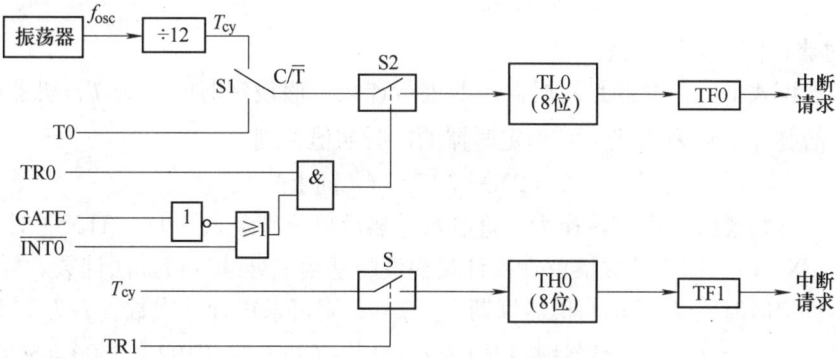

图 5.6　定时器/计数器方式 3 的逻辑结构

由图 5.6 可以看出，当 T0 工作在方式 3 时，TH0 和 TL0 变成两个独立的 8 位计数器。这时，TL0 仍可作为定时器/计数器使用，它使用定时器 T0 原来所使用的所有控制位（C/$\overline{T}$、GATE、$\overline{INT0}$、TR0、TF0、M1 和 M2），其功能和操作与方式 0 或方式 1 完全相同；而 TH0 只能作为一个 8 位的定时器使用，对机器周期进行计数。由于 TL0 占据了定时器/计数器 0 的所有控制位和相关引脚，所以，TH0 只能占用定时器 T1 的两个控制信号 TR1 和 TF1，即当 TH0 溢出时使 TF1＝1，而 TH0 的启动和停止由 TR1 控制。这样，当 T0 工作于方式 3 时，若 TL0 发生中断时，中断入口地址为 000BH；若 TH0 发生中断时，中断入口地址则为 001BH。

由于定时器 T0 已占用了 T1 的运行控制位，所以定时器 T1 只可用于方式 0、1、2，且不能使用中断方式。所以一般情况下，只有将 T1 用作串行口的波特率发生器时，T0 才工作在方式 3，以便于增加一个 8 位的定时器/计数器。

5.4　51 系列单片机定时器/计数器的应用举例

51 系列单片机的定时器/计数器是可编程的，在编写程序时应主要考虑：根据应用要求，进行程序初始化，正确地设置控制字，计算和设置计数初值；编写中断服务程序；适时地设置控制位等。

5.4.1　计数初值的计算

由于 51 系列单片机的定时器/计数器工作方式不同，其最大计数长度也不相同，并且 51 系列单片机的定时器/计数器采用加 1 计数模式，因此必须将实际计数值的补码作为计数初值，装入寄存器 TLX 和 THX 中，计数器在此计数初值的基础上进行加法计数，并在计数器从全 1 变为全 0 时，自动产生溢出中断。所以在编写程序之前必须计算出计数初值。

1. 计数器初值的计算方法

在计数器模式下，假设计数器计满所需要的计数值（要计数的脉冲个数）为 N，应装入的计数初值为 C，n 为计数器的位数，则

$$C = 2^n - N \tag{5-1}$$

式中，n 与计数器工作方式有关。在方式 0 时 $n = 13$，在方式 1 时 $n = 16$，在方式 2 和方式 3 时 $n = 8$。

2. 定时器初值的计算方法

在定时器模式下，计数器是对机器周期进行计数。假设定时时间为 T，机器周期为 T_p，则所需计数的脉冲个数为 T/T_p，C 为定时器的定时初值，则

$$C = 2^n - T/T_p \quad (n \text{ 同上}) \tag{5-2}$$

计算出计数初值后，将其转换为二进制数，然后再分别装入 THX、TLX（对于 T0，X = 0；对于 T1，X = 1），这样计数器就在此计数初值的基础上继续进行加法计数。

例如：设定时间 $T = 5\text{ms}$，机器周期 $T_p = 2\mu s$，则可求得计数次数（T/T_p）为 2500 次。若选用方式 0，则 $n = 13$，应设置计数初值为 $C = 2^{13} - (T/T_p) = 8192 - 2500 = 5692$，转换成二进制数为 1011000111100B，再通过程序将此二进制数的低 5 位 11100B = 1CH 装入 TLX，将高 8 位 10110001B = B1H 装入 THX 即可。程序如下：

```
MOV     THX, #0B1H       ；送高 8 位
MOV     TLX, #1CH        ；送低 5 位
```

若选用方式 1，则 $n = 16$，应设置计数初值为 $C = 2^{16} - (T/T_p) = 65536 - 2500 = 63036$，转换成二进制数为 1111011000111100B，再通过程序将此二进制数的低 8 位 00111100B = 3CH 装入 TLX，将高 8 位 11110110B = F6H 装入 THX 即可。程序如下：

```
MOV     THX, #F6H        ；送高 8 位
MOV     TLX, #3CH        ；送低 8 位
```

由于 $2500 > 2^8$，所以不能选方式 2。

如果需要计数 100 次，由于 100 < 256，则可选方式 2。256 - 100 = 156，转换成二进制数为 10011100B，再通过程序将此二进制数 10011100B = 9CH 装入 TLX 和 THX 即可。程序如下：

```
MOV     THX, #9CH        ；送高 8 位
MOV     TLX, #9CH        ；送低 8 位
```

5.4.2 定时器/计数器的初始化

定时器/计数器在使用之前需要对其内部的寄存器进行设置，以确定基本工作方式及计数初值，即初始化设置。定时器/计数器的初始化一般包括以下几个步骤：

1）根据定时时间或计数要求，计算计数初值，并装入定时器/计数器的 THX 和 TLX 中。

2）确定 TMOD 的方式字，以便对定时器/计数器的工作方式进行设定。

3）如果工作于中断方式，需要设定中断允许控制寄存器 IE，如果需要还要设定中断优

先级控制寄存器 IP。

4）启动定时（或计数），即将 TRX 置位。

【例 5-1】 定时器工作方式初始化示例。

单片机外接晶振频率 $f_{osc}=12MHz$，定时器/计数器 0 工作于定时方式，且允许中断，定时时间为 20ms，令其工作在模式 1，进行初始化编程。

TMOD 方式字的确定：

定时器/计数器 0 工作于定时方式，从而 $C/\overline{T}=0$；门控位不起作用，则 GATE＝0，定时器 0 工作于模式 1，所以 M1M0＝01，定时器 1 不用，TMOD＝00000001＝01H。

初值的确定：

外部晶振频率 $f_{osc}=12MHz$，则 51 系列单片机的机器周期为 $1\mu s$，计数器为 16 位，因此定时器的计数初值为 X＝(65536-20000)/1。

计数寄存器初值分别为 TH0＝(65536-20000)/256，TL0＝(65536-20000)%256。

或者计数寄存器初值分别为 TH0＝-20000/256，TL0＝-20000%256。

初始化程序：

```
TMOD＝0x01;              //设置定时器工作方式
TH0＝(65536-20000)/256;  //计数器高 8 位 TH0 赋初值
TL0＝(65536-20000)/256;  //计数器低 8 位 TL0 赋初值
TR0＝1;                  //启动计数器
ET0＝1;                  //开计数器中断
EA＝1;
```

5.4.3　应用举例

【例 5-2】 方式 0 应用：利用定时器/计数器 T1 在 P1.0 引脚输出周期为 2ms 的方波，设时钟频率为 6MHz，编写相应的程序。

解： 周期为 2ms 的方波，其高电平和低电平所占时间各为 1ms，因此每隔 1ms 将 P1.0 引脚输出信号取反一次即可。为了提高 CPU 的效率，可采用定时中断的方式，每 1ms 产生一次中断，在中断服务程序中将输出信号取反。

1）计算计数初值。

机器周期为

$$T_p = \frac{12}{\text{晶振频率}} = \frac{12}{6MHz} = 2\mu s$$

定时时间 $T=1ms$

所需计数的机器周期数为 $T/T_p=500$，可以用定时器方式 0（13 位定时器）来实现。

则计数初值为

$$C = 2^n - T/T_p = 2^{13} - 500 = 8192 - 500 = 7692 = 1111000001100B$$

则其高 8 位为 F0H，低 5 位为 0CH，故 TH0＝F0H，TL0＝0CH。

2）确定初始化控制字。对于定时器 T1 来说，M1M0＝00H、$C/\overline{T}=0$、GATE＝0。定时器 T0 不用，取为全 0。因此，TMOD＝00000000B＝00H。

3）程序设计。T1 的中断服务程序，除了产生要求的方波外，还要注意将时间常数送入定时器中，为下一次产生中断做准备。

程序如下：

```
        ORG    001BH           ; T1 中断服务程序入口
        LJMP   ZD              ; 转至 ZD 处
        ORG    2000H           ; 主程序
        MOV    TMOD, #00H      ; 置 T1 为定时方式 0
        MOV    TH1, #0F0H      ; 设置计数初值
        MOV    TL1, #0CH
        SETB   EA              ; CPU 开中断
        SETB   ET1             ; 允许 T1 中断
        SETB   TR1             ; 启动 T1
HALT:   SJMP   $               ; 暂停,等待中断
ZD:     CPL    P1.0            ; 输出方波
        MOV    TH1, #0F0H      ; 重新装入计数初值
        MOV    TL1, #0CH
        RETI                   ; 中断返回
```

对于该例题，也可以采用定时器的方式 1 来实现，与方式 0 相比，只是计数初值不同，读者可自行设计。

【例 5-3】 方式 2 的应用：利用定时器/计数器 T0 端口扩展外部中断源的应用设计。

解： 在第 4 章已经介绍过利用定时器/计数器可以扩展外部中断源，方法是选择定时器/计数器 T0 为计数方式，设置为工作方式 2，计数初值为 FFH，每当 T0 端口输入一个负跳变脉冲，计数器就溢出回 0，置位对应的中断请求标志 TF1，向 CPU 请求中断。这样就可以扩展一个外部中断源。程序如下：

主程序：

```
        ORG    0000H
        AJMP   MAIN            ; 转主程序
        ORG    000BH           ; 中断矢量入口地址
        LJMP   INTER           ; 转中断服务程序
        ⋮
        ORG    0200H           ; 主程序入口地址
MAIN:   ⋮
        MOV    TMOD, #06H      ; 设置定时器/计数器 0,计数,方式 2
        MOV    TL0, #0FFH      ; 设置计数初值
        MOV    TH0, #0FFH
        SETB   ET0             ; 开中断
        SETB   EA
        SETB   TR0             ; 启动 T0 计数
        ⋮
```

中断服务程序：

```
        ORG     3000H
INTER：PUSH    DPL             ;保护现场
        PUSH    DPH
        :                       ;中断处理程序
        MOV     TL0，#0FFH      ;重新装入计数初值
        MOV     TH0，#0FFH
        POP     DPH             ;恢复现场
        POP     DPL
        RETI
```

【例 5-4】 方式 3 的应用：设晶振频率为 6MHz，定时器/计数器 T0 工作于方式 3，通过 TL0 和 TH0 的中断分别使 P1.0 和 P1.1 产生 200μs 和 400μs 的方波。

解：

1）计算计数初值：

因为晶振频率为 6MHz，所以机器周期为 2μs，所以计数初值分别为

$$C_0 = 2^8 - 100 \times 10^{-6}/2 \times 10^{-6} = 206 = \text{CEH} \quad (\text{TL0} = \text{CEH})$$

$$C_1 = 2^8 - 200 \times 10^{-6}/2 \times 10^{-6} = 156 = 9\text{CH} \quad (\text{TH0} = 9\text{CH})$$

2）确定 TMOD 方式字：对定时器 T0 来说，M1M0 = 11、C/$\overline{\text{T}}$ = 0、GATE = 0，定时器 T1 不用，取为全 0。则 TMOD = 00000011B = 03H。

3）程序如下：

```
        ORG  MAIN              ;主程序
MAIN：  MOV  TMOD，#03H         ;T0 工作于方式 3
        MOV  TL0，#0CEH         ;置计数初值
        MOV  TH0，#9CH
        SETB ET0               ;允许 T0 中断(用于 TL0)
        SETB ET1               ;允许 T1 中断(用于 TH0)
        SETB EA                ;CPU 开中断
        SETB TR0               ;启动 TL0
        SETB TR1               ;启动 TH0
HALT：  SJMP HALT              ;暂停,等待中断
        ORG  000BH             ;TL0 中断服务程序
        CPL  P1.0              ;P1.0 取反
        MOV  TL0，#0CEH         ;重新装入计数初值
        RETI                   ;中断返回
        ORG  001BH             ;TH0 中断服务程序
        CPL  P1.1              ;P1.1 取反
        MOV  TH0，#9CH          ;重新装入计数初值
        RETI                   ;中断返回
```

【例 5-5】 门控位的应用：利用定时器 T0 的门控位测试 $\overline{\text{INT0}}$ 引脚上出现正脉冲的宽度。已知晶振频率为 12MHz，将所测得的值的高位存入片内 61H 单元，低位存入 60H 单元。

解： 当门控位 GATE=1 时，只有 TR0=1 且 $\overline{\text{INT0}}$=1 时才能启动定时器/计数器 T0，因此可以利用这一特性测量 $\overline{\text{INT0}}$ 引脚上出现正脉冲的宽度。为此，设置 T0 为计时方式 1，并置 GATE=1。测试时，应在 $\overline{\text{INT0}}$ 为低电平时设置 TR0=1，当 $\overline{\text{INT0}}$ 变为高电平时，立即启动计数，当 $\overline{\text{INT0}}$ 再次变为低电平时，就停止计数，如图 5.7 所示。此计数值与机器周期的乘积即为被测正脉冲的宽度。

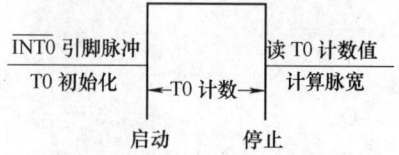

图 5.7 测量 $\overline{\text{INT0}}$ 引脚上正脉冲的宽度

程序如下：

```
        ORG     1000H
INTT0:  MOV     TMOD,   #09H    ；设 T0 定时方式 1,且 GATE=1
        MOV     TL0,    #00H    ；TH0,TL0 清零
        MOV     TH0,    #00H
        MOV     R0,     60H     ；设存储单元首地址
        CLR     EX0             ；关 INT0 中断
LOOP1:  JB      P3.2,   LOOP1   ；等待 INT0 变为低电平
        SETB    TR0             ；启动 T0 计数
LOOP2:  JNB     P3.2,   LOOP2   ；等待 INT0 变为高电平
LOOP3:  JB      P3.2,   LOOP3   ；等待 INT0 变为低电平
        CLR     TR0             ；停止计数
        MOV     @R0,    TL0     ；计数低字节值送 60H
        INC     R0
        MOV     @R0,    TH0     ；计数高字节值送 61H
        …                       ；计算脉宽和处理
```

5.5 实验与实训

5.5.1 用 C 语言实现定时器/计数器的编程

1. 实验目的

掌握定时器/计数器的使用，利用延时的方式输出方波。

2. 实验说明

单片机的定时器/计数器是可编程的，可以设定为对机器周期进行计数来实现定时功能，也可以设定为对外部脉冲计数来实现计数功能。有四种工作方式，使用时可根据具体情况选择其中的一种。单片机定时/计数器的初始化过程如下：

1）根据要求选择方式，确定方式控制字，写入方式控制寄存器 TMOD。

2）根据要求计算定时/计数器的计数值，再由计数值求得初值，写入初值寄存器。

3）根据需要开放定时/计数器中断（后面需编写中断服务程序）。

4）设置定时/计数器控制寄存器 TCON 的值，启动定时/计数器开始工作。

5）等待定时/计数时间到，则执行中断服务程序；如用查询处理则编写查询程序判断溢出标志，溢出标志等于 1，则进行相应处理。

通常利用定时器/计数器来产生周期性的波形。利用定时器/计数器产生周期性波形的基本思想是：利用定时器/计数器产生一定时间的周期性定时，定时时间到则对输出端进行相应的处理。例如产生周期性的方波只需定时时间到对输出端取反一次即可。不同的方式定时的最大值不同，如定时的时间很短，则选择方式 2。方式 2 形成周期性的定时不需重置初值；如定时比较长，则选择方式 0 或方式 1；如时间很长，则一个定时器/计数器不够用，这时可用两个定时器/计数器或一个定时器/计数器加软件计数的方法来实现。

3. 实验要求

设系统时钟频率为 12MHz，用定时/计数器 T0 编程实现从 P1.0 输出周期为 $500\mu s$ 的方波。

分析：从 P1.0 输出周期为 $500\mu s$ 的方波，只需 P1.0 每 $250\mu s$ 取反一次则可。当系统时钟为 12MHz，定时器/计数器 T0 工作于方式 2 时，最大的定时时间为 $256\mu s$，满足 $250\mu s$ 的定时要求，方式控制字应设定为 00000010B（02H）。系统时钟为 12MHz，定时 $250\mu s$，计数值 N 为 250，初值 $X = 256 - 250 = 6$，则 $TH0 = TL0 = 06H$。

4. 参考程序

采用中断处理方式的程序：

```
#include <reg51.h>
sbit p1_0=p1^0;
void main()
{
    TMOD=0x02;
    TH0=0x06;TL0=0x06;
    EA=1;ET0=1;
    TR0=1;
    while(1);
}
void time0_int(void)interrupt 1          //中断服务程序
{
    p1_0=! p1_0;
}
```

5. 思考题

采用查询方式处理的程序，如何编程。

5.5.2 用定时器/计数器实现软件"看门狗"的原理

1. 实验目的

1）掌握定时器初值的计算方法。

2）学习定时器的使用及采用查询与中断方式编程的方法。

3）掌握软件"看门狗"的设计方法。

2. 实验原理及内容

目前，一些新型的单片机内部都集成了"看门狗"（Watchdog，WDT）定时器，当单片机受到干扰导致程序"跑飞"或者进入"死循环"后，WDT将产生一个复位信号使单片机复位，从而恢复程序正常运行。

所谓"看门狗"技术就是利用一个WDT计数器不断计数来检测程序的运行，当WDT计数器运行后，应当定期对WDT计数器进行清"0"（俗称喂狗），否则计数器溢出后将在单片机复位引脚上产生复位信号，强制复位单片机。在单片机受到干扰出现"程序飞车"时，由于不能正常"喂狗"，导致WDT定时器溢出，复位单片机。这样CPU又从头（0000H处，即第一条指令地址）开始执行程序，摆脱程序"跑飞"或者"死循环"状态。这就是WDT定时器的工作原理。

事实上，一旦单片机程序"跑飞"，要想采用程序控制方法摆脱"死循环"，就只能通过中断才能暂停"死循环"程序的运行。尽管单片机内部没有WDT定时器，但是可以利用单片机内部集成的定时器/计数器模拟"看门狗"定时器功能。以下以T0为例来说明软件模拟"看门狗"的实现方法。将T0的中断优先级设置为高优先级，在其中断服务子程序中设置可以复位单片机的应用程序（软复位，本质是将单片机的PC值设置为0000H）。这样，当"程序飞车后"，由于没有及时"喂狗"，T0溢出后将产生中断，在中断服务子程序中复位单片机。

假设单片机外接的晶振频率为6MHz，程序中T0的溢出时间设置为100ms。那么，正常的"喂狗"时间不能超过100ms，否则将导致单片机复位。以下分别给出利用单片机T0实现软件"看门狗"功能的汇编语言和C语言参考程序。

3. 参考程序

（1）汇编语言源程序

```
        ORG     0000H
        AJMP    START
        ORG     000BH
        AJMP    DS0
START:  MOV     TMOD, #01H      ;设置 T0 工作方式
        MOV     TH0, #3CH       ;赋计数器初值
        MOV     TL0, #0B0H
        SETB    PT0             ;定义 T0 为高优先级
        SETB    ET0             ;开放相关中断
        SETB    EA
        SETB    TR0             ;启动 T0 工作
        ⋮                       ;执行其他程序,注意时间,需要及时喂狗
        LCALL   WDFOOD          ;执行喂狗程序,防止 T0 溢出复位单片机
        ⋮                       ;执行其他程序,注意时间,需要及时喂狗
DSO:    MOV     A, #00H         ;连续将两个 00H 入栈
```

```
        PUSH   ACC
        PUSH   ACC
        RETI                    ;执行 RETI 时,PC=0000H,从头开始执行程序
        MOV    TH0, #3CH        ;重新赋计数器初值,防止溢出
        MOV    TL0, #0B0H;
        SETB   TR0
        RET
```

（2）C 语言源程序

```
#INCLUDE<REG51.H>
Void Soft_Rst(void)
{
   ((void(code * )(void))0x0000)();   //令单片机从 0000H 地址处开始执行程序
}
Void WDT_RST()interrupt 1          //利用定时/计数器 T0 模拟"看门狗"
{
    Soft_Rst();                    //软件复位单片机
}
Void WDT_FOOD(void)
{   TR0=0;
    TH0=0x3C;                      // TH0 赋初值
    TL0=0XB0;                      // TL0 赋初值
    TR0=1;                         //启动 T0 计数
}
Main()
{   TMOD=0x01;                     //工作方式 1,定时工作模式
    PT0=1;                         //定义 T0 优先级为高优先级
    TH0=0x3C;                      // TH0 赋初值
    TL0=0XB0;                      // TL0 赋初值
    ET0=1;
    EA=1;                          //允许所有中断
    TR0=1
    …;                             //执行其他程序,时间不能过长,需要"喂狗"
    WDT_FOOD( );                   //执行"喂狗"程序
}
```

4. 思考题

（1）如何在实际中应用?

（2）如何优化软件"看门狗"程序?

5.5.3 单片机 LED 亮度控制系统设计

1. 实验目的

1) 掌握单片机定时器/计数器的使用和编程方法。

2) 掌握 LED 控制系统的设计方法和编程。

2. 实验原理及内容

LED 亮度的控制通常采用脉宽调制（Pulse Width Modulation，PWM）方法实现，原理为周期性改变光脉冲宽度（即占空比），只要脉冲的周期足够短（频率足够高），人眼是感觉不到 LED 在闪烁的，脉冲频率通常都在 50Hz 以上。

PWM 调制技术方法主要有定频调宽、定宽调频和调频调宽三种，定频调宽是保持脉冲信号的周期不变，通过控制高电平时间的方法来调节占空比；定宽调频是保持高电平的时间不变，改变脉冲周期（频率）的方法来实现的；调频调宽方法是同时改变脉冲信号的周期和高电平时间。由于单片机内部没有集成 PWM 控制器，因此要产生 PWM 信号就需要通过软件控制来实现，其中较为准确和方便的做法就是利用内部的定时器/计数器来实现。以 LED 亮度控制为例来说明单片机产生 PWM 信号的方法和原理。

（1）控制要求

利用单片机定时器/计数器产生 PWM 信号，实现 LED 亮度控制。可以通过一个按键调整亮度，每按一次键亮度增加 10%，到最大值时重新回到 10%占空比，周而复始，同时要求 LED 不出现闪烁现象。

（2）电路设计

电路设计相对比较简单，通常的方式就是利用一个晶体管来驱动 LED，利用单片机 P1.2 口控制晶体管的导通和关闭来实现 LED 亮度控制，单片机 LED 亮度控制电路如图 5.8 所示。

（3）程序设计

在程序设计上，可以采用定频调宽的方式，利用单片机的 T0 来控制脉冲的周期（频率），利用 T1 来控制脉冲高电平的时间。若单片机外接晶振频率为 12MHz，假设 PWM 信号的频率设置为 100MHz（周期 10ms），T0 工作在方式 1，可以计算出初值为 D8F0H。同时可以分别计算出占空比从 10%一直到 90%时对应的高电平时间，各占空比下的 T1 初始数据，如表 5.2 所示。根据数据分析可以得出，占空比每改变 10%，T1 的初值改变 03E8H。

表 5.2 各占空比下的 T1 初始数据表

占空比	10%	20%	30%	40%	50%	60%	70%	80%	90%
TH 初值	FCH	F8H	F4H	F0H	ECH	E8H	E4H	E0H	DCH
TL 初值	18H	30H	48H	60H	78H	90H	A8H	C0H	D8H

可以把 T0 和 T1 的工作方式都设置为方式 1，工作模式为定时。每按下一次键改变 T1 的初值，从而实现占空比的改变。改变初值的方法可以把上述数据做成表格，根据按键次数直接调用，也可以每按下一次键后直接计算，以下以计算的方式来说明。初始化时，令占空比为 10%，即初值为 FC18H，每按下一次键，初值减 03E8H。当减完后的值小于 DCD8H 时，又回到 FC18H。以下分别给出实现 LED 亮度调节的汇编语言和 C 语言源程序。

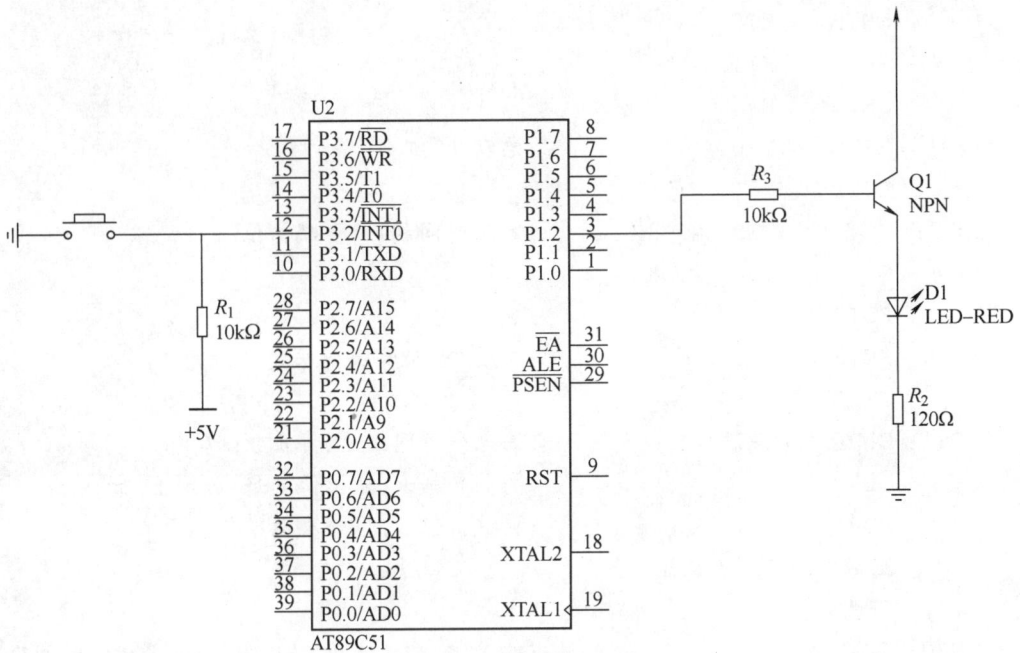

图 5.8 单片机 LED 亮度控制电路图

3. 参考程序

(1) 汇编语言源程序

```
          ORG    0000H
          AJMP   START
          ORG    0003H
          AJMP   WBO
          ORG    000BH
          AJMP   DSO
          ORG    001BH
          AJMP   DSI
START:    MOV    50H, #0FCH      ;初始化 T1 占空比为 10%的初值
          MOV    51H, #18H
          MOV    TMOD, #11H      ;设置 T0 和 T1 的工作方式均为方式 1
          MOV    TH0, #0D8H
          MOV    TL0, #0F0H      ;10ms 定时/计数器初值为:D8F0
          MOV    TH1, 50H        ;赋 T1 初值
          MOV    TL1, 51H
          SETB   IT0             ;设置 INT0 为边沿触发方式,防止由于干扰信
                                  号产生误触发
          SETB   EX0             ;开放相关中断
```

```
           SETB    ET0
           SETB    ET1
           SETB    EA
           SETB    TR0                 ;启动 T0 工作
           AJMP    $
    DS0:   MOV     TH0, #0D8H          ;定时时间到后,重赋初值
           MOV     TH0, #0D8H
           SETB    P1.2                ;点亮 LED
           SETB    TR1                 ;启动 T1 控制高电平持续时间
           RETI
    DS1:   CLR     TR1                 ;高电平时间到后,停止 T1 工作
           CLR     P1.2                ;高电平结束,输出低电平,关闭 LED
           MOV     TH1,50H             ;重赋初值,为下一次做准备
           MOV     TL1, 51H
           RETI
    WB0:   LCALL   JIAN                ;按 1 次,初值减少 03E8H,高电平持续时间延长
           RETI
    JIAN:  MOV     A, 50H              ;读取上次占空比,判断是否到了最大值
           CJNE    A, #0DCH, NEXT      ;不相等继续调制,即初值减 03E8H
           MOV     50H, #0FCH          ;到了最大值,回到最小值
           MOV     51H, #18H
           RET
    NEXT:  CLR     C                   ;实现 16 位初值减 03E8H 功能
           MOV     A, 51H
           SUBB    A, #0E8H            ;低位减 E8H
           MOV     51H,  A
           MOV     A, 50H
           SUBB    A, #03H             ;高位减 03H
           MOV     50H, A
           RET
           END
```

(2) C 语言程序

```
    #include "reg51.h"
    sbit led =0x92
    unsigned char TIME1TH=0xFC;        //设定 T1 初值,初始化占空比为 10%
    unsigned char TIME1TL=0x18;
    void exter0int(void) interrupt 0  //INT0 中断程序,完成初值减 03E8H
    {  unsigned int x;
```

```
        x = TIME1TH * 256 + TIME1TL;        //转成 16 位数据,方便下面判断
        if(x = =0xDCD8)
          {   TIME1TH=0xFC;                 //占空比到最大值,重新修改成 10%
              TIME1TL=0x18;
          }
        else
        {   x=x - 0x03E8;                    //否则完成一次 03E8H 操作
              TIME1TH=x/256;                 //转换成高低 8 位数据,分别修改 T1 初值
              TIME1TL=x%256;
          }
}
Void timer0int(void) interrupt 1          //10ms 定时程序,初值为 D8F0
{   TH0=0xD8;                              //重新装入设定 T0 初值
    TL0=0xF0;
    led=1;                                 //打开晶体管,LED 发光
    TR1=1;                                 //启动 T1 工作,控制高电平时间
}
Void timer1int(void) interrupt 3
{   TH1= TIME1TH;                          //重新装入 T1 初值
    TL0= TIME1TL;                          //定时时间到,高电平时间结束,关闭 LED
    led=0;                                 //关闭 T1 定时,等待下个周期重新打开
    TR1=0;
    }
main()
{   TMOD=0x11;                             //配置 T1 和 T0 的工作方式
    TH0=0xD8;                              //10ms 定时时间初值为 D8F0
    TL0=0xF0;
    TH1= TIME1TH;                          //T1 赋初值,初始值为 10%的占空比
    TL1= TIME1TL;
    IT0=1;                                 //设置 INT0 为边沿触发方式,以防止干扰
                                              信号产生的误触发
    EX0=1;                                 //开放相关中断
    ET0=1;
    ET1=1;
    EA=1;
    TR0=1;                                 //启动 T0 工作,进行 10ms 定时
    While(1)                               //等待中断
    {;}
}
```

4. 思考题

（1）如何实现多个灯流水闪烁？

（2）如何实现其他方式的闪烁？

本 章 小 结

在单片机内部有两个 16 位定时器/计数器 T0 和 T1，均可作为定时器或计数器使用。当它们对内部固定频率的机器周期进行计数时，称为定时器；当它们对外部事件计数时，称为计数器。具体由 TMOD 寄存器中 C/$\overline{\text{T}}$ 位的设置决定。

当设置 TCON 寄存器中的 TR1 或 TR0 为 1 时就启动了 T1 或 T0，当加 1 计数计满时，自动置位 TF1 或 TF0，从而发出中断请求，TF1 或 TF0 也可以作为查询标志。定时器/计数器有四种工作方式，只要对 TMOD 寄存器的相应位进行设置即可。当工作于方式 0 时，是 13 位定时器/计数器，当工作于方式 1 时，是 16 位定时器/计数器，当工作于方式 2 时，是可自动重装载的 8 位定时器/计数器，当工作于方式 3（只适用于 T0）时，变为两个 8 位的定时器/计数器，一般将 T1 用作串行口的波特率发生器时，T0 才工作在方式 3，以便于增加一个 8 位的定时器/计数器。

定时器/计数器往往不是从 0 开始加 1 计数，因此要设置初值。在本章的最后给出了实验与实训，以帮助读者深入了解定时器/计数器的使用和编程方法。

习 题

1. 填空题

（1）51 系列单片机定时器/计数器 T0 有____种工作方式，定时器/计数器 T1 有____种工作方式。

（2）在定时器工作在方式 0 时，如果系统晶振频率为 6MHz，则最大定时时间为____。

（3）若把系统晶振频率经 12 分频后得到的信号作为加法计数器的时钟脉冲，则定时器/计数器是工作在_____方式；若把芯片引脚 T0（P3.4）或 T1（P3.5）上输入的脉冲作为加法计数器的时钟脉冲，则定时器/计数器是工作在_____方式。

（4）51 系列单片机的定时器/计数器工作在方式 0 时，相当于____位计数器，工作于方式 1 时，相当于_____位计数器，工作在方式 2 时，相当于____位计数器。

（5）51 系列单片机的_____可作为串行接口的波特率发生器。

2. 选择题

（1）在下列寄存器中，与定时器/计数无关的是_____。

    A. TCON   B. TMOD   C. SCON   D. IE

（2）如果以查询方式进行定时应用，则应用程序中的初始化内容应包括_____。

    A. 系统复位、设置工作方式、设置计数初值

    B. 设置计数初值、设置中断方式、启动定时

    C. 设置工作方式、设置计数初值、打开中断

D. 设置计数初值、设置工作方式、禁止中断

（3）下列各组控制信号中，能启动定时器/计数器 T0 的是_____。

  A. GATE = 1，$\overline{INT0}$ = 1，TR0 = 1   B. GATE = 1，$\overline{INT0}$ = 0，TR0 = 1

  C. GATE = 0，TR0 = 0   D. GATE = 0，$\overline{INT0}$ = 1，TR0 = 1

（4）51 单片机的定时器 T1 工作于方式 0，系统晶振频率为 12MHz，现欲定时 1ms，则计数初值为_____。

  A. TH1 = 18H，TL1 = E0H   B. TH1 = E0H，TL1 = 18H

  C. TH1 = 18H，TL1 = 1CH   D. TH1 = 1CH，TL1 = 18H

（5）51 单片机系统晶振频率为 12MHz，现欲定时 10ms，若采用 T1 定时，则其需要工作于_____。

  A. 方式 0   B. 方式 1   C. 方式 2   D. 方式 3

3. 简答题

（1）51 系列单片机芯片内设有几个定时器/计数器？它们由哪些特殊功能寄存器组成？

（2）说明若要扩展定时器/计数器的最大定时时间，可采用哪些方法？例如单片机的晶振频率为 12MHz，要求定时 1s，试提出解决方案。

（3）51 系列单片机的定时器/计数器在什么情况下是定时器，什么情况下是计数器？

（4）定时器工作在方式 2 时有什么特点？适用于什么场合？

（5）在使用定时/计数器时，为什么不是从 0 开始定时或计数，而是要设定初值？

4. 设计题

（1）使用单片机芯片内定时器编写一个程序，从 P1.0 口输出 100Hz 的对称方波（f_{osc} = 12MHz）。试确定计数初值、寄存器 TMOD 的内容，并编写程序。

（2）使用定时器 T0 实现 50μs 的定时，试计算方式 0、1、2 下的初值，给出计算公式。

（3）设单片机的晶振频率为 6MHz，试利用定时器 T0 定时中断的方法，使 P1.0 输出周期为 500μs，占空比为 3∶2 的矩形脉冲。

（4）设计一个监测 P1.0 引脚电平状态的程序，要求每隔 1s 读一次 P1.0，如果所读的状态为"1"，则将芯片内 RAM 的 40H 单元内容加 1，如果所读的状态为"0"，则将芯片内 RAM 的 41H 单元内容加 1。设单片机的晶振频率为 12MHz。

（5）利用 T0 定时器工作于方式 1 下，在 P1.2 引脚上产生周期为 2s 占空比为 50% 的方波信号，设 f_{osc} = 6MHz。

第6章

51系列单片机的串行接口

教学提示

近年来由于硬件技术的进步，串行方式的传输速度有了很大幅度的提高，能够满足现代通信的要求，所以现在在远距离通信中，如果对传输速度要求不是很高，大都采用串行方式。这种方式在单片机应用系统中显得越来越重要。

学习目标

➢ 了解串行通信的方式。
➢ 理解串行接口的内部结构。
➢ 理解并掌握串行接口的使用方法。
➢ 理解并掌握串行接口的波特率设置、结构、控制和工作方式。
➢ 理解并掌握串行接口的波特率设计。

知识结构

本章知识结构如图6.1所示。

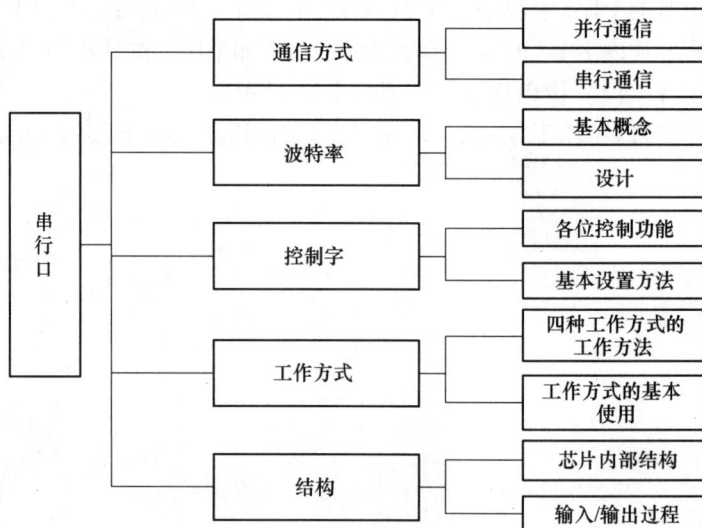

图6.1　本章知识结构

6.1 串行通信基础

6.1.1 通信方式

在实际应用中，不但计算机与外部设备之间常常要进行信息交换，而且计算机之间也需要交换信息，所有这些信息的交换均称为"通信"。

通信的基本方式分为并行通信和串行通信两种。

并行通信是构成1组数据的各位同时进行传送，例如8位数据或16位数据并行传送。其特点是传送速度快，但当距离较远、位数又多时导致了通信线路复杂且成本高。

串行通信是数据一位接一位地顺序传送。其特点是通信线路简单，只要一对传输线就可以实现通信（如电话线），从而大大地降低了成本，特别适用于远距离通信。缺点是传送速度慢。

两种通信方式的示意图如图6.2所示。由图6.2可知，假设并行传送N位数据所需时间为T，那么串行传输的时间至少为NT，实际上大于NT。

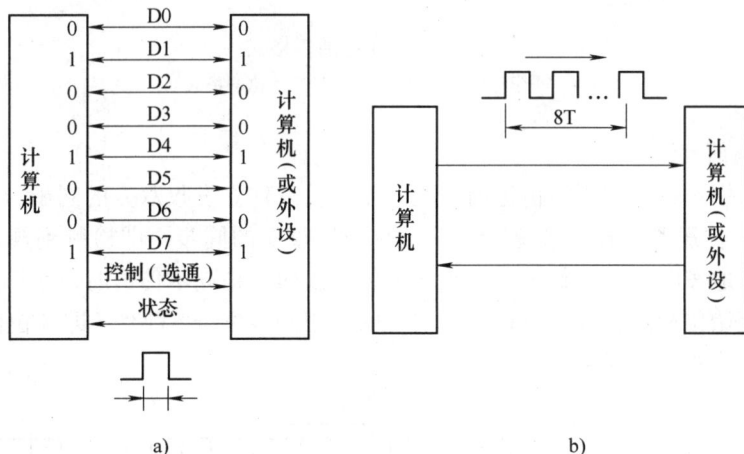

图6.2　通信的两种基本方式

a）并行通信　b）串行通信

6.1.2 串行通信方式

1. 串行通信的两种基本通信方式

（1）异步通信

在异步通信中，数据或字符是一帧一帧地传送的。帧定义为一个字符的完整的通信格式，一般也称为帧格式。在帧格式中，一个字符由4个部分组成：起始位、数据位、奇偶校验位和停止位。首先用一个起始位"0"表示字符的开始；然后是5~8位数据，规定低位在前，高位在后；接下来是奇偶校验位（该位可省略）；最后是一个停止位"1"，用以表示字符的结束，停止位可以是1位、1.5位、2位，不同的计算机规定有所不同。如图6.3所示。

由于异步通信每传送一帧有固定格式，通信双方只需按约定的帧格式来发送和接收数据，所以，硬件结构比较简单；此外，它还能利用奇偶校验位检测错误，因此，这种通信方式应用比较广泛。

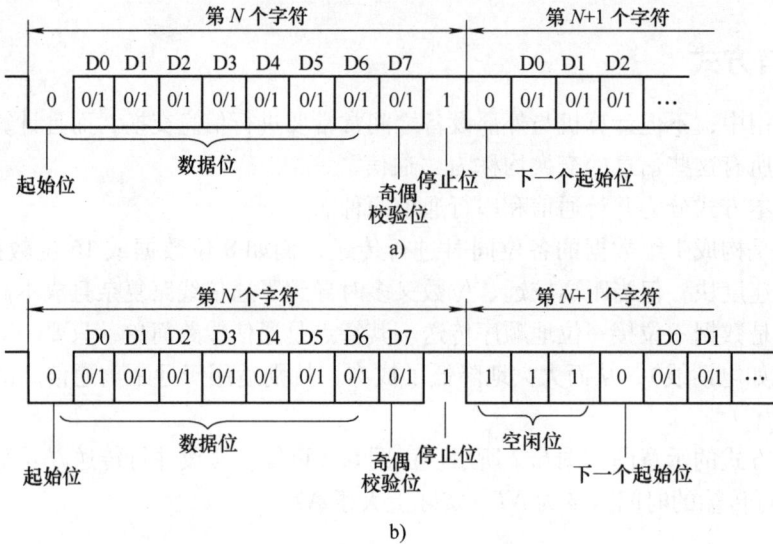

图 6.3　异步串行通信格式

a）不带空闲位的格式　b）带空闲位的格式

（2）同步通信

在同步通信中，数据在开始传送前需用同步字符来建立发收双方的同步，同步字符通常为 1~2 个，数据传送后由时钟系统实现发送端和接收端的同步，即检测到规定的同步字符后，就开始连续地按顺序传送数据，直到通信告一段落。在同步传送时，字符与字符之间没有间隙，不用起始位和停止位，仅在数据块开始时用同步字符 SYNC（即 8 位同步字符）来指示，同步传送格式如图 6.4 所示。

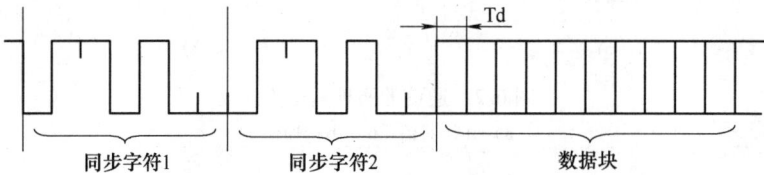

图 6.4　同步串行通信格式

在同步通信中，数据块传送不用设置字符的开始和结束标志，因而其速度高于异步传送，但这种通信方式对硬件的结构要求比较高。

2. 串行通信的传送方向

在串行通信中，数据是在两机之间进行传送的。按照数据传送的方向，串行通信可以分为单工方式、半双工方式和全双工方式。

（1）单工方式

单工方式的数据传送是单向的。如图 6.5a 所示，通信双方中一方固定为发送端，另一方固定为接收端。单工方式的串行通信，只需要一条数据线。

例如：计算机与打印机之间的串行通信就是单工制式，因为只能由计算机向打印机传递数据，而不可能有相反方向的数据传递。

（2）半双工方式

在半双工方式下，设备 A、B 之间只有一个通信回路，接收和发送不能同时进行，只能分时接收和发送，即在任一时刻只能由两机中的一方发送数据，另一方接收数据。因而两机之间只需一条数据线即可，如图 6.5b 所示。

（3）全双工方式

在全双工方式下，设备 A、B 之间的数据发送和接收可以同时进行，全双工方式的串行通信必须使用两根数据线，如图 6.5c 所示。不管哪种形式的串行通信，两机之间均应有公共地线。

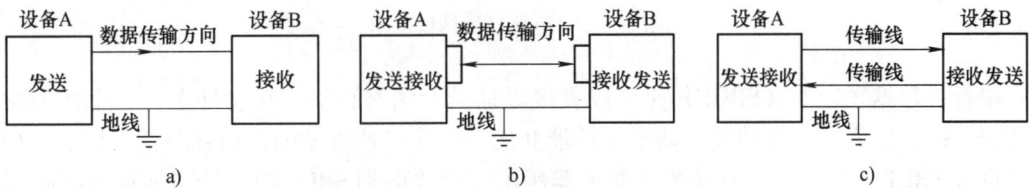

图 6.5　串行通信数据传送的三种方式

a）单工方式　b）半双工方式　c）全双工方式

6.1.3　波特率

传送速率是指数据传送的速度。在串行通信中，数据是按位进行传送的，因此传送速率用每秒钟传送数据的位数来表示，称之为波特率（baud）。例如数据传送速率是 120 个字符，每个字符由 1 个起始位、8 个数据位和 1 个停止位构成，则其传送波特率为

$$10 \times 120 = 1200 \text{baud}$$

异步通信的传送速度一般在 50～19200baud 之间，常用于计算机低速终端以及双机或多机之间的通信等。在波特率选定之后，对于设计者来说，就是如何得到能满足波特率要求的发送时钟脉冲和接收时钟脉冲。

6.2　串行接口的工作原理

对于单片机来说，为实现串行通信，在单片机内部都设计可串行口电路。51 系列单片机的串行接口是一个可编程的全双工串行通信接口，通过软件编程可以将其用作通用异步接收和发送器，也可以用作同步移位寄存器。其帧格式有 8 位、10 位和 11 位，并能设置各种波特率，使用灵活方便。

6.2.1　串行接口的结构

51 系列单片机的串行接口主要由两个数据缓冲器（SBUF）、一个输入移位寄存器、一个串行接口控制寄存器（SCON）、电源控制寄存器（PCON）和一个定时器 T1 等组成。其结构如图 6.6 所示。

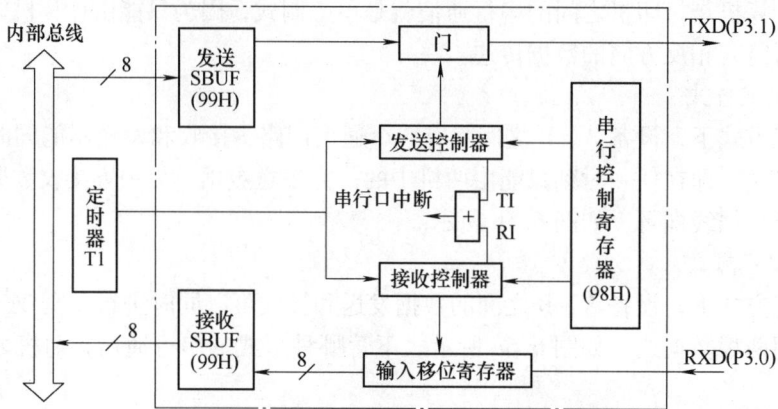

图 6.6 串行接口的结构框图

串行口数据缓冲器（SBUF）是可以直接寻址的专用寄存器。在物理上，一个作为发送缓冲器，一个作为接收缓冲器。两个缓冲器共用一个接口地址 99H，由读写信号区分，CPU 写数据到 SBUF 时，接口地址为发送缓冲器所用，读数据到 SBUF 时，接口地址为接收缓冲器所用。接收缓冲器是双缓冲结构，它是为了避免在接收下一帧数据之前，CPU 未能及时响应接收器的中断，导致没把上帧数据读走，而产生两帧数据重叠问题而设置的。对于发送缓冲器，为了保持最大传输速率，一般不需要双缓冲结构，这是因为发送时 CPU 是主动的，不会产生写重叠的问题。

特殊功能寄存器 SCON 用来存放串行口的控制和状态信息。T1 用作串行口的波特率发生器，其波特率是否增倍可由特殊功能寄存器 PCON 的最高位控制。

串行通信的过程如下：

1. 接收数据的过程

在进行通信时，当 CPU 允许接收时（即 SCON 的 REN 位置 1 时），外界数据通过引脚 RXD（P3.0）串行输入，数据的最低位首先进入输入移位器，一帧接收完毕再并行送入缓冲器 SBUF 中，同时将接收中断标志位 RI 置位，向 CPU 发出中断请求。CPU 响应中断后，并用软件将 RI 位的置位数清除同时读走输入的数据（MOV A，SBUF）。接着又开始下一帧的输入过程。重复直至所有数据接收完毕。

2. 发送数据的过程

CPU 要发送数据时，即将数据并行写入发送缓冲器 SBUF 中（MOV SBUF，A），同时启动，数据由 TXD（P3.1）引脚串行发送，当一帧数据发送完，即发送缓冲器空时，由硬件自动将发送中断标志位 TI 置位，向 CPU 发出中断请求。CPU 响应中断后，用软件将 TI 位的置位数清除，同时又将下一帧数据写入 SBUF 中，重复上述过程直到所有数据发送完毕。

6.2.2 串行接口的控制

51 系列单片机的串行接口是可编程接口，通过对两个特殊功能寄存器 SCON 和 PCON 的初始化编程，可以实现对串行接口的控制。

1. 串行接口控制寄存器（SCON）

SCON 是一个可位寻址的专用寄存器，用于对串行数据通信的控制。其单元地址为

98H，位地址为 98H~9FH。其内容及位地址如表 6.1 所示。

表 6.1　串行口寄存器 SCON 各位

位　序	D7	D6	D5	D4	D3	D2	D1	D0
位地址	9FH	9EH	9DH	9CH	9BH	9AH	99H	98H
位　名	SM0	SM1	SM2	REN	TB8	RB8	TI	RI

SM0、SM1 是串行接口工作方式选择位。其状态组合所对应的工作方式如表 6.2 所示。

表 6.2　串行口工作方式

SM0	SM1	工作方式	功　　　能	波特率
0	0	方式 0	移位寄存器方式，用于并行 I/O 接口扩展	$f_{osc}/12$
0	1	方式 1	8 位通用异步接收器/发送器	可变
1	0	方式 2	9 位通用异步接收器/发送器	$f_{osc}/32$ 或 $f_{osc}/64$
1	1	方式 3	9 位通用异步接收器/发送器	可变

SM2：多机通信控制位。因多机通信是在方式 2 和方式 3 下进行的，因此 SM2 主要用于方式 2 和方式 3。当串行接口以方式 2 或方式 3 接收数据时，若 SM2=1，只有当接收到的第 9 位数据（RB8）为 1，才将接收到的前 8 位数据送入 SBUF，并置接收中断标志（RI=1），产生中断请求；否则，将接收到的前 8 位数据丢弃。而当 SM2=0 时，则不论第 9 位数据（RB8）为 0 还是 1，都将前 8 位数据装入 SBUF 中，并产生中断请求。在方式 0 中，SM2 必须为 0。

REN：接收"使能"位。REN 位用于对串行口数据的接收与否进行控制，该位由软件置位或清除。当 REN=0 时，禁止接收；REN=1 时，允许接收。

TB8：发送数据的第 9 位。在方式 2 和方式 3 中，根据需要由软件进行置位和复位。在双机通信时该位可作为奇偶校验位；在多机通信中可作为区别地址帧或数据帧的标识位。一般约定 TB8=1 时为地址帧，TB8=0 时为数据帧。

RB8：接收数据的第 9 位。在方式 2 和方式 3 中，RB8 存放接收到的第 9 位数据。其功能类似于 TB8（例如，可能是奇偶位，或是地址/数据帧标识）。

TI：发送中断标志位。在方式 0 中，发送完 8 位数据后，由硬件置位；在其他方式中，在发送停止位之前由硬件置位。当 TI=1 时，表示帧发送结束，其状态既可申请中断，也可供软件查询使用。TI 位必须由软件清零。

RI：接收中断标志位。在方式 0 时，接收完 8 位数据后，由硬件置位；在其他方式中，在接收到停止位时由硬件置位。当 RI=1 时，表示帧接收结束，其状态既可申请中断，也可供软件查询使用。RI 位必须由软件清零。

2. 电源控制寄存器（PCON）

PCON 主要是为 CHMOS 型单片机的电源控制而设的专用寄存器，单元地址为 87H，其格式如下：

位序	D7	D6	D5	D4	D3	D2	D1	D0
位名	SMOD	/	/	/	GF1	GF0	PD	IDL

在 CHMOS 单片机中，该寄存器中除最高位之外，其他位都是虚设的。最高位 SMOD 是串行接口波特率倍增位。当 SMOD＝1 时，串行接口波特率加倍。当系统复位时，SMOD＝0。

6.2.3　串行接口的 4 种工作方式

1. 方式 0

在工作方式 0 下，SBUF 作为同步移位寄存器，其波特率是固定的，为 f_{osc}（振荡频率）的 1/12。数据由芯片的 RXD/P3.0 引脚进行发送和接收，移位同步脉冲由 TXD/P3.1 引脚输出。发送/接收的是 8 位数据。低位在先，顺序发送。帧格式如下：

…	D0	D1	D2	D3	D4	D5	D6	D7	…

在方式 0 中，由于 SCON 的 SM2、RB8 和 T8 不用，均置成 0。串行接口方式 0 的结构如图 6.7 所示。

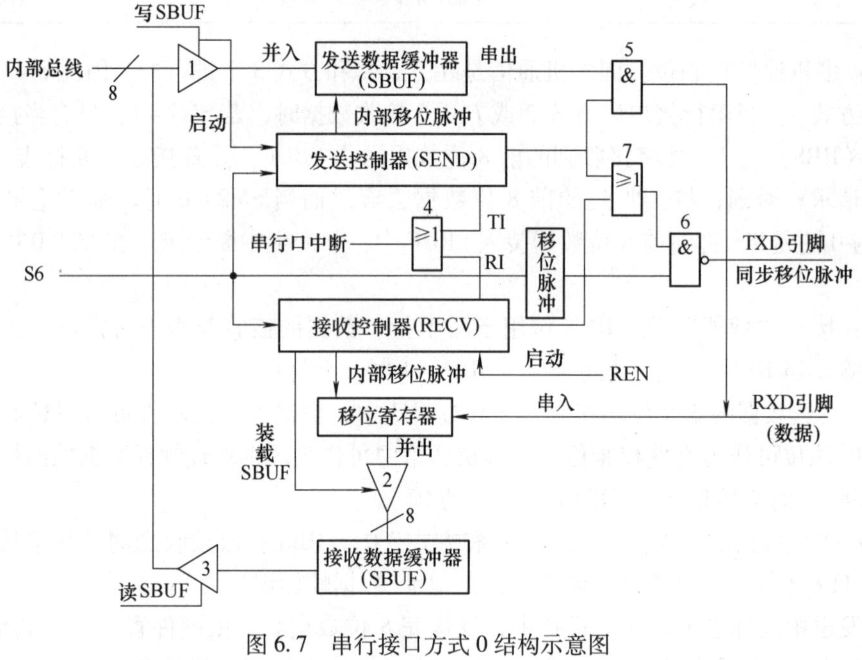

图 6.7　串行接口方式 0 结构示意图

当 CPU 执行一条写数据到 SBUF 的指令，如 MOV SBUF，A，就启动了发送过程。指令执行期间，写数据到 SBUF 的指令打开三态门 1，将内部总线送来的 8 位并行数据写入发送数据缓冲器（SBUF）中。写信号同时启动发送控制器（SEND）。经过一个机器周期，发送控制器（SEND）有效（高电平），打开门 5，允许 RXD 引脚发送数据，同时打开门 6，允许 TXD 引脚输出同步移位脉冲。在时钟信号 S6 触发产生的内部移位脉冲作用下，发送数据缓冲器中的数据逐位串行输出。每一个机器周期从 RXD 上发送一位数据，故波特率为 f_{osc}/12。S6 同时形成同步移位脉冲，从 TXD 上输出。8 位数据（一帧）发送完毕后，发送控制器（SEND）恢复低电平状态，停止发送数据，且发送控制器硬件置发送中断标志 TI=1，向 CPU 申请中断。CPU 响应中断后，先用软件将 TI 清零，并再次执行写 SBUF 指令。发送时，SBUF（发）相当于一个并入串出的移位寄存器。

接收过程是在 RI=0，REN(SCON.4) 置 1 的条件下启动的。此时 RXD 为串行数据接收端，TXD 依然输出同步移位脉冲。

REN 置 1 启动接收控制器。经过一个机器周期，接收控制器（RECV）有效（高电平），打开门 6，允许 TXD 输出同步移位脉冲。该脉冲控制外接芯片逐位输入数据，波特率为 f_{osc}/12。在内部移位脉冲作用下，RXD 上的串行数据逐位移入移位寄存器。当 8 位数据（一帧）全部移入移位寄存器后，接收控制器使 RECV 失效，停止输出移位脉冲，并发出装载 SBUF 信号，三态门 2 导通，8 位数据并行传入接收缓冲器 SBUF（收）中保存。与此同时，接收控制器硬件置接收中断标志 RI=1，向 CPU 申请中断。CPU 响应中断后，用软件使 RI=0，使移位寄存器开始接收下一帧信息，然后通过读接收缓冲器的指令，例如 MOV A，SBUF，在执行这条指令时，CPU 发出的读 SBUF 信号打开三态门 3，数据经内部总线进入 CPU。此时，SBUF（收）相当于一个串入并出的移位寄存器。

串行接口工作在方式 0 时，并非是一个同步通信方式。它的主要用途是与外部同步移位寄存器（如 CD4094 或 CD4014 等）连接，达到扩展并行接口的目的。例如将串行接口作为并行输出口使用时，可采用如图 6.8 所示的方法。

2. 方式 1

在方式 1 时，串行接口被设置为波特率可变的 8 位异步通信接口。其波特率取决于定时器 T1 的溢出率和特殊功能寄存器 PCON 中 SMOD 的值，即方式 1 的波特率 =

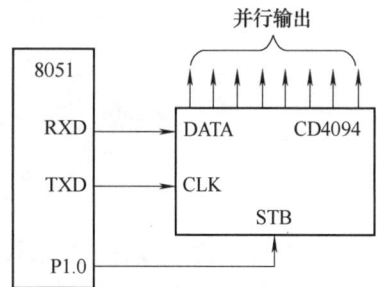

图 6.8　串行转换为并行

$(2^{SMOD}/32)\times$定时器 T1 的溢出率。引脚 TXD/P3.1 发送数据、RXD/P3.0 接收数据，为全双工接收/发送方式。其结构如图 6.9 所示。在方式 1 时，发送/接收一帧信息共 10 位：1 位起始位（0）、8 位数据位（$D_0 \sim D_7$）和 1 位停止位（1）。帧格式如下：

当 CPU 执行一条写数据到 SBUF 的指令时便启动了串行接口发送过程，在指令执行期间，CPU 发出的写数据到 SBUF 的指令将并行数据送入 SBUF，同时通知发送控制器启动发送过程。发送控制器在发送时钟的作用下自动在发送字符前添加起始位，发送控制器的控制端$\overline{SEND}$、DATA 相继有效，通过输出控制门从 TXD 上逐位输出数据。写数据到 SBUF 的同时将 1 装入发送移位寄存器的第 9 位（D 触发器），即停止位自动插入 1，一帧信息发送完毕后，$\overline{SEND}$、DATA 失效，发送控制器硬件置发送中断标志 TI=1，向 CPU 申请中断。

当允许接收控制位 REN=1 和 RI=0 时，就启动了接收过程，位检测器以所选波特率的 16 倍速率采样 RXD 引脚上的电平。当采样到从 1 到 0 的负跳变时，启动接收控制器接收数据。由于发送、接受双方各自使用自己的时钟，两者的频率总有少许差异。为了避免不同步带来的影响，接收控制器将 1 位的传送时间分成 16 等份，位检测器在 7、8、9 三个状态，也就是在信号中央采样 RXD 三次。而且，三次采样中至少有两次相同的值才被确认为数据，

| 起始 | D0 | D1 | D2 | D3 | D4 | D5 | D6 | D7 | 停止 |

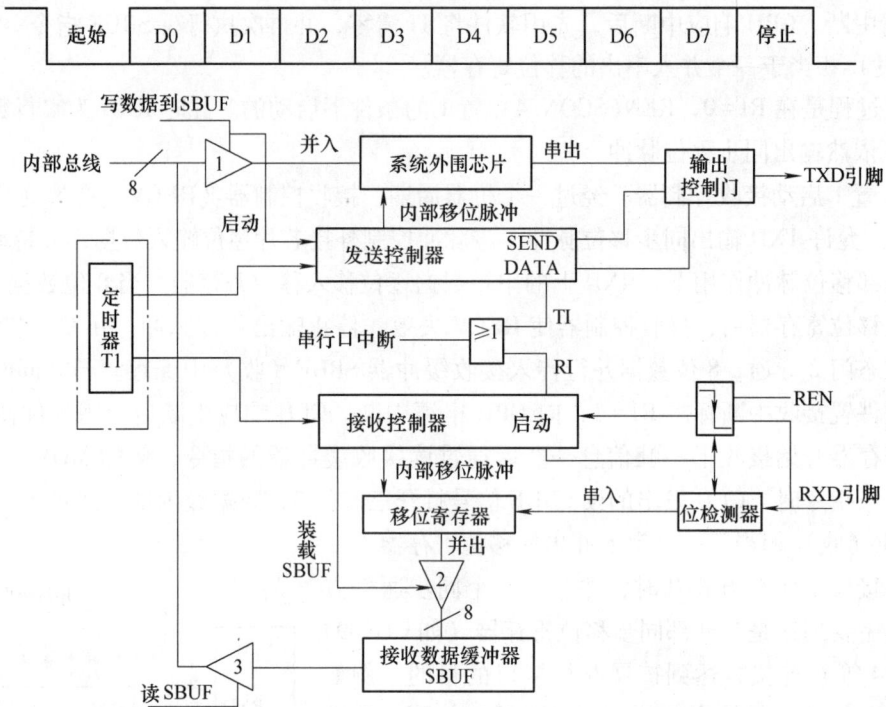

图 6.9　串行接口方式 1、2、3 结构示意图

这是为了减少干扰的影响。如果接收到的起始位的值不是 0，则起始位无效，复位接收电路；如果起始位为 0，则开始接收本帧其他各位数据。接收控制器发出内部移位脉冲将 RXD 上的数据逐位移入移位寄存器，当 8 位数据及停止位全部移入后，根据以下状态，进行相应操作。

1）如果 RI=0、SM2=0，接收控制器发出装载数据到 SBUF 的指令，将 8 位数据装入接收数据缓冲器 SBUF 中，停止位装入 RB8，并将 RI 置 1，向 CPU 申请中断。

2）如果 RI=0、SM2=1，那么只有停止位为 1 才发生上述操作。

3）如果 RI=0、SM2=1 且停止位为 0，所接收的数据不装入 SBUF，数据将丢失。

4）如果 RI=1，则所接收的数据在任何情况下都不装入 SBUF，即数据丢失。

无论出现哪一种情况，位检测器将继续采样 RXD 引脚的负跳变，以便接收下一帧信息。

3. 方式 2

当串行接口工作于方式 2 时，被定义为 9 位异步通信接口。发送数据由 TXD（P3.1）引脚输出，接收数据由 RXD（P3.0）引脚引入，其结构如图 6.9 所示。其发送/接收一帧信息为 11 位，其中 1 位起始位（0）、8 位数据位（先低位后高位）、1 位可编程位（1 或 0）、1 位停止位。帧格式如下。

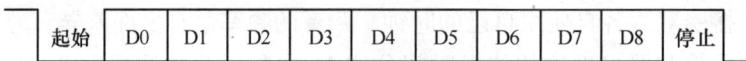

| 起始 | D0 | D1 | D2 | D3 | D4 | D5 | D6 | D7 | D8 | 停止 |

方式 2 的波特率 $=(2^{SMOD}/64)\times f_{osc}$，可编程位数值取决于 SCON 中的 TB8，它可由软件置

位或清零，在实际应用中该位可作为多机通信中地址/数据信息的标志位，也可作为数据通信的奇偶校验位。下面是一个实际的以 TB8 作为奇偶校验位的发送中断服务程序，R0 中存放着发送数据区起始地址。

```
PIPL: PUSH  PSW            ;保护现场
      PUSH  A
      CLR   TI             ;清发送中断标志
      MOV   A, @ R0        ;取数据
      MOV   C, P           ;奇偶位送 C
      MOV   TB8, C         ;奇偶位送 TB8
      MOV   SBUF, A        ;数据写入发送缓冲器,启动发送
      INC   R0             ;数据指针加 1
      POP   A              ;恢复现场
      POP   PSW
      RETI                 ;中断返回
```

4. 方式 3

方式 3 为波特率可变的 9 位异步通信方式，除了波特率有所区别之外，其余方式都与方式 2 相同。方式 3 的波特率 $= (2^{SMOD}/32) \times$ 定时器 T1 的溢出率。

方式 2 与方式 3 都是 9 位异步通信接口，发送或接收一帧 11 位的信息。方式 2 与方式 3 的不同之处是波特率，方式 2 的波特率与振荡器频率有关，为 $f_{osc}/32(SMOD=1$ 时) 或 $f_{osc}/64$ ($SMOD=0$ 时)，而方式 3 的波特率由定时器/计数器 T1 及 SMOD 决定。

在方式 2、方式 3 时，发送、接收数据的过程与方式 1 基本相同，不同的是对第 9 位数据的处理上。在方式 3 下，当发送数据时，第 9 位数据由 SCON 中的 TB8 提供；在接收数据时，当第 9 位数据移入移位寄存器后，将 8 位数据装入 SBUF，第 9 位数据装入 SCON 中的 RB8。

串行接口工作方式的比较如表 6.3 所示。

表 6.3　串行接口工作方式比较

特性 方式	引脚功能	一帧数据格式	波特率	应　用
方式 0 8 位移位寄存器输入/输出方式	TXD 引脚输出 $f_{osc}/12$ 频率的同步脉冲 RXD 引脚作为数据输入、输出端	8 位数据	波特率固定为 $f_{osc}/12$	常用于扩展 I/O 接口
方式 1 10 位异步通信方式，波特率可变	TXD 数据输出端 RXD 数据输入端	10 位数据，包括: 一个起始位 0 8 个数据位 1 个停止位 1	波特率可变，取决于 T1 的溢出率和 PCON 中的 SMOD 波特率 $= (2^{SMOD}/32) \times$ T1 的溢出率 $= (2^{SMOD}/32) \times f_{osc}/[12 \times (256-X)]$	常用于双机通信

（续）

特性 方式	引脚功能	一帧数据格式	波特率	应　用
方式 2 11 位异步通信方式，波特率固定	TXD 数据输出端 RXD 数据输入端	11 位数据，包括：1 个起始位 0 9 个数据位 1 个停止位 1	波特率固定为 $(2^{SMOD}/64) \times f_{osc}$	多用于多机通信
方式 3 11 位异步通信方式，波特率可变	TXD 数据输出端 RXD 数据输入端	发送的第 9 位数据由 SCON 的 TB8 提供 接收的第 9 位数据存入 SCON 的 RB8 中	波特率可变，取决于 T1 的溢出率和 PCON 中的 SMOD 波特率 = $(2^{SMOD}/32) \times$ T1 的溢出率 = $(2^{SMOD}/32) \times f_{osc}/[12 \times (256 - X)]$	多用于多机通信

6.2.4　波特率设计

在串行通信中，收发双方对发送或接收的数据速率（（即波特率）要有一定的约定。通过软件对串行接口编程可约定为 4 种工作方式，其中方式 0 和方式 2 的波特率是固定的，而方式 1 和方式 3 的波特率是可变的，由定时器 T1 的溢出率来控制。

对于方式 0，波特率是固定的，为单片机时钟的 1/12，即 $f_{osc}/12$。

对于方式 2，波特率有两种可供选择，即 $f_{osc}/32$ 和 $f_{osc}/64$。对应于以下公式：

$$\text{波特率} = f_{osc} \times 2^{SMOD}/64 \tag{6-1}$$

用户通过对 PCON 中的 SMOD 位的设置来确定波特率值。

对于方式 1 和方式 3，波特率都由定时器 T1 的溢出率来决定，对应于以下公式：

$$\text{波特率} = (2^{SMOD}/32) \times \text{定时器 T1 的溢出率} \tag{6-2}$$

式中，T1 的溢出率取决于计数速率和定时器的预置值。计数速率与 TMOD 寄存器中的 $C/\overline{T}$ 位的状态有关。当 $C/\overline{T}=0$ 时，计数速率 = $f_{osc}/12$；当 $C/\overline{T}=1$ 时，计数速率取决于外部输入的时钟频率。

当定时器 T1 作波特率发生器使用时，通常选用自动重新装载方式，即工作方式 2。在工作方式 2 下，TL1 作为计数器，而自动重新装入的初值放在 TH1 中。假设计数初值为 X，那么每过 "256−X" 个机器周期，定时器 T1 就会产生一次溢出。为了避免因溢出而引起中断，此时应禁止 T1 中断。这时 T1 的溢出周期是

$$T = (256 - X) \times \frac{12}{f_{osc}} \tag{6-3}$$

溢出率为溢出周期的倒数，所以有

$$\text{波特率} = \frac{2^{SMOD}}{(256 - X) \times 32} \times \frac{f_{osc}}{12} \tag{6-4}$$

此时定时器 1 在工作方式 2 时的初始值为

$$X = 256 - \frac{SMOD + 1}{384 \times \text{波特率}} \times f_{osc} \tag{6-5}$$

表 6.4 列出了各种常用的波特率及其初值。

表 6.4 常用波特率及其参数选择

波特率（baud）	f_{osc}/MHz	SMOD	定时器 T1		
			C/$\overline{T}$	模式	初值
方式 0：1×10^6	12	×	×	×	×
方式 2：37500	12	1	×	×	×
方式 1/3：62500	12	1	0	2	FFH
方式 1/3：19200	11.0592	1	0	2	FDH
9600	11.0592	0	0	2	FDH
4800	11.0592	0	0	2	FAH
2400	11.0592	0	0	2	F4H
1200	11.0592	0	0	2	E8H
110	6	0	0	2	72H
110	12	0	0	1	FFE8H

【**例 6-1**】 设单片机的振荡频率为 11.0592MHz，选用定时器 T1、工作方式 2 作为串行接口的波特率发生器，求定时器的初值，使波特率为 2400baud。

解：设波特率倍增位 $SMOD = 0$，则初值为

$$X = 256 - \frac{SMOD + 1}{384 \times 波特率} \times f_{osc} = 256 - \frac{1}{384 \times 2400} \times 11.0592 \times 10^6 = 244 = \text{F4H}$$

6.3 串行接口应用举例

通过对串行接口的 SCON 控制寄存器编程可以选择 4 种工作方式，各种方式使用方法分述如下。

6.3.1 方式 0 应用

51 单片机串行接口定义为方式 0 时为同步移位寄存器式输入/输出接口，8 位数据可以 RXD(P3.0) 引脚输入/输出，由 TXD（P3.1）引脚输出移位时钟使系统同步，波特率固定为 f_{osc}/12。即每一个机器周期输出或输入 1 位数据。

1. 方式 0 发送

以图 6.10 为例说明串行接口在方式 0 下发送数据的基本连线方法、工作时序（只画出了 RXD、TXD 的波形）以及基本软件的编程方法。

如图 6.10 所示，采用一个 74LS164 串入并出移位寄存器，8051 串行接口的数据通过 RXD 引脚加到 74LS164 的输入端，8051 串行接口的输出移位时钟通过 TXD 引脚加到 74LS164 的时钟端。使用一条 I/O 线（P1.0）控制 74LS164 的 CLR 选通端（也可以将 74LS164 的选通端直接接高电平）。

根据以上硬件的连接方法，对串行接口在方式 0 下发送数据的过程编程如下：

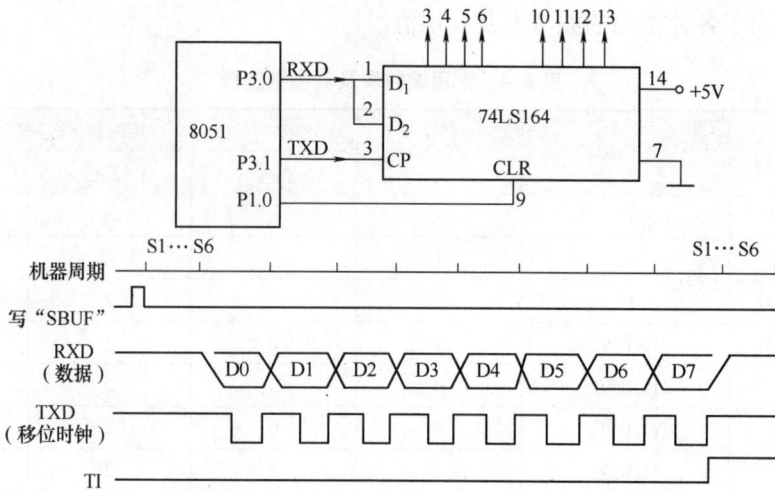

图 6.10 方式 0 发送连线及时序

```
         MOV    SCON, #00H    ;选方式 0
         SETB   P1.0          ;选通 74LS164
         MOV    A, #DATA      ;置要发送的数据
         MOV    SBUF, A       ;数据写入 SBUF 并启动发送
WAIT:    JNB    TI, WAIT      ;1 个字节数据发送完了吗?
         CLR    TI            ;清除 TI 中断标志
         CLR    P1.0          ;关闭 74LS164 选通端
```

若还要继续发送新的数据,只要使程序返回到第二条指令即可。

2. 方式 0 接收

方式 0 接收,以图 6.11 为例说明串行接口在方式 0 下的基本连线方法、工作时序及编程方法。

如图 6.11 所示,采用一个 74LS165 8 位并入串出移位寄存器,74LS165 的串行输出数据

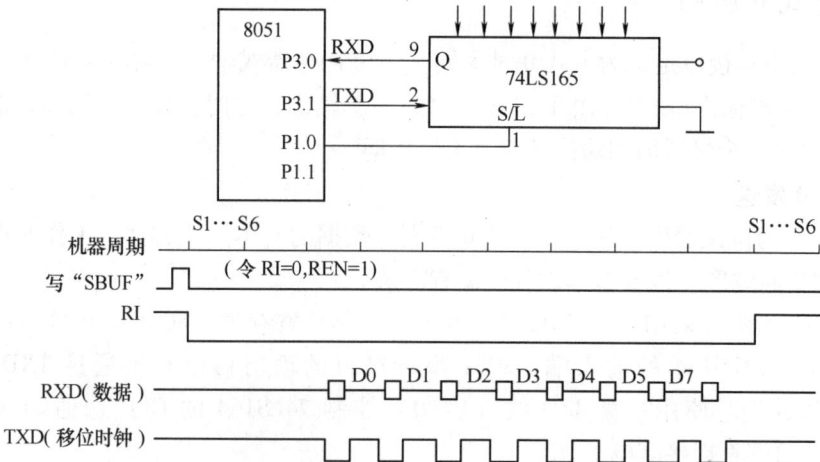

图 6.11 方式 0 接收连线及时序

接到 8051 的 RXD 端作为串行接口的数据输入，而 74LS165 的移位时钟仍由 8051 的串行接口的 TXD 端提供。端口线 P1.0 作为 74LS165 的接收和移位控制端 S/$\overline{\text{L}}$，当 S/$\overline{\text{L}}$=0 时，允许 74LS165 置入并行数据，当 S/$\overline{\text{L}}$=1 时允许 74LS165 串行移位输出数据。当编程选择串行接口在方式 0 下，并将 SCON 的 REN 位置位允许接收时，就可开始一个数据的接收过程。根据以上硬件的连接方法，对串行接口在方式 0 下接收数据过程编程如下：

```
        MOV     R0, #50H        ; R0 作片内 RAM 地址指针
        MOV     R7, #02H        ; 接收字节计数
RQ: CLR     P1.0            ; 允许置入并行数据
        SETB    P1.0            ; 允许串行移位
        MOV     SCON, #10H      ; 设置方式 0 下的串行接口，开放接收允许
        JNB     RI, $           ; 等待接收一帧数据
        CLR     RI              ; 清 RI 中断标志
        MOV     A, SBUF         ; 读 SBUF
        MOV     @R0, A          ; 存入芯片内 RAM 中
        INC     R0
        DJNZ    R7, RQ          ; 所有字节未接收完循环
        ...
```

6.3.2 方式 1 应用

当串行接口定义为方式 1 时，可作为异步通信接口，一帧为 10 位：1 个起始位、8 个数据位、1 个停止位。波特率可以改变，由 SMOD 位和 T1 的溢出率决定。串行接口在方式 1 下的发送/接收时序如图 6.12 所示。

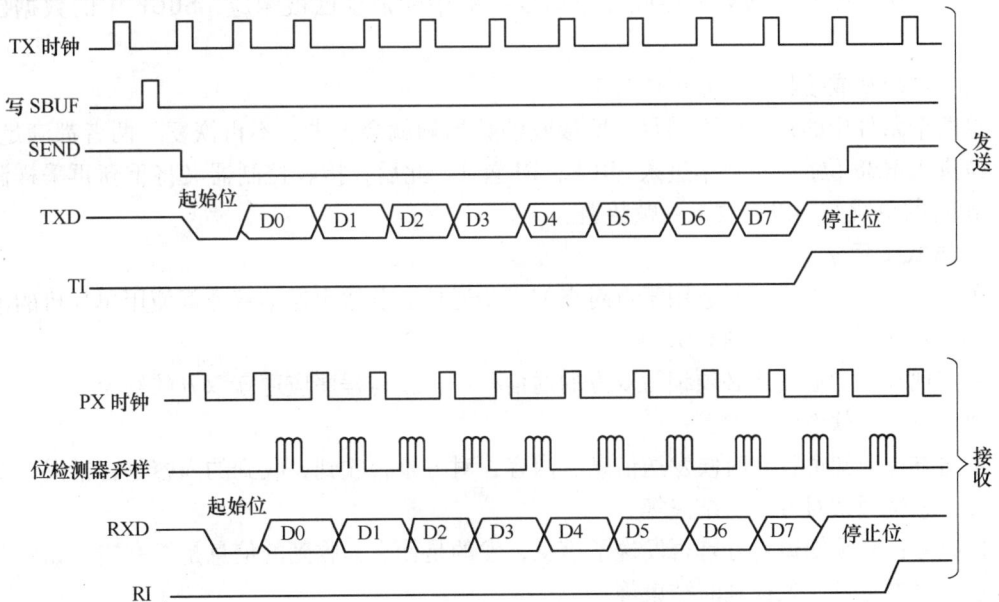

图 6.12 方式 1 发送/接收时序

1. 发送时序

任何一条"写入SBUF"指令都可启动一次发送。使发送控制器的$\overline{SEND}$（送数）端有效即$\overline{SEND}=0$，同时自动添加一个起始位向TXD端输出，首先发送一个起始位0。此后每经过一个时钟周期产生一个移位脉冲，并且由TXD输出一个数据位，当8位数据全部输送完后，使TI置1，可申请中断，置TXD=1作为停止位，再经一个时钟周期撤销$\overline{SEND}$信号。

2. 接收时序

方式1是靠检测RXD来判断什么时候开始接收的，CPU不断采样RXD，采样速率为波特率的16倍。一旦采样到RXD由1至0的负跳变时，16分频器立刻复位，启动一次接收。同时接收控制器把1FFH（9个1）写入移位寄存器（9位）。计数器复位的目的是：使计数器满度翻转的时刻恰好与输入位的边沿对准。

计数器的16个状态把每一位的时间分为16等份，在第7、8、9状态时，位检测器对RXD端采样，这3个状态理论上对应于每一位的中央段，若发送端与接收端的波特率有差异，就会发生偏移，只要这种差异在允许范围内，就不至于产生错位或漏码。在上述3个状态下，取得3个采样值，用3取2的表决方法获得传送数据位，即3个采样值中至少有2个值是一致的，这种一致的值才被接收。如果所接收的第一位不是0，说明它不是一帧数据的起始位，该位被放弃，接收电路被复位，再重新对RXD进行上述采样过程。若起始位有效即为0时，则被移入输入移位寄存器，并开始接收这一帧中的其他位。当数据位逐一由移位寄存器的低位移入时，原先装在移位寄存器内的9个1逐位由高位移出，当起始位0移到最高位时，就通知接收控制器进行最后一次移位，并把移位寄存器9位内容中的8位数据并行装入SBUF（8位）；第9位则置入RB8（SCON.2）位，并将RI置1，向CPU申请中断。

串行移位寄存器接收到一帧数据时，装入SBUF和RB8位以及RI置位的信号，只有在产生最后一个移位脉冲时，同时满足以下两个条件才会产生：

1）RI=0，即上一帧数据接收完成后发出的中断请求已被响应，SBUF中的数据已被取走。

2）SM2=0或接收到的停止位为1。

这两个条件中的任一个不满足，所接收的数据帧就会丢失，不再恢复。两者都满足时，停止位进入RB8位，8位数据进入SBUF，RI置1。此后，接收控制器又将重新再采样测试RXD出现的负跳变，以接收下一帧数据。

3. 方式1用法

串行接口定为方式1时适用于点对点的异步通信。若假定通信双方都使用单片机的串行接口。两者的硬件连接如图6.13所示。

要实现双方的通信还必须编写双方的通信程序，编写程序应遵守双方的约定。

通信双方的软件约定如下：

发送方：应知道什么时候发送信息、内容，对方是否收到，收到的内容是否错误，要不要重发，怎样通知对方发送结束等。

接收方：必须知道对方是否发送了信息，发的是什么，收到的信息是否有错，如果有错怎样通知对方重发，怎样判断结束等。

这些约定必须在编程之前确定下来，这种约定叫作"规程"或"协议"。发送和接收双

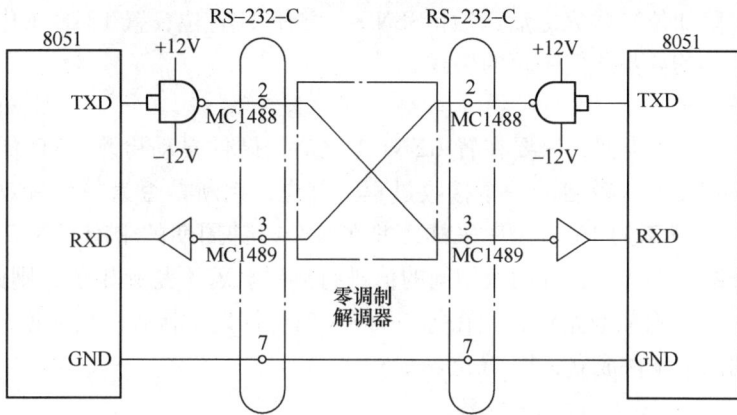

图 6.13　点对点的异步通信连接

方的数据帧格式、波特率等必须一致。按这些协议可以编写出程序。

6.3.3　方式 2 和方式 3 的应用

　　串行接口定义为方式 2 和方式 3 时除了波特率规定不同之外，其他的性能完全一样，都是 11 位的帧格式。方式 2 的波特率只有 $f_{osc}/32$ 和 $f_{osc}/64$ 两种，而方式 3 的波特率是可变的，前面已述。

　　串行接口在方式 2 和方式 3 下的发送/接收时序如图 6.14 所示。

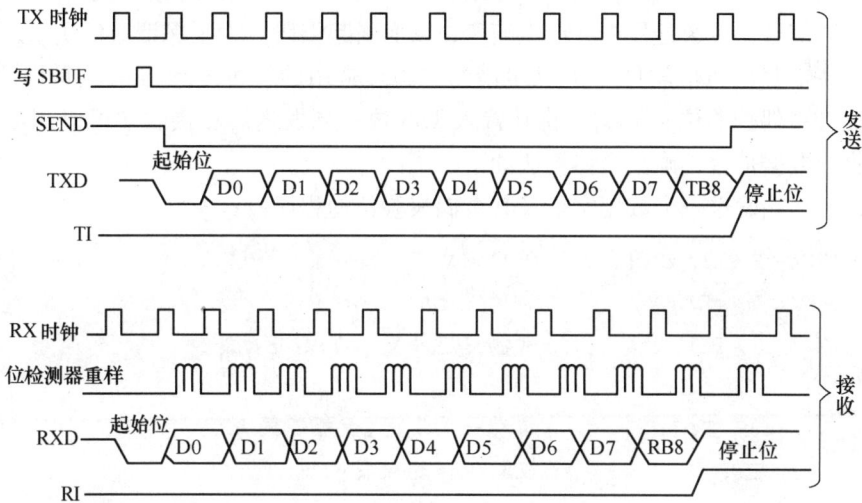

图 6.14　方式 2、方式 3 的发送/接收时序

　　方式 2、方式 3 的发送/接收时序与方式 1 相比主要区别在第 9 个数据位上。

1. 发送时序

　　任何一条"写入 SBUF"指令都可启动一次发送，并把 TB8 的内容装入发送寄存器的第 9 位，使 $\overline{\text{SEND}}$ 信号有效，发送开始。在发送过程中，先自动添加起始位放入 TXD，然后每经过一个 TX 时钟（由波特率决定）产生一个移位脉冲，并由 TXD 输出一个数据位。当最后一个数据位（附加位）送完之后，撤销$\overline{SEND}$，并使 TI 置位，置 TXD = 1 作为停止位，使 TXD 输出一个完整的异步通信字符的格式。

2. 接收时序

接收部分与方式 1 类似，只要在置 REN = 1 之后，硬件自动检测 RXD 信号，当检测到 RXD 由 1 至 0 的跳变时，就启动一个接收过程。首先，判断是否为一个有效的起始位，对 RXD 的检测是以波特率的 16 倍速率采样，并在每个时钟周期的中间（第 7，8，9 计数状态），对 RXD 连续采样 3 次，取两次相同的值进行判决。若不是起始位，则此次接收无效，重新检测 RXD；若是有效起始位，就在每一个 RX 时钟周期里接收一位数据，在 9 位数据收齐后，如果下列两个条件成立，RI 置位。

1）RI = 0。

2）SM = 0 或接收到的第 9 位数据为 1，则把已收到的数据装入 SBUF 和 RB8，并将 RI 置 1。

如果不满足上述两个条件则丢失已收到的一帧信息，不再恢复，也不置位 RI。两者都满足时，第 9 位数据就进入 RB8，8 位数据进入 SBUF。此后，无论哪种情况都将重新检测 RXD 的负跳变。

注意：与方式 1 不同之处，方式 2 和方式 3 中进入 RB8 的是第 9 位数，而不是停止位。接收到的停止位的值与 SBUF、RB8 或 RI 是无关的。这一个特点可用于多处理器通信。

3. 用第 9 位数据作奇偶校验位

方式 2 和方式 3 也可以像方式 1 一样用于点对点的异步通信。在数据通信中由于传输距离较远，数据信号在传送过程中会产生畸变，从而引起误码。为了保证通信质量，除了改进硬件之外，通常要在通信软件上采取纠错的措施。常用的一种简单方法就是用"校验和"作为第 9 位（奇偶校验位）数据，将其置入 TB8 位一同发送。在接收端可以用第 9 位数据来核对接收的数据是否正确。具体用法如下：

例如，发送端发送一个数据字节及其奇偶校验位的程序段：

```
    TT: MOV   SCON, #80H    ;串口方式2
        MOV   A, #DATA      ;取待发送的数据→A
        MOV   C, PSW.0      ;奇偶标志位置入 TB8 中
        MOV   TB8, C
        MOV   SBUF, A       ;启动一次发送,数据连同奇偶
  LOOP: JBC   TI, NEXT      ;校验位一起被发送
        SJMP  LOOP
  NEXT: …
```

方式 2、方式 3 的发送过程中，将"校验和"附加的 TB8 奇偶校验位一起发送出去。因此，作为接收的一方应设法取出该奇偶位进行核对，相应的接收程序段应为：

```
   RR: MOV   SCON, #90H    ;方式2允许接收
 LOOP: JBC   RI, RECN      ;等待接收
       SJMP  LOOP
```

```
RECN:MOV    A,SBUF          ;读入接收的一帧数据
     JB     PSW.0,ONE       ;判断接收端的奇偶值
     JB     RB8,ERR         ;判断发送端的奇偶值
     SJMP   REXT
ONE: JNB    RB8,ERR
REXT:…                      ;接收正确处理
ERR:…                       ;接收有错处理
```

当接收到一个字符时，从 SBUF 转移到 ACC 中时会产生接收端的奇偶值，而保存在
RB8 中的值为发送端的奇偶值，两个奇偶值应相等，否则接收字符有错。发现错误要及时通
知对方重发。

6.3.4　串行通信接口

单片机串行接口的输入、输出均为 TTL 电平。这种以 TTL 电平串行传输数据的方式抗
干扰性差，传输距离短且传输速率低。为提高串行通信的可靠性，增大串行通信的距离以及
提高传输速率，一股都采用标准串行接口来实现串行通信。RS-232C、Rs-422A、RS-485 都
是串行数据接口标准，最初都是由美国电子工业协会（EIA）制定并发布的。

1. TTL 电平通信接口

如果两个单片机相距在 1.5m 之内，可
直接用 TTL 电平传输方法实现双机通信。将
甲机的 RXD 端与乙机的 TXD 端相连，乙机
的 RXD 端与甲机的 TXD 端相连，接口如图
6.15 所示。

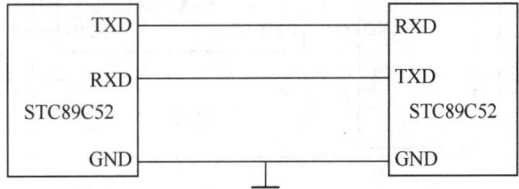

图 6.15　TTL 电平传输实现双机通信

2. RS-232C 接口

RS-232C 的全称是 EIA-RS-232C 标准，其作为工业标准发布于 1969 年，该标准的发布
目的是使不同厂家产品之间实现兼容。RS-232C 规定任何一条信号线的电压均为负逻辑关
系。即逻辑"1"为-3~15V；逻辑"0"为+3~+15V。-3~+3V 为过渡区，不作定义。RS-
232C 通信电平如图 6.16 所示。

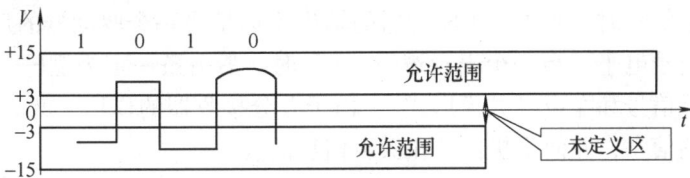

图 6.16　RS-232C 通信电平

由于 RS-232C 接口标准出现得较早，采用该接口存在以下问题：

（1）传输距离短，传输速率低

RS-232C 总线标准受电容允许值的约束，使用时传输距离一般不能超过 15m（线路条件
好时也不能超过几十米）。最高传送速率为 20kbit/s（不能满足同步通信要求，所以 RS-
232C 主要用于异步通信）。

（2）有电平偏移

RS-232C 总线标准要求收发双方共地。通信距离较大时，收发双方的地电位差较大，在信号地上将有比较大的地电流并产生压降。这样一方输出的逻辑电平到达对方时发生了偏移，若其逻辑电平偏移较大，将发生逻辑错误。

（3）抗干扰能力差

RS-232C 在电平转换时采用单端输入/输出，在传输过程中当干扰和噪声混在正常的信号中时，为了提高信噪比，RS-232C 总线标准不得不采用比较大的电压摆幅。

当单片机双机通信距离在 1.5~15m 时，可考虑用 RS-232C 标准接口实现点对点的双机通信，接口电路如图 6.17 所示。但由于 RS-232C 标准接口的电气特性不能直接满足单片机系统中 TTL 电平的传送要求，为了使用 RS-232C 标准接口通信，必须在单片机系统中加入电平转换芯片，以实现 TTL 电平向 RS-232C 电平的转换。常见的 TTL 到 RS-232C 的电平转换器有 MC1488、MC1489 和 MAX232A 等芯片。图 6.17 中的 MAX232A 是美国 MAXIN 公司生产的 RS-232C 双工发送器/接收器电路芯片。

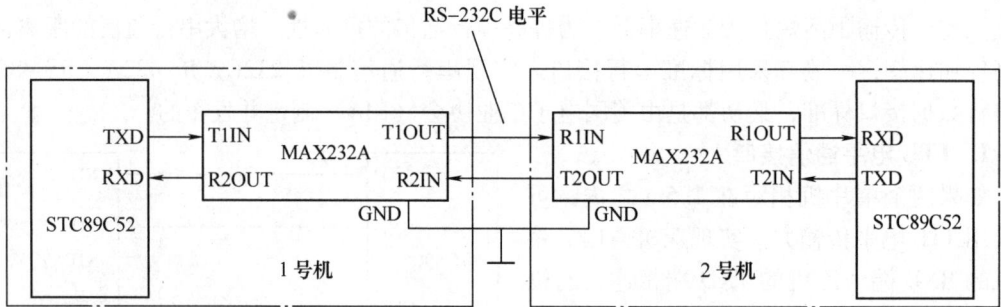

图 6.17　RS-232C 标准的双机通信接口电路

3. RS-422A 接口

针对 RS-232C 总线标准存在的问题，ELA 协会制定了新的串行通信标准 RS-422A，它是平衡型电压数字接口电路的电气标准，如图 6.18 所示。

RS-422A 与 RS-232C 的主要区别是，收发双方的信号不再采用共地方式，RS-422A 采用了平衡驱动和差分接收的方法。用于数据传输的是两条平衡导线，这相当于两个单端驱动器。当输入同一个信号时，其中一个驱动器的输出永远是另一个驱动器的反相信号。因此，两条线上传输的信号电平，当一个表示逻辑"1"时，另一条一定为逻辑"0"。若传输中，信号中混入了干扰信号和噪声（共模形式），由于差分接收器的作用，就能识别出有用信号并正确接收传输的信息，并使干扰信号和噪声相互抵消。

RS-422A 与 TTL 之间的电平转换常用的芯片为传输线驱动器 SN75174 或 MC3487 和传输线接收器 SN75175 或 MC3486。

RS-422A 能在长距离、高速率下传输数据。它的最大传输率为 10Mbit/s，电缆允许长度为 12m，如果采用较低传输速率时，最大传输距离可达 1219m。

4. RS-485 接口

RS-422A 标准接口的双机通信需 4 芯传输线，应用于长距离通信很不经济，因此在工业现场，通常采用双绞线传输的 RS-485 串行通信接口，并且很容易实现多机通信。RS-485 是

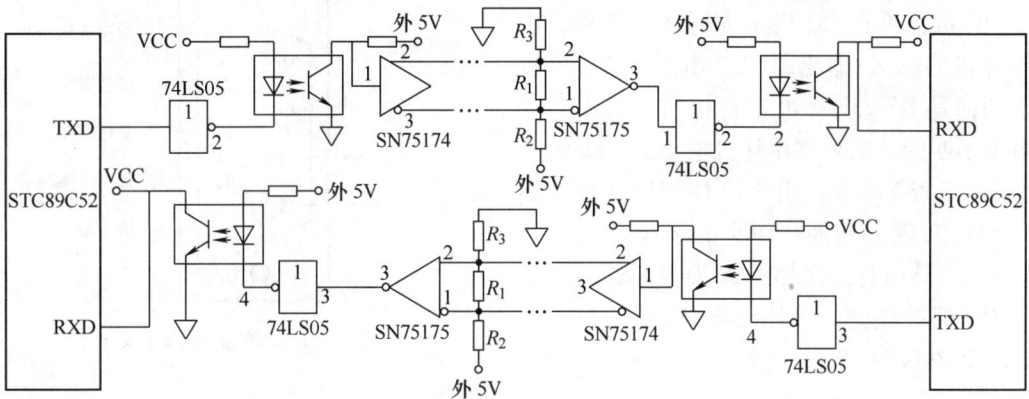

图 6.18　RS-422A 平衡驱动差分接收电路

RS-422A 的变型，它与 RS-422A 的区别是：RS-422A 为全双工，采用两对平衡差分信号线；RS-485 为半双工，采用一对平衡差分信号线。RS-485 很容易实现多机通信，允许在通信线路上最多可以使用 32 对差分驱动器/接收器。当然如果在一个网络中连接的设备超过 32 个，还可以使用中继器。如图 6.19 中，RS-485 以双向、半双工的方式来实现双机通信。在单片机系统发送或接收数据前，应先将 SN75176 的发送门或接收门打开，当 P1.0=1 时，发送门打开，接收门关闭；当 P1.0=0 时，接收门打开，发送门关闭。SN75176 芯片内集成了一个差分驱动器和一个差分接收器，且兼有 TTL 电平到 RS-485 电平、RS-485 电平到 TTL 电平的转换功能。

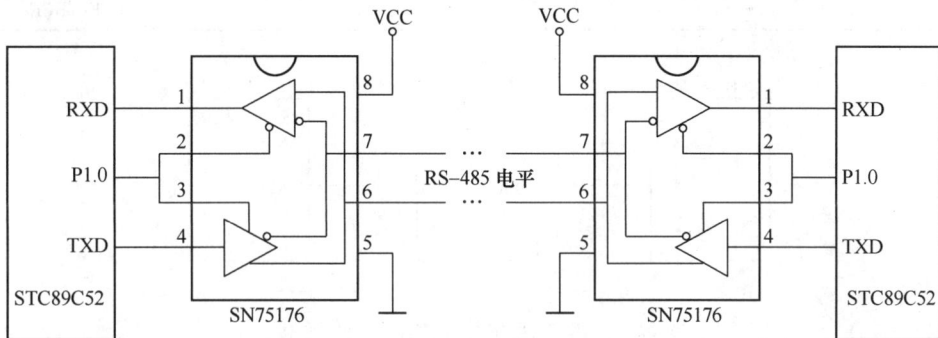

图 6.19　RS-485 双机通信接口电路

RS-485 最大传输距离约为 1219m，最大传输速率为 10Mbit/s，通信线路采用平衡双绞线。平衡双绞线的长度与传输速率成反比，在 100kbit/s 速率以下，才可能使用规定的最长电缆。只有在很短的距离下才能获得最大传输速率。一般长 100m 的双绞线最大传输速率仅为 1Mbit/s。

5. PC 与单片机间的通信

（1）硬件接口电路

工业化的迅猛发展对信息的传输、交换和处理等提出了更高的要求。在功能比较复杂的控制系统和数据采集系统中，一般常用 PC 作为主机，单片机作为从机。单片机通过串行接

159

口与 PC 机串行接口相连，将采集到的数据传送至 PC 机，再在 PC 机上进行数据处理，由于单片机的输入/输出是 TTL 电平，而 PC 机配置的都是 RS-232 标准串行接口，由于两者的电平不匹配，必须将单片机输出的 TTL 电平转换为 RS-232 电平。用 9 针 D 型插接器（插座）即可实现此功能。DB9 的引脚说明如表 6.5 所示，其引脚定义如图 6.20 所示，对应的阴头用于连接线侧。单片机与 PC 机的串行通信连接如图 6.21 所示。

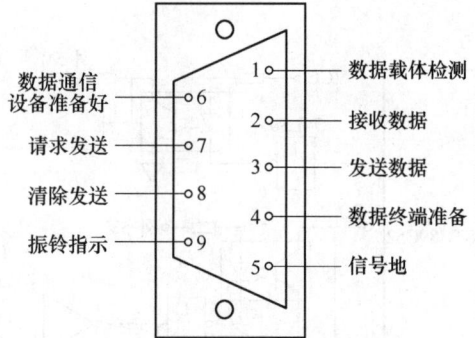

图 6.20　DB9 的引脚定义

表 6.5　DB9 的引脚说明

插针序号	功能说明	符号	信号方向
1	数据载波检测	DCD	DTE←DCE
2	接收数据	RXD	DTE←DCE
3	发送数据	TXD	DTE←DCE
4	数据终端准备	DTR	DTE←DCE
5	信号地	GND	
6	数据通信设备准备好	DSR	DTE←DCE
7	请求发送	RTS	DTE←DCE
8	清除发送	CTS	DTE←DCE
9	振铃指示	DELL	DTE←DCE

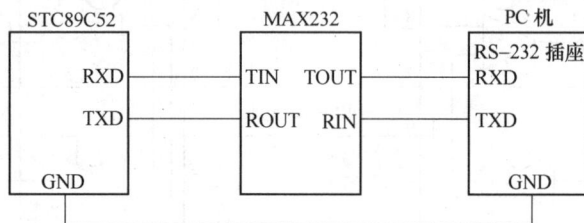

图 6.21　PC 机与单片机的串行通信连接

（2）程序设计思路

通信程序设计分为 PC（上位机）程序设计与单片机（下位机）程序设计。在实际开发调试单片机端的串口通信程序时，也可以使用单片机下载程序中内嵌的串口调试程序或其他串口调试软件（如串口调试精灵软件）来模拟 PC 机端的串口通信程序。这也是在实际工程开发中，特别是在团队开发时常用的办法。

6. 双机串行通信编程

双机串行通信的软件设计与各种串行标准的硬件接口电路无关，因为采用不同的标准串行通信接口仅仅是由双机串行通信距离、传输速率以及抗干扰性能来决定的。

【例 6-2】　假定有甲乙两机，以方式 1 进行异步通信，采用如图 6.22 所示的双机串行

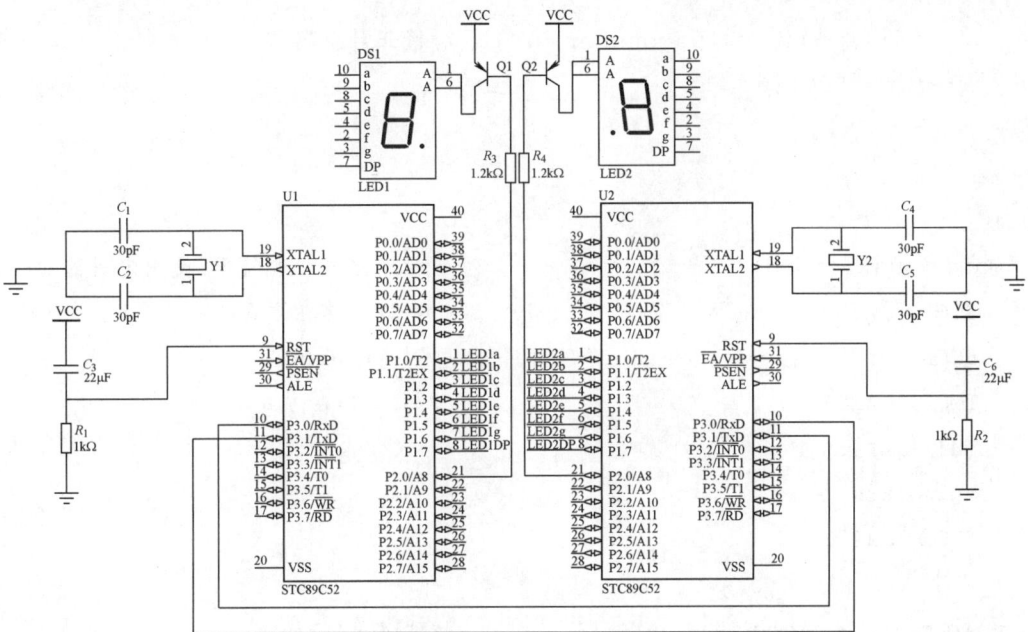

图 6.22　单片机之间点对点串行通信原理图

通信电路，其中甲机发送数据，乙机接收数据。双方晶振频率 $f_{osc}=11.0592MHz$，通信速率为 2400bit/s。甲机循环发送数字 0~F，乙机接收后返回接收值。若发送值与返回值相等，则继续发送下一数字，否则需重发当前数字。

程序设计时，选择定时器 T1 在方式 2 下工作，计数初值为 0F4H。

发送程序如下：

```
include<rec52.h>
define uchar unsigned char
void time(unsigned int ucms);        //延时单位:ms
void inituart(void);                 //初始化串口波特率,使用定时器 T1
void main(void){
uchar counter=0;
time(1);                             //延时等待外围器件完成复位
initUart();
while(1){
 SBUF=counter                        //发送联络信号
 while(TI==0);                       //等待发送完成
  TI = 0;                            //清 TI 标志位
  while(RI==0);                      //等待乙机回答
  RI = 0;
  if(SBUF ==counter){                //显示已发送值
```

```
            P2 = counter,
            if(++counter>15)counter=0;        //修正计数器值
            time(500);
      }
    }
  }
  void inuart(void){                          //初始化串口波特率,使用定时器 T1
     SCON=0x50;                               //串口工作在方式 1
     PCON=0;                                  //波特率不加倍
     TMOD=0x20;                               //T1 工作在方式 2
     TH1=0xf4;
     TL1=0xf4;
     TCON=0x40;
  }
  void time(unsigned int ucMs){               //延时单位:ms
  #define DELAYTIMES 239
  unsigned char accounter;                    //延时设定的循环次数
     while(ucMs! =0){
         for(uccounter-0, UCCOUNTERDELAYTIMES:uccounter++);
  ucMs--;
  }
  }
```

接收程序如下:

```
#include<reg52. h>
#define uchar unsigned char
void time(unsigned int ucMs);               //延时单位:ms
void inituart tuart(void);                   //初始化串口波特率,使用定时器 T1
voidmain(void){
uchar receiver;                              //定义接收缓冲
time(1);                                     //延时等待外围器件完成复位
initUart()
while(1){
    while (RI==1){                           //等待接收完成
    RI=0;                                    //清 RT
    receive=SUBF;                            //取接收值
```

```
        SBUF=receive;                    //结果返送至缓冲器
        while(TI==0);                    //等待发送结束
        T1=0;                            //清 T1
        P2=receive;                      //显示接收值
    }
    }
    }
    void inuart(void){                   //初始化串口波特率,使用定时器 T1
    SCON=0x50;                           //串口工作在方式 1
    PCON=0;                              //波特率不加倍
    TMOD=0x20;
    TH1=0xf4;
    TL1=0xf4;
    TCON=0x40;
    }
```

6.4 实验与实训

6.4.1 用串行接口实现点亮 LED

1. 实验目的

掌握串行接口的使用方法,并利用 C51 程序进行编程实现串行接口点亮 LED。

2. 实验内容

用单片机的串行接口外接串入并出的芯片 CD4094,扩展并行输出口控制一组发光二极管,使发光二极管从右至左延时轮流显示。

CD4094 是一块 8 位的串入并出芯片,带有一个控制端 STB。当 STB=0 时,打开串行输入控制门,在时钟信号 CLK 的控制下,数据从串行输入端 DATA 以一个时钟周期 1 位的速率依次输入 CD4094 中;当 STB=1 时,打开并行输出控制门,CD4094 中的 8 位数据并行输出。使用时,单片机串行接口工作于方式 0,单片机的 TXD 接 CD4094 的 CLK,RXD 接 DATA,STB 用 P1.0 控制,8 位并行输出端接 8 个发光二极管。如图 6.23 所示。

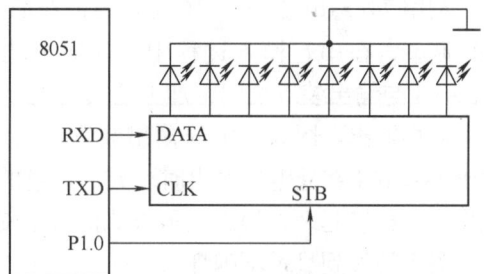

图 6.23 用 CD4094 扩展并行输出口

3. 实验要求

利用 C51 语言编写相应的程序,实现该题目的操作。

4. 参考程序

```
#include <reg51.h>          //包含特殊功能寄存器库
sbit P1_0=P1^0;
void main()
{
  unsigned char i,j;
  SCON=0x00;
  j=0x01;
  for( ; ; )
{
  P1_0=0;
  SBUF=j;
  while(! TI){ ; }
  P1_0=1;TI=0;
  for(i=0;i<=254;i++){ ;}
  j=j*2;
  if(j==0x00)j=0x01;
  }
}
```

5. 思考题

本实验只对一个 CD4094 进行控制，若要扩展为两个 CD4094，程序该如何编写。

6.4.2　74LS164 串转并实验

1. 实验目的

学会使用串入并出移位寄存器 74LS164 的使用方法，结合程序，深入理解。

2. 实验原理

利用 74LS164 扩展为 16 位输出口线的实用电路如图 6.24 所示。由于 74LS164 无并行输出控制端，在串行输入过程中，其输出端的状态会不断变化，故在某些使用场合，应在 74LS164 与输出装置之间，加上输出可控制的缓冲器级（74LS244 等），以便串行输入过程结束后再输出。图 6.2 中的输出装置是两位共阳极七段 LED 显示器，采用静态显示方式。由于 74LS164 在低电平输出时，允许通过的电流可达 8mA，故不需要再加驱动电路。与动态扫描显示比较起来，静态显示方式的优点是 CPU 不必频繁地为显示服务，软件设计比较简单，很容易做到显示不闪烁。

如图 6.24 所示，编程把芯片内 RAM 20H 开始的显示缓冲区数据取出由串行接口输出显示。

3. 实验要求

利用单片机串行接口外接两片 74LS164 对共阳极数码管进行显示控制，程序写入后可实现数码管任意数字的点亮。

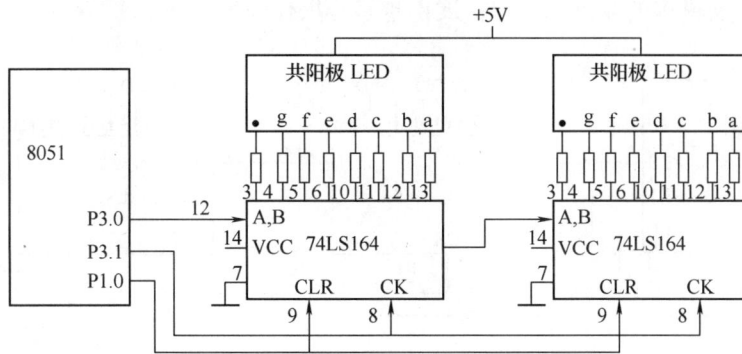

图 6.24　利用串行口扩展输出口

4. 参考程序

```
DISP:   MOV    R7, #2              ; 设置显示位数
        MOV    R0, #20H            ; 指向显示数据缓冲区
        MOV    SCON, #00H          ; 设串行接口方式 0
DISP0:  MOV    A, @R0              ; 取待显示的数据
        ADD    A, #0DH             ; 设置偏移值
        MOVC   A, @A+PC            ; 取显示数据的段码
        MOV    SBUF, A             ; 启动串行接口发送数据
        JNB    TI, $               ; 等待一帧发送结束
        CLR    TI                  ; 清串行接口中断标志
        INC    R0                  ; 指向下一个数据
        DJNZ   R7, DISP0
        RET
TAB:    DB     0C0H,0F9H,0A4H,0B0H,99H ; 数字 0~4 的段码
        DB     92H,82H,0F8H,80H,98H    ; 数字 5~9 的段码
```

5. 实验步骤

1）利用单片机试验箱或设计数码显示外围电路。

2）进行电路连接。

3）下载程序至单片机中，观察显示是否符合要求。

4）调试，直至成功。

6. 思考题

利用 74LS164 控制 4 个共阳极数码管的电路及编程。

6.4.3　74LS165 并转串实验

1. 实验目的

学会使用并入串出移位寄存器 74LS165 的使用方法，结合程序，深入理解。

2. 实验原理

如图 6.25 所示是利用 3 根端口线扩展为 16 根输入口线的实用电路。从理论上讲，利用这种方法可以扩展更多的输入口，但扩展得越多，操作速度越慢。

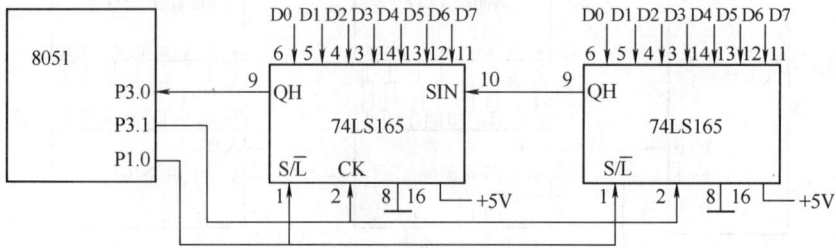

图 6.25　利用串行口扩展输入口

编程从 16 位扩展输入口读入 20 个字节数据并把它存入片内 40H 开始的单元中。

3. 实验要求

利用单片机串行接口扩展两片 74LS165，实现输入数据的串行接收（向 74LS165 输入数据的可以是键盘或其他的并行设备）。

4. 参考程序

```
        MOV    R7, #20        ; 设置读入字节数
        MOV    R0, #40H       ; 设置内部 RAM 地址指针
        SETB   F0             ; 设置读入字节奇偶数标志
RCV0:   CLR    P1.0           ; 并行置入 16 位数据
        SETB   P1.0           ; 允许串行移位
RCV1:   MOV    SCON, #10H     ; 设置串口方式 0, 启动接收过程
        JNB    RI, $          ; 等待接收一帧数据结束
        CLR    RI             ; 接收结束;清 RI 中断标志位
        MOV    A, SBUF        ; 读取缓冲器接收的数据
        MOV    @R0, A         ; 存入片内 RAM 中
        INC    R0
        CPL    F0
        JB     F0, RCV2       ; 接收完偶数帧则重新并行置入数据
        DEC    R7
        SJMP   RCV1           ; 否则再接收一帧
RCV2:   DJNZ   R7, RCV0       ; 预定字节数没有接收完继续
        …                     ; 对读入数据进行处理
```

程序中的 F0 用作读入字节数的奇偶性标志，因为每次由扩展口并行置入到移位寄存器的是 16 位数据，即 2 个字节，每置入一次数据，串行接口应接收 2 帧数据，故已接收的数据字节数为奇数时（F0 = 0），不能再次并行置入数据；当 F0 = 1 时，应该再向并行移位寄存器中置入新的数据。

若 f_{osc} = 12MHz，则方式 0 下的串行速率为 1Mbit/s，速度较快，此程序对串行接收过程采用查询等待的控制方式，有必要时，也可以采用中断控制方式。

5. 思考题

实现单片机只扩展一个74LS165的编程。

6.4.4　单片机间的多机通信

1. 实验目的

利用单片机串行接口实现多片单片机之间的相互通信，学会使用串行通信中的方式2和方式3的应用以及控制字的设置。

2. 实验内容

多个单片机可利用串行接口进行多机通信，常采用如图6.26所示的主从式结构。所谓主从式结构是指在多机系统中，只有一个主机，其余全是从机。主机发送的信息可以被所有从机接收，任何一个从机发送的信息，只能由主机接收。从机与从机之间不能进行直接通信，只能经主机才能实现从机之间的通信。

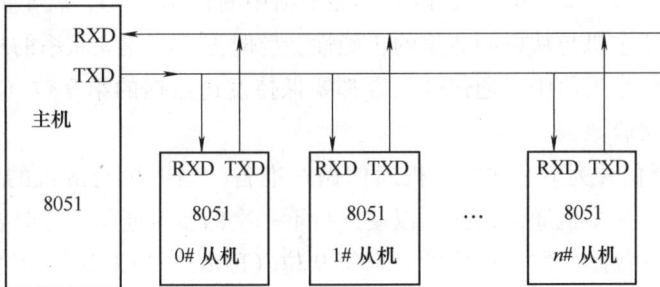

图6.26　主从式多机通信系统

图中主机可以是单片机或其他有串行接口的芯片。主机的RXD与所有从机的TXD端相连，TXD与所有从机的RXD端相连。从机地址分别为01H，02H，…，0nH。在多机通信系统中，每个从机都被赋予唯一的地址，一般还要预留1~2个"广播地址"，它是所有从机共有的地址。例如可将"广播地址"设为00H。

3. 实验原理

要保证主机与所选择的从机可以进行通信，须保证串口有识别功能。SCON中的SM2位就是为满足这一条件而设置的多机通信控制位。其工作原理是在串行接口以方式2（或方式3）接收数据时，若SM2＝1，则表示可以进行多机通信，可能存在以下两种情况：

1）从机接收到主机发来的第9位数据RB8＝1时，前8位数据才装入SBUF，并置中断标志RI＝1，向CPU发出中断请求。在中断服务程序中，从机把接收到的SBUF中的数据存入数据缓冲区中。

2）如果从机接收到的第9位数据RB8＝0，则不产生中断标志（RI＝1），不引起中断，从机不接收主机发来的数据。

若SM2＝0，则接收的第9位数据不论是0还是1，从机都将产生中断标志（RI＝1），把接收到的数据装入SBUF中。

应用这一特性，可实现单片机的多机通信。具体的工作过程如下：

1）各从机初始化程序允许从机的串行接口产生中断，将串行接口编程为在方式 2 或方式 3 下接收数据，即 9 位异步通信方式，且 SM2 和 REN 位置"1"，使从机处于多机通信且只接收地址帧的状态。

2）在主机和某个从机通信之前，先将从机（即准备接收数据的从机）地址发送给各个从机，接着才传送数据（或命令）。主机发出的地址帧信息的第 9 位为 1，数据（或命令）帧的第 9 位为 0。当主机向各从机发送地址帧时，各从机的串行接口接收到的第 9 位信息 RB8 为 1，且由于各从机的 SM2 = 1，则 RI 置 1，各从机响应中断，在中断服务子程序中，判断主机送来的地址是否和本机地址相符合，若为本机地址，则该从机 SM2 位清零，准备接收主机的数据或命令；若地址不相符，则保持 SM2 = 1。

3）接下来，主机发送数据（或命令）帧，数据帧的第 9 位为 0。此时各从机接收到的 RB8 = 0。只有与前面地址相符合的从机（即 SM2 位已清零的从机）才能激活中断标志位 RI，从而进入中断服务程序，接收主机发来的数据（或命令）；与主机发来的地址不相符的从机由于 SM2 保持为 1，又 RB8 = 0，因此不能激活中断标志位 RI，就不能接收主机发来的数据帧。从而保证了主机与从机间通信的正确性。此时主机与建立联系的从机已经设置为单机通信模式，即在整个通信中，通信的双方都要保持发送数据的第 9 位（即 TB8 位）为 0，防止其他的从机误接收数据。

4）结束数据通信并为下一次的多机通信做好准备。当主机与从机的数据通信结束后，一定要将从机再设置为多机通信模式，以便进行下一次的多机通信。这时要求与主机正在进行数据传输的从机必须随时监测接收的数据第 9 位（RB8），如果其值为"1"，说明主机传送的不再是数据，而是地址，这个地址就有可能是"广播地址"。当收到"广播地址"后，便将从机的通信模式再设置成多机模式，为下一次的多机通信做好准备。

4. 参考程序

设一主机与多台从机进行通信，通信各方的晶振频率为 11.0592MHz，波特率发生器采用定时器 2 实现。假定各从机地址号分别为 01、02、03，主机循环选定各从机进行通信。发送前，在 P2 端口显示所呼叫的从机机号，主机发送的数据包格式如图 6.27 所示。

从机地址号	命令字	数据长度	数据	校验和

图 6.27　主机发送的数据包格式

从机以中断方式接收主机发送的首字节，然后在中断服务程序里用查询方式接收数据包的后续字节，收到完整数据包后，判别：

1）数据包里的从机机号与本机机号是否匹配。

2）"校验和"是否正确。

若 1）和 2）均成立，则回送应答信息 0xA0 与本机机号之和，同时将本机机号送至 P2 端口显示，表示主机正在与该从机通信：若 1）和 2）不同时成立，则将 0xFF 送至 P2 端口显示，表示本机空闲。主机收到应答后，在 P2 端口显示应答信息。

将已知条件代入定时器 T2 作为波特率发生器，可得（RCAP2H，RCAP2L）为 0FFDCH。

主程序如下:

```
#include<reg51.h>
#include<string.h>
#define byte unsigned char
#define uchar unsigned char
#define word unsigned int
#define uint unsigned int
#define ulong unsigned long
#define BYTE unsigned char
#define NORD untuned int
#define TRUE 1
#define PAISE 0
sbit CTRL_BUTTON = P1^7;                 //P1.7=0,开始发送;P1.7=1,停止发送
void initUart(void);                     //初始化串口波特率,使用定时器 T2
void time(unsigned int ucMs)             //延时单位为 ms
uchar idata ucSendBuf[20];               //发送数据缓冲区
#define slaveNo ucSendBuf[0]             //从机机号
#define transit ucSendBut                //数据长度
uchar idata databuf[10]={0x21,0x22,0x23,0x24,0x25,0x26,0x27,0x28,0x29,
0x2a}
/******** 组织发送数据包 ******** /
void arrange data (uchar macno, uchar cmd, uchar datasize, uchar *
sdata){
    uchari, pf=0;
    ucSendBuf[0]=macno;                  //机号
    ucSendBut[1]=cmd                     //命令字
    ucSendBuf[2]=dataslze:               //数据长度
    memcpy(&ucSendBuf[3],sdata,datasize);//发送数据
    ueSendBuf[datasize+3]=0;             //"校验和"初始值为 0
    for(1=0;1<datas1ze+3;i++){           //计算"校验和"
      pf=pf ucSendBuf[i];
    }
  ucSendBuf (datasize+3)=pf;
  }
/******** main 函数 ******** /
void main (void){
uchar i,j;
uint time over;
  time(1);                               //延时等待外围器件完成复位
```

```
    initUart();                          //初始化串行口
    while(TRUE){
      for(i=1;i<=3;i++){                 //实际连接从机3个
        arrange_data(i,6,8,databuf);     //组织发送数据
        p2=ucSendBuf[0];time(800);       //显示欲连接从机机号
        TB8=1;
        SBUF=ucSendBuf[0];while(! TI){}TI=0;
        time(800);
        for(j=1;<ucSendBuf[2]+4;j++){     //发送数据
          TB8=0;
          SBUF=ucSendBuf;
          while(! TI){}TI=0;
          time(l);
        }
  SM2=0                                  //等待从机返回信息,从机应答超时判断
  time over=0;
  while((BI==0)&&(time over<=300)){
    time over++;
  }RI=0;
  if(time  over<300)
    p2=SBUF;                             //显示从机应答信息
    time(1000);
  }
  }
  }
/******* 初始化串口波特率 ******** /
void initUart(void){                     //初始化串口波特率,使用定时器2
  SCON =0xd0;                            //串口工作在方式3
  RCAP2H=(65536-(3456/96))>>8;
  RCAP2L=(65536-(3456/96))%256;
  T2CON=0x34;                           //设置使用T2产生接收和发送数据的时钟
}
void time(unsigned int ucMs){            //延时单位为ms
#define DELAYTIMES 239
unsigned char accounter;                 //延时设定的循环次数
  while(ucMs! =0){
    for(ucCounter=0;ucCounter<DELAYTIMES;ucCounter++);
    ucMs--;
  }
}
```

从机 1 程序如下，其他各从机程序详见本程序代码。

```c
#include <reg52.h>
#define byte unsigned char
#define uchar unsigned char
#define word unsigned int
#define uint unsigned int
#define ulong unsigned long
#define BYTE unsigned char
#define WORD unsigned int
#define TRUE 1
#define FALSE 0
sbit CTRL_BUTTON=P1^6;                    //P1.6=0,开始发送;P1.6=1,停止发送
void time(unsigned int ucMs;              //延时单位为 ms
void initUart(void);                      //初始化串口波特率,使用定时器
uchar idata ucReciBuf[21];                //接收数据缓冲区
/ ******** ma1n 函数 ******** /
void main(void){
    time(1);                              //延时等待外围器件完成复位
    initUart();                           //初始化串口
    IE=0x90;                              //打开串口中断
    while(TRUE)
EA=1;
/ ******** 初始化串口波特率 ******** /
Void initUart(void){                      //初始化串口波特率,使用定时器 T2
    SCON =0xf0;                           //串口工作在方式 3
    RCAP2H=(65536-(3456/96))>>8;
    RCAP2L=(65536-(3456/96)%256;
T2CON=0x34;                               //设置使用 T2 产生接收和发送数据的时钟
}
/ ********** 串行口中断服务程序 *********** /
Void serialport0_int(void)interrupt 4 {
Uchar i,pf=0;
EA=0;
RI=0; ucReciBuf[0]=SBUF;                  //机号
if(ucReciBuf[0]==0x01) SM2=0;
    while(RI==0){}RI=0;ucReciBuf[1]=SBUF;    //命令字
    while(RI==0){}RI=0;ucReciBuf[2]=SBUF;    //数据长度
    for(i=3;i<(ucReciBuf[2]+4);i++){         //后续数据
```

```
        while(RI==0){}(RI=0;ucReciBuf[i]=SBUF;
    }
for(i=0;i<(ucReciBuf[2]+3);i++){                //计算"校验和"
pf=pf+ucReciBuf[i];
    }
if((ucReciBuf[0]==01H)&&(pf==ucReciBuf[ucReciBuf[2]+3])){
                                //是本机且"校验和",应答信息为0xa0与机号之和
p2=ucReciBuf[0];                                 //显示本机机号
SBUF=ucReciBuf[0]+0xa0;                          //回送应答信息
while(TI==0){}TI=0;
}
else
    P2=0xff;                                     //显示0xff
}
Void time(unsigned int ucMs){                    //延时单位为ms
#define DELAYTIMES 239
Unsigned char ucCounter;                         //延时设定的循环次数
    while(ucMs! =0){
        for(ucCounter=0;ucCounter<DELAYTIMES;ucCounter++);
        UcMs——;
    }
}
```

上述简化程序描述了多机串行通信中从机的基本工作过程，实际应用系统中还应考虑更多因素，如：命令的种类可以更多些，若波特率较低且 CPU 还要完成其他实时任务，发送和接收过程还可能采用中断控制方式等。

5. 思考题

编写主机调用一数据串，并发送至从机接收并存储的程序，使整个系统正常工作。

本 章 小 结

单片机串行通信包括同步和异步通信。串行通信的数据通路形式分为单工、半双工、全双工三种方式。与 51 系列单片机串行通信有关的控制寄存器共有 3 个：SBUF、SCON 和 PCON。51 系列单片机的串行接口有 4 种通信方式。

方式 0 为同步通信方式，其波特率是固定的，为单片机晶振频率的 1/12，即波特率 = $f_{osc}/12$。

方式 2 为异步通信方式，其波特率也是固定的，有两种。一种是晶振频率的 1/32，另一种是晶振频率的 1/64，即波特率 = $(2^{SMOD}/64) \times f_{osc}$。

方式 1 和方式 3 的波特率是可变的，其波特率由定时器 1 的计数溢出率来决定，公式

为：波特率 = $2^{SMOD} \times T_d/32$。T_d 为作为波特率发生器的计数溢出率。设置定时器 2 为波特率发生器时，定时器 2 的溢出脉冲经 16 分频后作为串行接口发送脉冲、接收脉冲。发送脉冲、接收脉冲的频率为波特率。其计算公式为

$$波特率 = \frac{2^{SMOD}}{(256 - X) \times 32} \times \frac{f_{osc}}{12}$$

方式 1 是 10 位为一帧的异步串行通信方式。方式 2 和方式 3 是 11 位为一帧的异步串行通信方式，而第 9 位数据 RD8 位既可作为奇偶校验位使用，也可作为控制位使用。在多机通信方式中经常把该位用作数据帧和地址帧的标志位。SM2 为多机通信控制位，当 SM2 = 1 时，51 系列单片机只接收第 9 个数据为 1 的地址帧，而对第 9 位数据为 0 的数据帧自动丢弃；当 SM2 = 0 时地址帧和数据帧全部接收。利用此特性实现多机通信。

习　题

1. 填空题

（1）计算机有两种数据传送方式。即：_____和_____，其中具有成本低特点的是_____数据传送。

（2）异步串行数据通信的帧格式由_____、_____、_____和_____四个部分组成。

（3）串行通信有_____、_____和_____三种通信模式。

（4）在串行通信中，收、发双方对波特率的设定应该是_____的。

（5）异步通信方式比同步通信方式传送数据的速度_____。

（6）把定时器 1 设置为串行口的波特率发生器时，应把定时器 1 设定在工作方式_____，即_____方式。

（7）要启动串行接口发送一个字符只需执行一条_____指令。

2. 选择题

（1）单片机有一个全双工的串行接口，下列功能中该串行接口不能完成的是_____。

    A. 网络通信   B. 异步串行通信

    C. 作为同步移位寄存器   D. 位地址寄存器

（2）在串行通信中，每分钟发送 120B，其波特率为_____。

    A. 120   B. 960   C. 16   D. 2

（3）在 51 系列单片机的串行通信方式中，帧格式为：1 位起始位、8 位数据位和 1 位停止位的异步串行通信方式是_____。

    A. 方式 0   B. 方式 1   C. 方式 2   D. 方式 3

（4）以下有关第 9 位数据位的说法中，错误的是_____。

    A. 第 9 位数据位的功能可由用户定义

    B. 发送数据的第 9 位内容在 SCON 寄存器的 TB8 位中预先准备好

    C. 帧发送时使用指令把 TB8 位的状态送入发送 SBUF 中

    D. 接收到的第 9 位数据送 SCON 寄存器的 RB8 中保存

3. 简答题

（1）什么是异步串行通信？它有哪些特点？有哪几种制式？

（2）51 系列单片机的串行接口设有几个控制寄存器？它们的作用各是什么？

（3）51 系列单片机的串行接口有哪几种工作方式？各有什么特点和功能？

（4）51 系列单片机四种工作方式的波特率如何确定？

（5）简述串行接口接收和发送数据的过程。

4. 编程题

（1）设计一个单片机的双机通信系统。工作方式 1，波特率为 1200baud，以中断方式发送和接收数据，编程实现将甲机芯片外 RAM 的 3400H~3500H 中的数据块传送到乙机的芯片外 RAM 的 4400H~5400H 单元中去。

（2）利用单片机串行口控制 8 位发光二极管工作，使得发光二极管每隔 0.5s 交替亮、灭，画出硬件电路图并编写程序。

（3）编写用于单片机的串行接口发送数据的程序，自行选择工作方式和波特率，并将存于 30H~3FH 内存单元的 16 个数据依次发出。

（4）单片机的串行接口工作于方式 1 下，将发送方内部 RAM 以 20H 为首地址的连续 32 个单元中的数据发送给接收方，接收方将数据存储于首地址为 60H 的连续单元中。双方均采用中断方式实现串行通信，约定发送的第 1 个字节数据为首地址，第 2 个字节数据为数据长度，收、发双方的晶振频率均为 6MHz，波特率为 2400baud。试编写程序。

（5）画利用单片机串行接口扩展为 16 位并行口，并输入按键控制 16 位并行口输出控制 LED 闪烁的硬件电路图并编写程序。

第7章

51 系列单片机的中断系统

教学提示

中断系统是单片机为提高对外界事件处理能力而设置的重要功能单元，使系统能及时响应外部紧急事件，这一功能在单片机控制系统中发挥着重要的作用。

学习目标

➢ 掌握中断、中断源、中断嵌套、中断优先级概念。
➢ 中断响应过程。
➢ 掌握中断资源的应用方法。
➢ 了解外部中断的扩展方法。

知识结构

本章知识结构如图 7.1 所示。

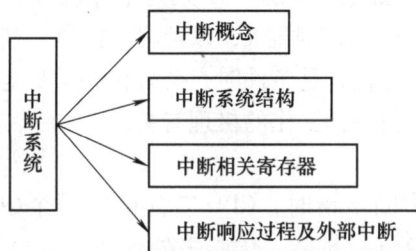

图 7.1 本章知识结构

7.1 中断的概念

中断是单片机处理器非常重要的功能。丰富的、强大的中断系统可以大大提高单片机对事件的处理能力和响应速度，提高控制的实时性、灵活性。

"CPU"这一词汇常常被提及，不同的场合有不同的含义。在电路板的焊接、维修等场合，这一词汇指某一芯片，如 AT89C51 等；而在讲述单片机原理的资料中，这一词汇则是指芯片中的"运算器和控制器"部分，芯片中的其他电路单元，如定时器、串行口、引脚等，则称作外设或外部资源。

单片机主程序的指令是一条一条顺序执行的，即使存在跳转与分支，但究其实质，还是顺序地按程序编写者的意愿，执行规定的指令。所谓中断，就是单片机在执行程序的过程中，因为 CPU 的外部资源（引脚或者芯片内的定时器、串行口等资源）发生突发事件，引发正在执行的程序中止执行，转去执行处理突发事件的程序，处理完该事件后又返回到原来被中止的程序断点继续执行原程序，这一过程称为中断。这个处理突发事件的程序，称作中断服务子程序。这些突发事件是随机发生的，程序本身无法预知。当中断服务子程序指令执行完成，再返回到原中止的地点，接续原来的程序执行操作。在前面所讲的内容中，讲到过调用指令，用于调用某个程序段，这是程序主动的操作，只要程序中编写了调用指令，那么执行该指令就一定会调用子程序段，最后返回到调用指令的下一条指令处。这一过程显然与中断过程不同。

中断与调用类似，又有所不同：

1）可以有两种方法调用中断服务子程序，一种是硬件的运行，满足引发中断的条件，如引脚状态的改变，或者定时器计数满后翻转，或者串口接收或发送完一个字节数据，均可以引发中断。另一种是通过指令置位相关标志位（非调用指令）。

2）从程序角度来看，子程序调用是有预期的，是主程序主动的行为；而中断的发生是随机的，不知道什么时候会发生，通过指令设置的除外。

单片机中实现中断的硬件及相关的寄存器等称作中断系统。

7.2 中断系统结构

中断系统是由中断源、中断允许控制、中断优先级设置等构成的。

1. 中断源

引发 CPU 产生中断的事件就是中断源。51 系列单片机有 5 个中断源，它们分别是：外部中断 0、定时器 0、外部中断 1、定时器 1，以及串行接口。其中的两个外部中断，有相关引脚对应，当相关引脚的电平变化满足条件时，会置位相关标志位，引发相关中断；其他 3 个中断源，均没有引脚对应，而与其工作的机理有关。

2. 中断优先级

当多个中断源同时发出中断申请时，CPU 首先响应哪个中断呢？依据设计者的设置，CPU 会将中断申请按轻重缓急进行排队，优先去处理最为紧急的中断事件，这就是中断优先级。51 系列单片机的中断优先级有两种：一种为因硬件自身设计而固有的自然优先级；另一种为通过特殊功能寄存器设置的高优先级和低优先级。这两种形式是并存的，最终呈现给用户的优先级是：在设置的高优先级或低优先级中，再按自然优先级排队。

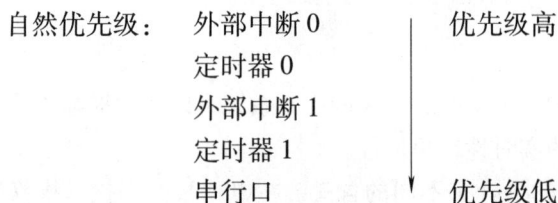

自然优先级： 外部中断 0   优先级高

         定时器 0

         外部中断 1

         定时器 1

         串行口   优先级低

单片机总是优先响应级别高的中断请求；另外，低优先级的中断可以被高优先级的中断打断，同级优先级的中断不能被相互打断，低优先级的中断不能打断高优先级的中断。当处理器工作时，如果引发了低优先级的中断，CPU 会去处理低优先级的中断；在处理低优先级的中断时，又可能会发生高优先级的中断，此时，CPU 会转去处理高优先级的中断，这个过程称作中断嵌套。

3. 中断允许控制

在中断系统中有多个中断源，那么，对于所有的中断源是不是可以随时在系统中起作用呢？当然不会，中断是否起作用是可以设置的，通过对相关寄存器的设置可以打开（允许）或关闭（禁止）某个中断，另外还设置了总开关（总允许）。

4. 中断系统结构

如图 7.2 所示。从图上看，有 5 个中断源，分别为 $\overline{INT0}$（外部中断 0）、T0（定时器 0）、$\overline{INT1}$（外部中断 1）、T1（定时器 1）、TX/RX（串行接口），其中的 $\overline{INT0}$、$\overline{INT1}$ 对应外部引脚，对电平的要求是可以设置的。每一中断源对应一个中断标志位，它们依次分别对应 IE0、TF0、IE1、TF1、TI/RI。中断如果被响应，即 CPU 去执行中断服务子程序，则要求中断标志位被置位，中断总允许被置位，且与这个中断标志位相对应的源允许也被置位，CPU 就会响应这个中断。中断优先级寄存器不决定中断是否会响应，它只影响中断响应时的优先顺序。

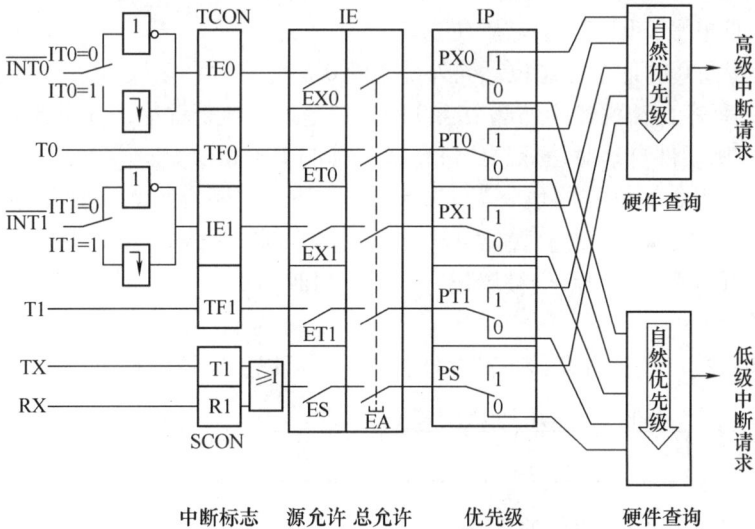

图 7.2　51 系列单片机中断系统结构图

7.3　中断的相关寄存器

51 系列单片机中与中断相关的寄存器有 TCON、SCON、IE、IP。

1. TCON

TCON 为定时器/计数器 T0、T1 的控制寄存器，其地址为 88H，可以进行位寻址操作（地址末位为 0 或 8 的寄存器均可进行位寻址）。这个寄存器中有 6 位与中断有关。其格式如下：

8FH	8EH	8DH	8CH	8BH	8AH	89H	88H
TF1	TR1	TF0	TR0	IE1	IT1	IE0	IT0

　　TF1：T1 溢出标志位。当 T1 被允许计数后，T1 在设置的初值基础上加 1 计数，当计数到最大值时（因工作模式不同，最大值是不同的），再计 1 个数，T1 的值为 0，此时，由硬件置位 TF1。如果此时开放了 T1 中断，则 CPU 就会响应这个中断，程序自动跳转到 T1 的中断入口处执行程序，并且硬件自动对该位进行清零。TCON 既然可以进行位寻址，也可以由软件置位 TF1，这样就可以人为引发 T1 中断了。

　　TF0：T0 溢出标志位。当 T0 被允许计数后，T0 在设置的初值基础上加 1 计数，当计数到最大值时（因工作模式不同，最大值是不同的），再计 1 个数，T0 的值为 0，此时，由硬件置位 TF0。如果此时开放了 T0 中断，则 CPU 就会响应这个中断，程序自动跳转到 T0 的中断入口处执行程序，并且硬件自动对该位进行清零。同样，TF0 可以由软件置位，人为引发 T0 中断（与 TF1 相似）。

　　IE1：外部中断 1 的请求标志位。当外部中断 1 被允许时，该位为 1，则系统会响应外部中断 1 的请求，程序自动跳转到外部中断 1 的入口地址处执行程序，如果此时外部中断 1 设置成边沿触发，则硬件自动对该标志位进行清零。

　　IT1：外部中断 1 触发控制位。当 IT1 = 1 时，外部中断 1 设置成边沿触发，如果此时 P3.3 由高电平变为低电平，则会置位 IE1。当 IT1 = 0 时，外部中断 1 设置成电平触发，如果此时 P3.3 为低电平，则 IE1 会被置位。

　　IE0：外部中断 0 的请求标志位。当外部中断 0 被允许时，该位为 1，则系统会响应外部中断 0 的请求，程序自动跳转到外部中断 0 的入口地址处执行程序，如果此时外部中断 0 设置成边沿触发，则硬件自动对该标志位进行清零（与 IE1 相似）。

　　IT0：外部中断 0 触发控制位。当 IT0 = 1 时，外部中断 0 设置成边沿触发，如果此时 P3.2 由高电平变为低电平，则会置位 IE0。当 IT0 = 0 时，外部中断 0 设置成电平触发，如果此时 P3.2 为低电平，则 IE0 会被置位（与 IT1 相似）。

2. SCON

　　SCON 为串行接口控制寄存器，其地址为 98H，可以进行位寻址。

9FH	9EH	9DH	9CH	9BH	9AH	99H	98H
						TI	RI

　　在这个寄存器中，仅低两位的 TI 和 RI 与中断有关。

　　TI：串行接口发送中断标志。51 系列单片机的串行接口有四种工作方式。当工作在方式 0 时，每发送完 8 位数据，硬件就置位 TI；而当工作方式为另外 3 种时，则只要发送完有效的停止位，硬件就置位 TI。可见 TI = 1 表示一个字节发送结束，可以发送下一字节数据了。如果系统设置了中断，则硬件会自动转到串行接口的中断入口处执行程序，但硬件不会自动对这个标志位进行清零。

　　RI：串行接口接收中断标志。串行接口在允许接收数据后，当接收器接收到一个字节数据后，置位 RI。如果系统设置了中断，则硬件会自动转到串行接口的中断入口处执行程序，但硬件不会自动对这个标志位进行清零。

　　重点提示：RI 与 TI 均不会由硬件清零，其原因为发送中断与接收中断共用一个中断入口地址，不论两者中哪个中断发生了，均会跳转到同一处执行程序，这样就要求程序在入口处要判断一下，到底是哪个中断发生了，如果自动清零，则无法进行判断。判断结束后，要由软件对中断标志位进行清零，否则中断处理结束并退出后，会再次进入该中断程序中。

3. IE

IE 为中断允许控制寄存器，其地址为 A8H，可以进行位寻址，用于控制各中断是否开放。

AFH	AEH	ADH	ACH	ABH	AAH	A9H	A8H
EA	—	—	ES	ET1	EX1	ET0	EX0

EA：中断允许总控制位。中断系统是 CPU 的外设，这一外设是否有效，要看这一控制位是否有效。该控制位为 1 时有效，即该位为 1 时，中断系统工作；为 0 时，禁止中断系统工作，即使各中断源的允许位有效，也不能进入相应中断程序中。这一控制位相当于所有中断的总开关。

ES：串行口中断允许位，该位为 1 时有效。

ET1：定时器 1 中断允许位，该位为 1 时有效。

EX1：外部中断 1 中断允许位，该位为 1 时有效。

ET0：定时器 0 中断允许位，该位为 1 时有效。

EX0：外部中断 0 中断允许位，该位为 1 时有效。

据此，特殊功能寄存器的各位功能，各中断是否开放，最终是根据总允许位 EA 与各自的中断允许位相"与"运算，如果结果为 1，则这个中断最终是开放的；如果为 0，则禁止。

4. IP

IP 为中断优先级控制寄存器，地址为 B8H，可以对其进行位寻址。

BFH	BEH	BDH	BCH	BBH	BAH	B9H	B8H
—	—	—	PS	PT1	PX1	PT0	PX0

51 系列单片机有两个优先级，各中断源均可以设置成高优先级或低优先级，实现两级中断嵌套。一个正在执行的低优先级中断，可以被高优先级的中断打断，但不能被同级的中断打断；高优先级的中断不能被任何中断打断，直到这个中断程序结束时，执行 RETI 指令，运行返回到主程序，此后，要再执行一条指令，才能响应其他的中断申请。

PS：串行接口中断优先级控制位，当 PS = 1 时，串行接口的中断为高优先级；当 PS = 0 时，串行接口的中断为低优先级。

PT1：定时器 1 的中断优先级控制位，当 PT1 = 1 时，定时器 1 的中断为高优先级，当 PT1 = 0 时，定时器 1 的中断为低优先级。

PX1：外部中断 1 的中断优先级控制位，当 PX1 = 1 时，外部中断 1 为高优先级，当 PX1 = 0 时，外部中断 1 为低优先级。

PT0：定时器 0 的中断优先级控制位，当 PT0 = 1 时，定时器 0 的中断为高优先级，当 PT0 = 0 时，定时器 0 的中断为低优先级。

PX0：外部中断 0 的中断优先级控制位，当 PX0 = 1 时，外部中断 0 为高优先级，当 PX0 = 0 时，外部中断 0 为低优先级。

7.4 中断响应过程及外部中断

CPU 执行一条指令的时间称作指令周期，指令周期以机器周期为单位。一条指令可能需要一个机器周期，也可能需两个机器周期，用时最长的为乘法/除法指令，需要用 4 个机器周期才能完成。一个机器周期为 12 个振荡周期。

1. 中断响应过程

51 系列单片机的 CPU 在每一个机器周期都按自然优先级顺序检查各中断源，在机器周期的最后两个振荡周期进行采样，并按优先级响应被"使能"的、当前优先级最高的那个中断请求。这个响应受下面因素所限制：

1）CPU 当前正在处理同级别或更高级别的中断。

2）当前的机器周期不是正在执行的这条指令的最后一个机器周期。也就是说，CPU 必须在执行完一条指令后才能响应中断。

3）当前执行的是 RETI 指令，或者是对 IP、IE 的操作。对于这些情况，CPU 要执行完本条指令后，再执行一条其他指令，才能响应中断请求。

以上三个条件中，有任何一个条件存在，CPU 将丢弃查询到的结果。

堆栈在单片机的中断系统中非常重要。在实际应用中，通常需要一个用于保护现场的存储区域，这个区域，称为堆栈。所谓现场，就是当前程序中用到的存储单元及 PC 值等。在 51 系列单片机中，堆栈是按后进先出的机制设立的，堆栈指针 SP 指向堆顶的位置。对堆栈的操作由命令 PUSH 及 POP 来进行，请仔细研读，理解这两条指令，以便更加深刻地理解堆栈。

CPU 在响应中断时，先由硬件将当前的程序计数器（PC）压入堆栈，再将被响应的中断的入口地址送给程序计数器（PC），最后把相应的中断标志位 TF1、IE1、TF0、IE0 清零，但 RI 及 TI 除外。这样就去执行相应的中断服务子程序了。各中断源的入口地址为：

中断源	入口地址
外部中断	00003H
定时器 CT00	000BH
外部中断 1	0013H
定时器 1(T1)	001BH
串行口	0023H

不同的中断源，有着不同的入口，且入口地址固定。相邻入口间，只有 8 个字节的地址空间，不能存放过多的指令，所以通常在入口地址处，放置一条跳转指令，跳转到其他开阔存储区域。在程序中，经常用到累加器 A、B，工作寄存器 R0 ~ R7 及其他一些空间等；在中断子程序中，可能会用到这些存储空间，这样，就会破坏这些存储空间中的原有数据，使再次回到主程序时不能按原有数据运行、运算。所以程序在进入中断服务子程序时，应当首先对应用到的、受影响的空间进行保护，即送入堆栈中，称作保护现场。而在中断服务程序结束，即将返回主程序前，再将保护的数据恢复，称作恢复现场。在中断服务子程序中必须有 RETI 指令，程序一直运行到 RETI 指令为止，当执行这条指令时，由硬件恢复进栈时保护的 PC 值。

2. 外部中断响应时间

两个外部中断 INT0 和 INT1 的相应引脚电平，在每个机器周期的第 10 个振荡周期时被采样并将其锁在到 IE0、IE1 中，而这两位的状态，要在下一个机器周期才被查询。如果相应的中断被"使能"，且满足了响应的条件，则 CPU 执行一条硬件命令，跳转到对应的中断入口处，这一操作要用两个机器周期。所以，从外部中断发生到开始执行中断服务子程序的第一条指令，至少要用 3 个指令周期。中断的响应会受到前面讲的三个条件限制，如果被限制了，则响应的时间会更长，具体要看是什么原因了。

3. 外部中断的方式选择

TCON 寄存器中的 IT_X（$X=0$ 或 1）位，控制外部中断的触发方式，$IT_X=0$ 时，为电平触发，低电平有效；$IT_X=1$ 时，为下降沿触发。

（1）电平触发

当中断源设置为电平触发时，外部中断标志位 IE_X 的状态随着处理器在每个机器周期采样到的外部中断输入引脚的电平变化而变化。这时要求外部中断输入状态一直有效，就会标记相应的中断标志位。处理器处理中断结束，在返回主程序之前，外部中断源必须无效，否则，程序会再次进入这个中断程序中。

（2）边沿触发

对于边沿触发方式，当 CPU 检测到外部中断输入引脚的负跳变时，相应的外部中断申请标志位置位，并锁存状态。所以，即使处理器暂时未处理这个中断，中断申请也不会丢失。在相邻的两个机器周期里，如果前一个机器周期检测到的外部中断引脚电平为高，而后一个机器周期检测到的这个中断引脚电平为低，则置位相应的中断标志位。当 CPU 响应这个外部中断时，硬件自动对这个中断标志位进行清零。当 CPU 对中断引脚检测时，外部中断引脚的低电平至少要保持一个机器周期，才能被 CPU 采样到。

4. 外部中断的扩展

对于 51 系列单片机系统，CPU 本身只有两个外部中断源可用，这样，在一些具体应用中，这一资源则略显不足，所以，可以在系统中对这一资源进行扩展。

图 7.3 为外部中断扩展的原理图。

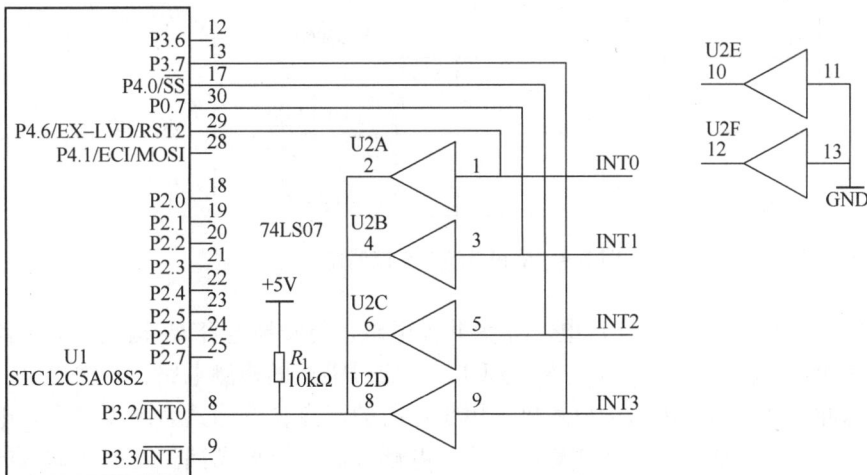

图 7.3 外部中断扩展原理图

图中的单片机采用 STC12C5A08S2，这个型号的单片机与 MCS-51 兼容，其指令周期为 1 个振荡周期，且有两个串行接口，内部有 8KB 的 ROM 等资源。U2 为 74LS07，这是一个具有 6 个缓冲器的芯片，OC 门输出。之所以采用 OC 门（也可以采用 OD 门）是为避免 4 个缓冲器 U2A、U2B、U2C、U2D 的输出电路相互影响。而对于 U2E、U2F，之所以采用这种连接方式，是因为这两个缓冲器没有使用，如果其输入引脚悬空，可能影响 74LS07 的稳定工作，故将这两个缓冲器的输入接地（也可以接电源）。如果程序中"使能"了外部中断 0，则 4 个外部中断（要求平时均为高电平）中的任一个为低电平，均会引发外部中断 0，并进入外部中断 0 的中断子程序中。在中断程序中，先通过对 P3.7、P4.0、P0.7 及 P4.6 引脚的状态进行判断，确定到底是哪一个或哪些中断引发的，然后去执行相应操作即可。

7.5 利用中断技术实现单相电动机调速的实例

电动机调速技术，在工业、农业及日用电器中广泛应用，比如调节排风的风量，调节管道的压力等，如家用吸尘器。通过调节交流电的频率，可以有效地调节电动机的转速，称为变频调速，这是一种将交流电转换成直流电，再利用微处理器技术及电力电子技术，将直流电转换成任意频率的交流电的一门技术。目前该技术已成熟，市场上有各种规格的商品化产品。在一些对调速要求不高且低成本的场合，通过调节电动机供电电压的有效值，也可以达到调节单相电动机转速的目的，本节介绍这一技术。具体电路如图 7.4 所示。

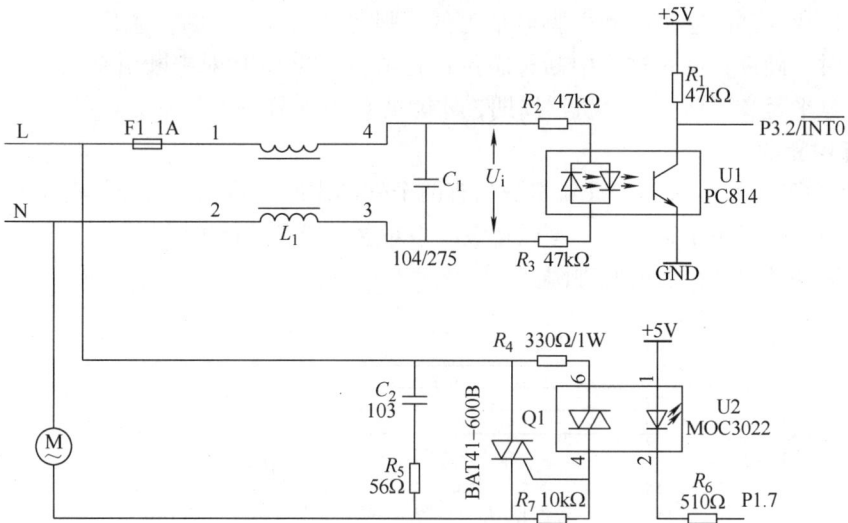

图 7.4 单相电动机交流调速电路

电路中，L、N 为 220V 的交流电。L_1 为共模电感，与安规电容 C_1 构成滤波电路，用于滤除交流电中的干扰信号。R_1、R_2、R_3 与 U1，构成过零点的检测电路，其输出是一个周期为 10ms 的脉冲。这个脉冲传送给单片机，用于定时的起点，故称其为同步信号。电路的关键器件为 U1，是一只输入侧为双向发光管的光电耦合器，简称光耦。光耦在输入的交流电过零点附近时，均不会使输入侧的发光管发光，输出侧的光电晶体管截止，使接到 P3.2 的输出为高电平；但在离开零点附近后，光耦输入侧的发光管发光，使输出侧的晶体管导通，输出为低电平，这样就得到了脉冲信号。相邻两个脉冲信号间的时间间隔为 10ms，这是由交流电的频率决定的。在这个电路中，R_1 的值不能太小，该系统设计之初曾使用 5.1kΩ 的电阻，此时得不到同步信号，最终采用 47kΩ 的阻值，得到的同步信号稳定、规整。此部分电路的输入/输出波形如图 7.5a 所示。

在相邻的两个同步信号间，通过控制双向晶闸管的导通就可以使电动机得到交流电压。控制双向晶闸管导通的信号称作触发脉冲，触发脉冲与电压零点的相位角称作移相角。以同步脉冲的下降沿为起点，利用单片机内部的定时器，可以调整移相角的大小，从而控制输出电压的有效值大小，达到调节单相电动机转速的目的。

在此电路中，同步信号接至外部中断 0 引脚，设置外部中断 0 为边沿触发。这样，CPU 在交流电过零点的时刻，进入外部中断 0 中断服务子程序，此时，再启动定时器，定时范围为 0~8ms（不能定时 10ms，以防止因感性负载失控），时间到，则通过 P1.7 引脚发触发脉冲。这样就利用外部中断及定时器的定时功能，达到移相的目的，最终实现调速。

电路图的下半部分为触发调速部分。R_6 接到单片机的 P1.7 引脚，当 P1.7 = 0 时，晶闸管型的光耦 U2 输入端发光，Q1 此时达到触发导通的条件导通，直到过零点处或过一点后截止（因负载而异）。而当 P1.7 = 1 时，U2 输入端不发光，其输出侧相当于断开，Q1 的门极无触发电压，晶闸管不会导通。电路中的 C_2 与 R_5 为阻容吸收回路，这个回路是不可缺少的，用于吸收 Q1 两端的过电压，要注意 C_2 的耐压值不能太低，应在 500V 左右或更高。图 7.5b 为某一移相角下的输入/输出电压波形，供参考。

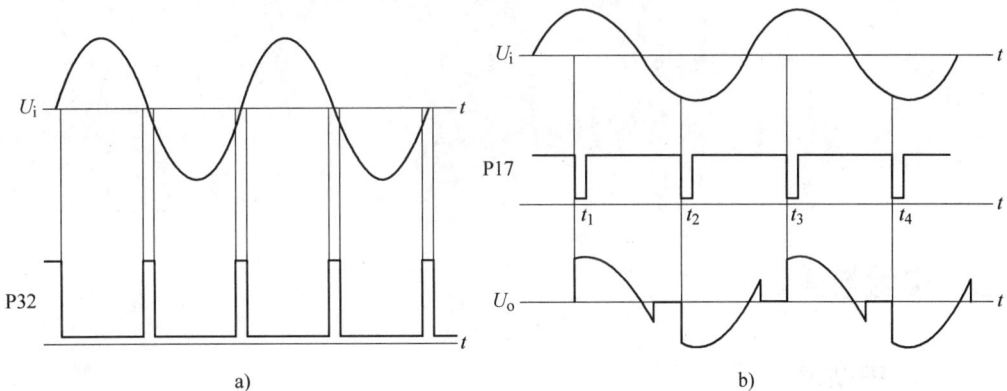

图 7.5　波形图

a）同步信号波形　b）触发及输出电压波形

本电路的相关参考程序如下，晶振频率采用 11.0592MHz。

```
#include "stc_new_8051.h"
#define ts_c P17                         //调速控制端,0 有效
unsigned char ts_th,ts_tl;               //调速的设定值
void sys_init(void)                      //系统初始化设置
{
```

```
        TMOD = 0X11;                    //T1 用于调速时使用
        IT0 = 1;                        //外部中断 0 为边沿触发
        EX0 = 1;                        //允许外部中断
        ET1 = 1;                        //允许 T1 中断
        EA = 1;                         //允许定时器 0 和 1 中断
}
void int0_isa(void)interrupt 0         //外部中断 0 中断服务子程序,用于启动定
                                          时器 1
{                                      //以便进行移相角控制
        TH1 = ts_th;
        TL1 = ts_tl;
        TR1 = 1;
        WDT_CONTR = 0x35;
}
void t1_isa(void)interrupt 3           //定时器 1 中断服务子程序,用于触发脉冲
                                          输出控制
{
        unsigned char i;
        ts_c = 0;
        TR1 = 0;
        for (i = 0;i < 120 ;i++ )
              _nop_( );
        ts_c = 1;
}
```

7.6 实验与实训

7.6.1 多中断源的连接

1. 实验目的
掌握中断的使用,并利用 C51 进行编程。进一步学习 C51 语言在单片机中的具体应用。

2. 实验说明
不同的中断源,解决的问题不一样,这里仅就实际中经常遇到的多个外中断源问题加以阐述。

3. 实验要求
某工业监控系统,具有温度、压力、pH 值等多路监控功能,中断源的连接如图 7.6 所示。对于 pH 值,在小于 7 时向单片机申请中断,单片机响应中断后使 P3.0 引脚输出高电平,经驱动,使加碱管道电磁阀接通 1s,以调整 pH 值。

系统监控通过外中断$\overline{INT0}$来实现，这里涉及对多个中断源的处理，处理时往往通过中断加查询的方法来实现。图 7.6 中把多个中断源通过"线或"接于$\overline{INT0}$（P3.2）引脚上，无论哪个中断源提出请求，系统都会响应$\overline{INT0}$中断。响应后，进入中断服务子程序，在中断服务子程序中通过对 P1 口线的逐一检测来确定哪一个中断源提出了中断请求，进一步转到对应的中断服务子程序入口位置执行对应的处理程序。在 pH 值超限中断请求线路后加了一个 D 触发器，pH 值超限中断请求从 D 触发器的 CLK 输入，用于对 pH 值超限中断请求撤除。这里只针对 pH<7 时的中断构造了相应的中断服务程序 int02。

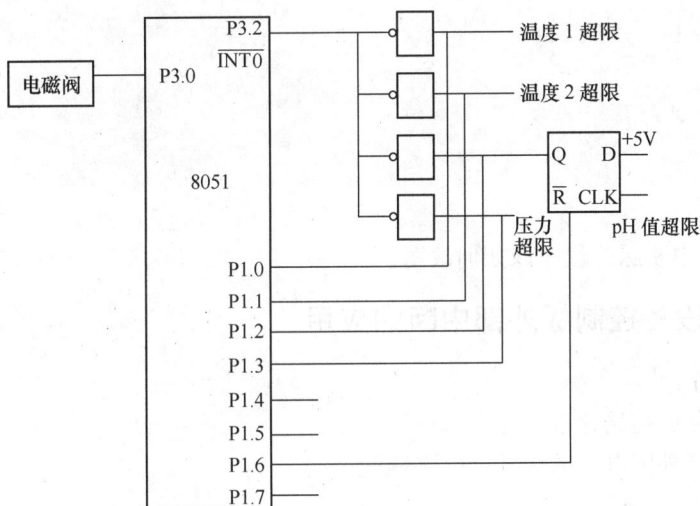

图 7.6 多个外中断源的连接

4. 参考程序

```
#include<reg51.h>
sbit  P10=P1^0;
sbit  P11=P1^1;
sbit  P12=P1^2;
sbit  P13=P1^3;
sbit  P16=P1^6;
sbit  P30=P3^0;
void  int0()  interrupt  0  using1
{
  void  int00();
  void  int01();
  void  int02();
  void  int03();
```

```
    if (P10==1){int00();}                    //查询调用对应的函数
    else  if(P11==1) {int01();}
    else  if(P12==2) {int02();}
    else  if(P13==1) {int03();}
}
void  int02()
{
unsigned  char  i;
P30=1;
for(i=0;i<255;i++);
P30=0;
P16=0;P16=1;
}
```

5. 思考题

如扩展 8 个中断源，程序该如何改写。

7.6.2 游乐设备控制板外部中断的应用

1. 实验目的

1）掌握中断的初始化设置。

2）了解中断外围电路的设计及电平匹配。

2. 实验说明

外部中断是单片机应用中常常用到的资源之一，对此要做到熟练掌握，才能更好地使用单片机。通过本实验，可以了解中断的硬件结构，也可以掌握软件的设计结构。

3. 实验电路

电路如图 7.7 所示。本例是一款游乐设备控制板中的部分电路。实现对游乐设备进行启动、停止控制及运行次数显示、保存。

JP2 用于接投币器。每投一次游戏币，其输出一个 12V 的负脉冲。C_8 用于滤除尖峰干扰信号；R_{18}、R_{19} 构成分压电路，使得投币器输出引脚输出负脉冲达到 6.6V 以下，以确保只有投币信号有效时，才能使光耦发光管发光。单片机的 8 脚为 INT0 引脚，平时为高电平，当投币信号到来时，发光管导通，使输出产生一个负脉冲，引发单片机产生一个外部中断 0，每投 3 个游戏币，启动一次设备，计一次数。

M1、DIP1、U3 等，构成无线遥控接收电路。该控制板可以配置图 7.8 这样的遥控器，利用遥控器来启动设备运行。遥控器采用 PT2262/PT2264 一类的遥控芯片，振荡电阻采用 4.7MΩ。PT2274M4 与遥控器的芯片配对使用，可对其进行解码。只有地址相同的信号才能成功解码，为此电路中设置的 DIP1 这个拨码开关，用于设置地址，使其与遥控器上的地址相同。遥控器上最多有 15 个键，可以少于 15；每一个键有一个键值与之相对应。经 PT2272 解码后，键值在 PT2272 的 D1~D4 输出引脚上输出，同时，PT2272 的 VT 引脚输出一个正脉冲。正脉冲经晶体管 Q7 倒相后，送给单片机的 INT1 引脚，以产生外部中断 1。在中断中，

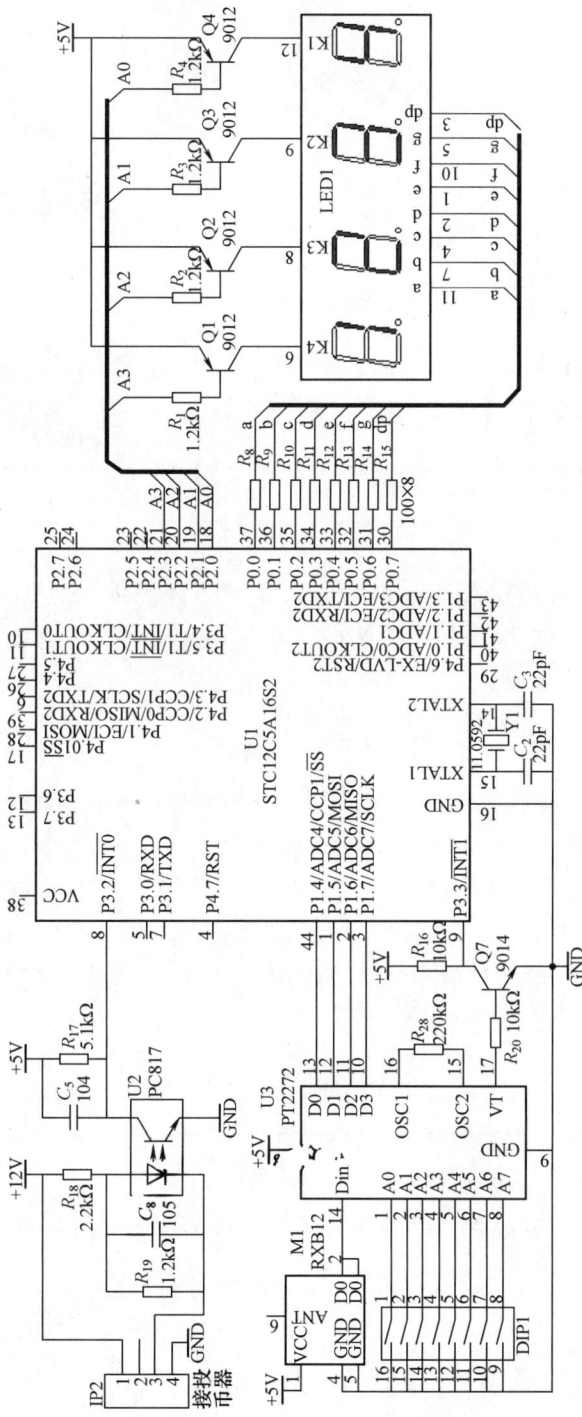

图 7.7 外部中断实验电路

进行键值区分，如果是与本身的编号相同，则启动设备。

图 7.8　遥控器外观

4. 实验程序（节选部分）

```c
#include "stc_new_8051.h"
/ ************************************************************ /
void init(void)
{
    ITO = 1;          //边沿触发,投币信号的处理,在外部中断 0 中处理
    IT1 = 1;          //遥控信息的处理过程
    EA = 1;
    tb_sum = 0;       //其他资源的初始化设置及变量设置
}
/ ************************************************************
  函数名称:void int0_isa(void)interrupt 0
  函数功能:外部中断 0 的子程序,当有币子投入时,对总的币子数进行加 1
  适用机型:51,1T 6M
  ************************************************************ /
void int0_isa(void)interrupt 0
{
    unsigned char buff[2];
    sround(2);        //启动声音,提示投币成功
    tb_sum++;         //投币次数加 1
    if (tb_sum == 3)  //达到 3 次,启动设备,记录启动次数并保存
    {
        tb_sum = 0;
        yx_sum++;
        start();      //启动设备运行
        buff[0] = yx_sum / 256;
        buff[1] = yx_sun % 256;
```

```
        ease(0);
        write(0,2,buff);        //启动次数保存到 EEPROM 中
        yx_ing = 1;             //设备处于运行中标志
    }
}
/ ***********************************************************
  函数名称:void int1_isa(void)interrupt 2
  函数功能:外部中断 1 服务子程序,接受遥控信号。
  适用机型:51, 1T   6M
  *********************************************************** /
void int1_isa(void)interrupt 2
{
    unsigned char buff[2];
    unsigned char i;
    i = P1 >> 1;                //读取键值
    if (i == addr)             //如果是对本机的操作,则执行下面的操作
    {
        sround(2);             //启动声音,提示遥控成功
        if (yx_ing == 0)       //当前设备未运行,启动设备,记录次数
        {
            yx_sum++;
            start();           //启动设备运行
            buff[0] = yx_sum / 256;
            buff[1] = yx_sun % 256;
            ease(0);
            write(0,2,buff);   //启动次数保存到 EEPROM 中
        }
        else
            stop();            //如果设备在运行中,则再次遥控时,停止运行。
    }
}
```

5. 思考题

本实验中,两个外部中断均设置成了边沿触发,如果将触发方式更换成电平触发是否可行,如果可行,则程序要做何修改?

本 章 小 结

51 系列单片机具有 5 个中断源,即INT0、INT1、T0、T1 和串行口中断,有两个中断优

先级。对中断系统的控制主要是由 4 个特殊功能寄存器 TCON、SCON、IE 和 IP 共同实现。各中断源均有自己相应的中断请求标志位，当有中断请求时，相应的标志位被硬件置 1。当中断请求被响应后，标志位由硬件自动清零（串行口除外）或软件清零（仅串行口中断必须由软件操作）。CPU 对中断的允许或禁止由中断允许控制寄存器（IE）中的 EA 位来控制。当总控位 EA＝0 时，所有中断请求被禁止；当 EA＝1 时，CPU 打开中断，但 5 个中断源的中断请求是否被允许，还要由 IE 中各中断允许位来决定。对每个中断源优先级的设置可以通过 IP 寄存器的设置来实现，IP 的位与某一中断源相对应。当某一位设置为 1 时，则与之对应的中断源被设为高优先级；设置为 0 时，则与之对应的中断源被设置为低优先级。当具有同一优先级的多个中断源同时发出中断请求时，CPU 根据由硬件决定的自然优先级确定优先响应哪一个请求。

标准的 MCS-51 单片机仅有 5 个中断源，在具体应用中经常受到数量及功能上的限制。为此，常常要对中断资源进行扩展。近年来，有很多基于 MCS-51 内核的单片机涌现，它们增加了一些中断资源，应用起来方便很多。比如本书举例中常提到的 STC12C5A08S2，它就有两个串行接口及其对应的中断，8 路 A/D 转换通道及相应的中断。另外，中断优先级也由原来的两级增加到 4 级。了解更多的单片机芯片，对于单片机系统的开发设计，具有重要意义。

习　题

1. 填空题

（1）中断是单片机在执行程序的过程中，因为 CPU 的＿＿＿＿＿＿＿＿突发事件，引发中止正在执行的程序，转去执行处理突发事件的程序。这个处理突发事件的程序，称作＿＿＿＿＿＿＿＿。这些突发事件，是随机发生的，程序本身无法预知。当中断服务子程序指令执行完成，再返回＿＿＿＿＿＿＿＿，接续原来的程序执行操作。

（2）中断系统由＿＿＿＿＿＿＿、＿＿＿＿＿＿＿、＿＿＿＿＿＿＿等构成。

（3）单片机总是优先响应＿＿＿＿＿＿的中断请求；另外，＿＿＿＿＿＿＿的中断可以被高优先级的中断打断，同级优先级的中断不能＿＿＿＿＿＿＿＿，低优先级的中断＿＿＿＿＿中断高优先级的中断。

（4）对于外部中断的边沿触发，当 CPU 检测到外部中断输入引脚的负跳变时，标志相应的＿＿＿＿＿＿＿＿标志位，并锁存状态。所以，即使处理器暂时未处理这个中断，中断申请＿＿＿＿＿＿＿＿。

（5）对于外部中断的电平触发方式，外部中断标志位 IE_X 的状态随着处理器在每个机器周期采样到的外部中断输入引脚的＿＿＿＿＿＿＿＿。这时要求外部中断输入状态一直有效，即低电平，就会标记相应的中断标志位。处理器处理中断结束，在返回主程序之前，外部中断源＿＿＿＿＿＿＿＿，否则，程序会＿＿＿＿＿＿＿＿。

2. 选择题

（1）外部中断标志位，存在于＿＿＿＿＿＿＿寄存器中。

A. TMOD　　　　　B. IE　　　　　C. TCON　　　　　D. IP

（2）定时器 0 以方式 1 定时，并设置了其中断允许控制位。可以进入定时器 0 中断的方法有_____。

    A. 单片机复位　　　　　　　　　　B. 单片机引脚 $\overline{INT0}$ 被外部电路拉低

    C. 定时器 0 计数到 0XFFFF　　　　D. 定时器 0 计数到 0XFFFF 后，再计一个数

（3）关于串口中断，下面描述正确的是_____。

    A. 串口接收与发送，共用一个中断入口地址

    B. 发送串口中断后，中断系统会自动对相关标志位进行清零

    C. 串口工作在方式 2 时，发送数据，立即置位 TI

    D. 串口工作在非 0 方式时，定时器 0 作波特率发生器

（4）对于中断优先级的描述，正确的是_____。

    A. 中断系统有两个优先级，一个是自然优先级，另一个是通过优先级寄存器设置的高
优先级与低优先级

    B. 串口的自然优先级最高

    C. 同优先级的中断可以被相互打断

    D. 不同级别的中断优先级均不能被其他中断打断

（5）外部中断最快可以在_____时间内响应。

    A. 3 个振荡周期　　　　　　　　　B. 3 个机器周期

    C. 立即响应，无需等待　　　　　　D. 5 个机器周期

3. 简答题

（1）外部中断有哪两种触发方式？应用时如何选择和设置？

（2）51 系列单片机各中断源的中断服务程序入口地址分别是多少？

（3）如何利用单片机，实现直流电动机的调速控制。

（4）请查找 STC15F 系列单片机资料，了解其中断系统的构成。

（5）实验与实训的内容中的例子中，原来遥控功能正常，现出现不能遥控的故障，而遥控器当前是正常的，试分析可能出现的原因。至少列出 5 条可能发生的情况。

4. 编程题

（1）试编写定时器 0 的初始化程序，定义其为工作方式 1，定时 100ms（假定时钟为 11.05952MHz）并开放这个中断，定义为高优先级。

（2）利用外部中断 1，编写一个单脉冲程序，输出引脚随意，单脉冲的高电平时间为 1ms。

（3）试编写实验与实训电路中，显示功能的驱动程序，要求在定时器中断中调用或完成。定时器定时 20ms，以使刷新频率为 50Hz。

第8章

单片机的接口技术与扩展技术

教学提示

当前市场流行的单片机，有着各种各样的资源，可以根据具体应用来进行选择。但是在实际应用中，因为设计者的习惯，具体应用需求或价格等因素的影响，往往采用的单片机并非是最优选择，通常要进行一些资源的扩展。所谓扩展，就是因为单片机芯片本身没有用户的应用需求的资源或资源数量不足，从而将 CPU 芯片的数据线、地址线、控制线等引脚连接到其他具有相关功能芯片的引脚上，使其他芯片在本系统中发挥设计功能的作用，这种增加系统资源的方法就是扩展。利用 CPU 芯片的引脚或者在引脚加上内部相关功能资源，实现的系统资源扩展，就称为接口技术。接口技术可以实现程序存储器、数据存储器、I/O 接口、定时器、显示电路或模块、A/D 转换、D/A 转换、专用芯片等诸多功能器件的扩展。通过本章的学习，可以使读者掌握单片机的常用类型扩展技术，提高单片机应用能力。本章的所有内容，均为作者实践应用的节选，读者可将其借鉴到自己的具体应用中。

学习目标

- ➢ 单片机最小系统构成。
- ➢ I²C 总线的 EEPROM 芯片的扩展。
- ➢ 采用 TTL 芯片实现的 I/O 接口扩展。
- ➢ 键盘显示芯片的扩展。
- ➢ 液晶显示屏的扩展。
- ➢ 时钟芯片的扩展。
- ➢ 串行 A/D 转换器的扩展。
- ➢ 串行 D/A 转换器的扩展。
- ➢ 温湿度传感器的应用。

知识结构

本章知识结构如图 8.1 所示。

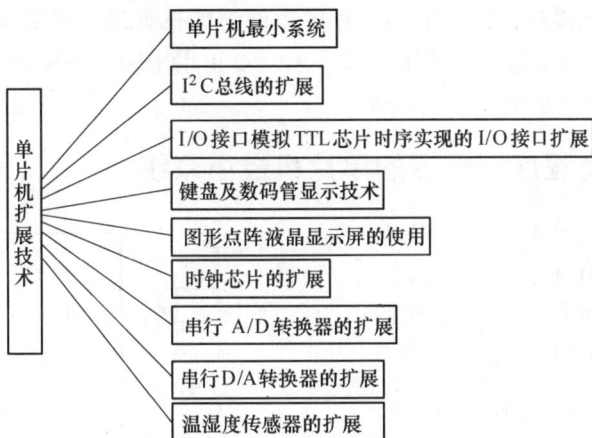

图 8.1 本章知识结构

8.1 单片机的最小系统

可以让单片机本身运行起来的最简单的电路，就是常说的单片机最小系统。不同型号的单片机芯片最小系统也不相同。

8.1.1 8031 单片机的最小系统

早期进入我国的 MCS-51 系列单片机是 Intel 公司的 8031，此芯片内部没有 ROM，所以，在应用时必须扩展程序存储器才能使用。另外，因为在扩展程序存储器时，还要占用 P0 口和 P2 口，所以真正留给设计者的引脚资源就少了很多。

8031 单片机目前几乎不再使用，但还存在早期使用的相关产品，所以，在此做简单介绍。8031 的最小系统如图 8.2 所示。

CPU 采用 8031 的控制系统，因芯片内部无程序存储器，所以，必须为其扩展

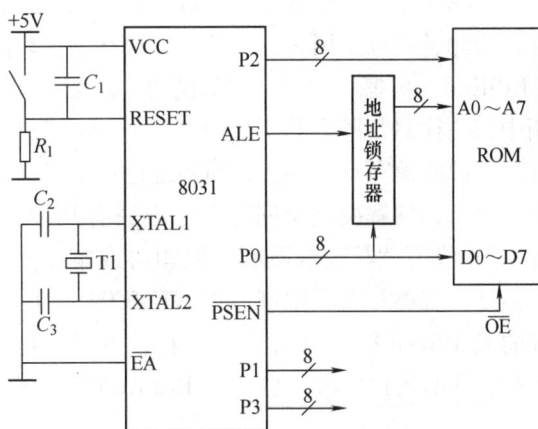

图 8.2 8031 的最小系统

ROM 才能运行；复位电路及振荡电路也是系统工作的必要条件。复位电路由 R_1、C_1 及按键构成。单片机可靠复位的条件是在 RESET 引脚上出现两个机器周期的高电平。利用 RC 充放电时间常数可以计算出 R 及 C 的值，当然与晶振的频率也是相关的。通常 R_2 取 8.2kΩ，C_1 取 10μF，在 6MHz 时就能可靠复位。振荡电路由芯片内部电路及芯片外的电容 C_2、C_3 及晶振 T1 构成，如果 T1 采用的是晶体，则电容的容量一般选择在 20pF~40pF 之间；如果 T1 采用的是陶瓷振荡器，则电容一般选择在 30pF~50pF 之间。作者在实践中，均采用晶振，电容采用 22pF。

此电路中，$\overline{EA}$ 必须接地，这个引脚是程序存储器的选择端，当其为低电平时，外部扩展的程序存储器有效。从本最小系统中可以看出，真正用于输入及输出的端口只有 P1 口和 P3 口，I/O 口的数量因扩展的需要而减少了。

8.1.2　芯片上具有程序存储器的单片机最小系统

如图 8.3 所示，单片机采用了 AT89C51，因芯片内有了 ROM，所以，系统中只要有复位电路及振荡电路就能运行，此时的 P0～P3 口均可用做 I/O 口使用。注意 $\overline{EA}$ 端一定要接高电平，即 +5V 电源上，该引脚为高电平时，外扩程序存储器无效。对于有些芯片，甚至连复位电路都可以取消，如 STC 系列的单片机，但是，如果系统要求有人工强制复位的功能，则复位电路必须存在。

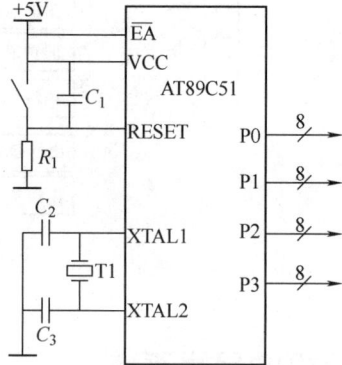

图 8.3　AT89C51 构成的最小系统

8.2　I²C 总线 EEPROM 芯片扩展

在实际应用中，经常遇到对数据进行保存的情况，且保存的数据要求不能因系统掉电而丢失。为此，可以采用具有内部 EEPROM 的单片机芯片，如 STC 系列单片机。但芯片内部的 EEPROM，可擦写次数是有限制的，一般为 10 万次。这个数量听起来比较大，但在实际应用中，往往对其擦写的次数可能超过这个数量，这样，系统的使用寿命就会比较短。比如，每分钟要擦写一次的话，则系统运行 70 天，就达到 10 万次，此时芯片就会出现比较高的损坏率。如何解决这个问题呢？方法有几种：第一种，采用非易失性 ROM，如 DS1230，这种 ROM 没有读写次数限制，但相对成本比较高；第二种，采用相对廉价的 EEPROM 芯片，但是，有擦写次数限制，如 AT24C04 一类的 I²C 芯片，擦写次数为 100 万次，较 CPU 内部的 EEPROM 扩大 10 倍；第三种，系统具有掉电检测功能，当检测到掉电时，再进行数据保存，此时可以大大减少"写 EEPROM"的操作，但电路变得复杂，成本提高。

8.2.1　器件引脚

AT24C01/02/04/08/16，为两线串行 I²C 器件，是具有 1KB/2KB/4KB/8KB/16KB 字节的 EEPROM，工作电压为 1.8～5.5V，有多种封装及多种级别可供用户选择。芯片为 8 脚，其中 VSS 为电源地；VCC 为供电电源；WP 为写保护引脚，其为高电平时，芯片为只读；SCL 为时钟线；SDA 为串行数据线；A0、A1、A2 为器件地址线，并非所有器件均有这三个引脚（实际上引脚还是 8 个，但只有引脚，没有功能，内部无连接），因有地址线，所以，系统中可以连接多个这种器件，用于存储空间的扩展。如图 8.4 所示，其器件地址线按二进制的形式分别接到电源及地上；WP 为写保护控制端，当其为高电平时，器件为只读，当悬空或为低电平时，器件可读可写；SDA 为串行数据端，既可以向芯片写数据，也可以从芯片中读取数据。因内部为开路结构，故必须接一上拉电阻；SCL 为串行时钟，数据的读取及写入，均要在时钟的控制下进行。

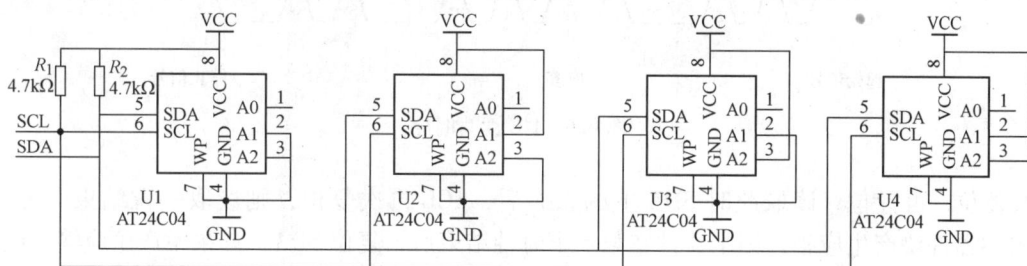

图 8.4　多片 AT24C04 的扩展

8.2.2　I^2C 总线协议简述

作为 I^2C 器件，必须遵守 I^2C 总线协议，该协议规定：

1）只有在总线空闲时（SDA 与 SCL 同时为高电平），才允许启动数据传送。

2）在数据传送过程中，当时钟线为高电平时，数据线必须保持稳定状态，不允许有跳变。

3）在时钟线保持高电平期间，数据线从高电平变为低电平，为总线的起始信号。

4）在时钟线保持高电平期间，数据线从低电平变为高电平，为总线的停止信号。

在 I^2C 通信中，任何将数据传送到总线的器件为发送器；任何从总线接收数据的器件为接收器；数据传送是由发出串行时钟和起始/停止信号的主器件控制的。在单片机系统中，一般 CPU 为主器件，而系统中的 AT24Cxx 为从器件。主器件既可以是发送器，也可以是接收器。

主器件通过发送一个起始信号，来启动发送过程，然后，再发送一个需要寻址的从器件地址。从器件的地址如图 8.5 所示，其中高 4 位固定为 1010，A2、A1 及 A0 为器件实际所接的地址（对应器件引脚的 A0、A1、A2），a10、a9、a8 为欲寻址的内部存储单元的地址对应位，最后一位是确定对器件进行的操作是读取还是写入。

24C01/02	1	0	1	0	A2	A1	A0	R/$\overline{W}$
24C04	1	0	1	0	A2	A1	A8	R/$\overline{W}$
24C08	1	0	1	0	A2	A9	A8	R/$\overline{W}$
24C16	1	0	1	0	A10	A9	A8	R/$\overline{W}$

图 8.5　AT24Cxx 器件寻址命令字

I^2C 总线在进行数据传送时，每传送完一个字节数据，接收器都要发出一个应答信号 ACK，但在读取数据时，读最后一个字节是不需要接收器件发出应答的。应答是在第 9 个时钟期间，接收器将 SDA 端电平拉低，以表示接收到一个字节。如果在第 9 个时钟期间，没有将 SDA 电平接低，则没有应答。I^2C 读写时序如图 8.6 所示。

从图 8.6 的读写时序上可以看到，在读写期间，SDA 的高低变化，均发生在 SCL 为低电平期间。当主器件向从器件写数据时，主器件要在 SCL 复位期间，将数据位送到 SDA 上，再将 SCL 置位，然后再复位，则实现了一位的发送。而主器件读取从器件的数据时，先将

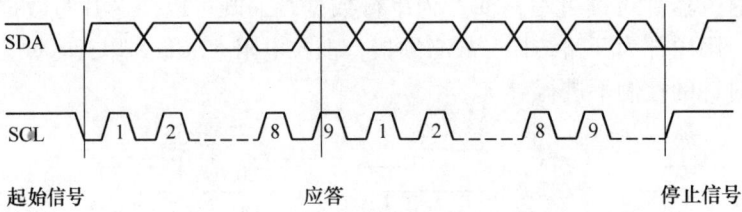

图 8.6   I²C 读写时序

SCL 复位，再置位，读取此时 SDA 上的状态后，SCL 再次复位，则读取一位结束。另外，如果主器件要产生应答，则主器件在第 8 个时钟结束后，复位 SDA，如果不产生应答，则置位 SDA。

被扩展的芯片有着其固有的特性，其各引脚的高低电平在时间上均有要求，如高低电平保持的时间长短，出现的时间先后，及先后相对多长时间等，这就是时序。这些特性，在芯片的规格书中均有说明。利用单片机对芯片的操作，必须严格遵守相关时序，才能实现对芯片的正确操作。AT24Cxx 的时序如图 8.7 及表 8.1 所示。其中的几个时间：$t_{HD:STA}$，t_{LOW}，t_{HIGH}，$t_{SU:STA}$，$t_{SU:STO}$，在编写驱动程序时，必须加以注意。

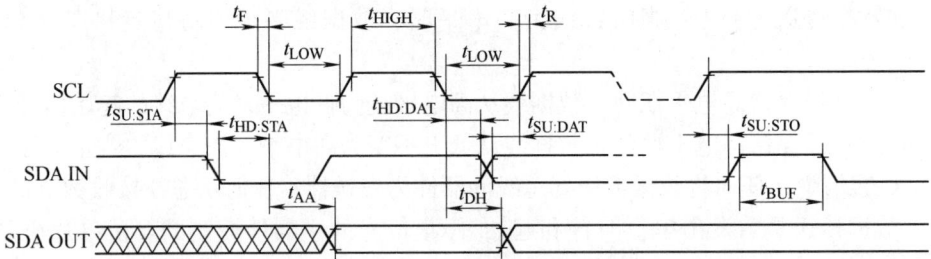

图 8.7   总线时序

表 8.1   读写时间范围

符号	参数	单位	1.8V、2.5V		4.5~5.5V	
			最小	最大	最小	最大
F_{SCL}	时钟频率	kHz	—	100	—	400
T_1	SCL，SDA 输入的噪声抑制时间	ns	—	200	—	200
t_{AA}	SCL 变低至 SDA 数据输出及应答信号	μs	—	3.5	—	1
t_{BUF}	新的发送开始前总线空闲时间	μs	4.7	—	1.2	—
$t_{HD:STA}$	起始信号保持时间	μs	4	—	0.6	—
t_{LOW}	时钟低电平周期	μs	4.7	—	1.2	—
t_{HIGH}	时钟高电平周期	μs	4	—	0.6	—
$t_{SU:STA}$	起始信号建立时间	μs	4.7	—	0.6	—
$t_{HD:DAT}$	数据输入保持时间	ns	0	—	0	—
$t_{SU:DAT}$	数据输入建立时间	ns	50	—	50	—
t_R	SDA 及 SCL 上升时间	μs	—	1	—	0.3

（续）

符号	参数	单位	1.8V、2.5V		4.5~5.5V	
			最小	最大	最小	最大
t_F	SDA 及 SCL 下降时间	ns	—	300	—	300
$t_{SU;STO}$	停止信号建立时间	μs	4	—	0.6	—
t_{DH}	数据输出保持时间	ns	100	—	100	—

8.2.3 写数据操作

写操作有两种：字节写操作及页写操作。

1. 字节写操作

这种操作的流程是主器件发送起始命令和从器件的地址（这个字节的最低位为 0 表示为写操作）给从器件，在收到从器件的应答后，主器件发送欲写数据的器件内部的存储单元地址，再次接收到从器件的应答后，发送数据到器件内部的存储单元，再次接收到从器件的应答，则主器件发出停止条件，这一系列的操作，就实现了对某个器件的某一具体地址写数据的操作。请注意，数据在收发过程中，高位在前，低位在后。写字节时序如图8.8 所示。

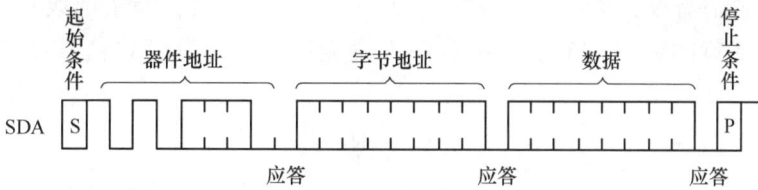

图 8.8　字节写操作时序

2. 页写操作

AT24C01 可一次最多写入 8 个字节，称作一页；其他型号的芯片，则一次可以最多写16 个字节，也称作一页。其操作流程与字节操作类似，不同之处在于，写完了一个字节数据后，等到从器件的确认信号 ACK 后，则可继续写下一个字节的数据，直到最后一个字节写完，接收到应答后，主器件才能发出停止信号。时序图如图 8.9 所示。在进行页写操作时，要注意，写存储单元的地址，一定是页的起始地址，如对 24C01 进行页写，对 8~15 单元写入数据，则字节地址必须是 8，如果写成了 9，则存入的数据位置会发生变化，此时写入的 8 个数，实际上依次存入了 9、10、11、12、13、14、15、8 地址中。

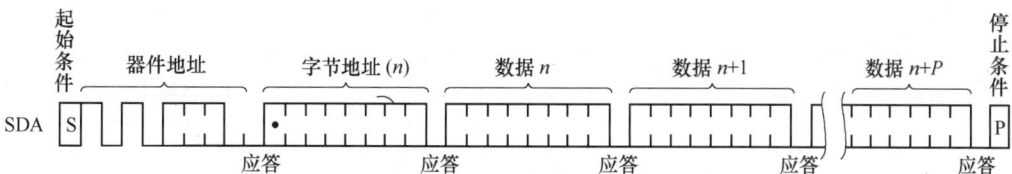

图 8.9　页写操作时序

8.2.4 读取操作

AT24Cxx 的读取操作分为三种：立即读、选择性读及连续读。

在芯片内部有个地址计数器，其内容为最后一次操作的字节地址加 1，即一直指向下一单元。

1. 立即读

操作流程为：主器件发送起始命令后，发出从器件地址，注意此时的最低位为 1，表示读取数据。待得到从器件应答后，从器件发送一个字节的数据，主器件不发送应答，直接发出停止信号，来结束立即读操作。立即读操作时序如图 8.10 所示。

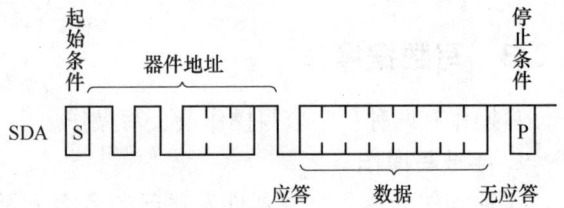

图 8.10 立即读操作时序

2. 选择性读

选择性读是指读取 24Cxx 的某个任意地址中的数据。操作的流程是：主器件发送起始命令后，发送从器件的地址，此时要求最低位为 0，为一个假的写操作命令，用于定位地址。接收到从器件应答后，发送欲读取数据的存储单元地址，再次收到应答信号后，主器件重新发送起始命令，然后发送从器件地址，最低位为 1，表示读取数据，收到应答后，读取一个字节的数据，最后，主器件不发应答，直接发停止信号结束。如图 8.11 所示。

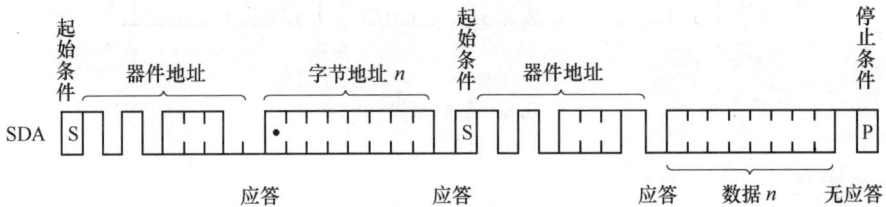

图 8.11 选择性读时序

3. 连续读

连续读就是指一次读取多个字节，字节数不超过存储器所能存储数据的总字节数。连续读取操作，可通过立即读取或选择性读取来启动，接收器在收到一个字节数据后，返回一个应答，来通知 24Cxx 还要读取下一个字节，直到读取最后一个字节为止。当接收器收到最后一个字节后不产生应答，而是产生一个停止信号来终止整个读取过程。如图 8.12 所示时序。

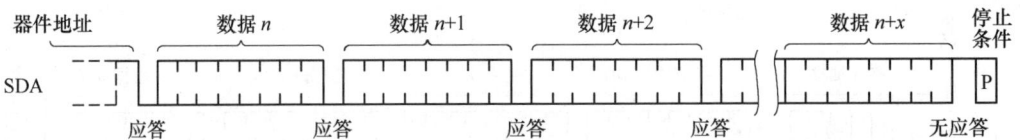

图 8.12 连续读取时序

8.2.5　编程

本程序中，将 AT24C04 的 SDA、SCL 与 WP 分别接到单片机的 P3.4、P3.3 及 P3.2 引脚上。

```c
#include "stc_new_8051.h"   //STC 单片机的头文件
#include"intrins.h"
#define sda P34
#define scl P33
#define wp P32
void delayus(unsigned char len)
{
    unsigned char i;
    for (i = 0;i < len ;i++ )
        ;
}
/ ************************************************
函数:     void start(void)
功能:     I²C 起始信号
适用机型:51   11.0592MHz   1T
  ************************************************ /
void start(void)
{
    sda = 1;
    scl = 1;
    delayus(10);
    sda = 0;
    delayus(5);
    scl = 0;
}
/ ************************************************
函数:     void Stop(void)
功能:     I²C 停止信号
适用机型:51   11.0592MHz   1T
  ************************************************ /
void stop(void)
{
    sda = 0;
    scl = 1;
```

```
        delayus(10);
        sda = 1;
        delayus(5);
}


/ ****************************************************
函数:  void send_byte(unsigned char dat)
功能:  写一个字节
适用机型:51   11.0592MHz   1T
**************************************************** /
void send_byte(unsigned char dat)
{
    unsigned char i;
    for (i = 0;i < 8 ;i++ )
    {
        scl = 0;
        if (dat & 0x80)
            sda = 1;
        else
            sda = 0;
        dat = dat << 1;
        scl = 1;
        delayus(5);
    }
    scl = 0;
    _nop_( );
    _nop_( );
    _nop_( );
    sda = 1; //此时设置数据口为输入,以便24C04返回应答,此时可读取该端口
}
/ ****************************************************
函数:  unsigned char   resave_byte(void)
功能:  读一个字节
适用机型:51   11.0592MHz   1T
**************************************************** /
unsigned char   resave_byte(void)
{
    unsigned char i;
```

```
        unsigned char dat;
        sda = 1;//将数据引脚设置为输入
        dat = 0;
        for (i = 0;i < 8 ;i++ )
        {
            dat = dat << 1;
            scl = 0;
            delayus(5);
            scl = 1;
            delayus(10);
            if (sda == 1)
                dat = dat + 1;
        }
        scl = 0;
        return(dat);
}
/ ************************************************
函数: void ack(bit flag)
功能: 应答。flag = 0 时,不产生应答;flag=1 时,产生应答
适用机型:51  11.0592MHz  1T
************************************************ /
void ack(bit flag)
{
    scl = 0;
    if (flag)
        sda = 0;
    else
        sda = 1;
    scl = 1;
    delayus(5);
    scl = 0;
}
/ ************************************************
函数: void write(unsigned char dat,unsigned int addr)
功能:在 addr 中,写一个字节 dat
适用机型:51  11.0592MHz  1T
************************************************ /
void write(unsigned char dat,unsigned int addr)
```

```
{
    unsigned char a,b;
    if (addr > 255)        //根据地址的情况,确定写的第一个命令
    {
        a = 0xa2;
        b = addr % 256;
    }
    else
    {
        a = 0xa0;
        b = addr;
    }
    wp = 0;
    start ( );             //发送起始条件
    send_byte(a);          //写命令
    scl = 1;               //器件应答期
    delayus(5);
    scl = 0;
    send_byte(b);          //写字节地址
    scl = 1;               //器件应答期
    delayus(5);
    scl = 0;
    send_byte(dat);        //写数据
    scl = 1;               //器件应答期
    delayus(5);
    scl = 0;
    stop ( );
    wp = 1;
}
/ ********************************************************
    函数: void write_nbyte(unsigned char * pt,unsigned int addr,unsigned
char len)
    功能:在 addr 开始的地址中,写 len 个字节数据,数据源为 pt 指向的数据,这16 个数
不能跨页(是 24C04 的页)
    适用机型:51  11.0592MHz  1T
    ******************************************************** /
    void write_nbyte(unsigned char * pt,unsigned int addr,unsigned char
len)
```

```
{
    unsigned char a,b,c;
    if (addr > 255)            //根据地址的情况,确定写的第一个命令
    {
        a = 0xa2;
        b = addr % 256;
    }
    else
    {
        a = 0xa0;
        b = addr;
    }
    wp = 0;
    start ( );                 //发送起始条件
    send_byte(a);              //写命令
    scl = 1;                   //器件应答期
    delayus(5);
    scl = 0;
    send_byte(b);              //写字节起始地址
    scl = 1;                   //器件应答期
    delayus(5);
    scl = 0;
    for (c = 0;c < len ;c++ )
    {
        send_byte( *pt);       //写数据
        scl = 1;               //器件应答期
        delayus(5);
        scl = 0;
        pt++;
    }
    stop ( );
    wp = 1;
}
/ ***************************************************
函数: unsigned char read(unsigned int addr)
功能:从 addr 中,读取一个字节 data
适用机型:51  11.0592MHz  1T
 *************************************************** /
```

```
unsigned char read(unsigned int addr)
{
    unsigned char dat;
    unsigned char a,b;
    if (addr > 255)            //根据地址的情况,确定写的第一个命令,即伪写操作
    {
        a = 0xa2;
        b = addr % 256;
    }
    else
    {
        a = 0xa0;
        b = addr;
    }
    wp = 0;
    start();                   //发送起始条件
    send_byte(a);              //伪写命令
    scl = 1;                   //器件应答期
    delayus(5);
    scl = 0;
    send_byte(b);              //写字节地址
    scl = 1;                   //器件应答期
    delayus(5);
    scl = 0;
    start();                   //再次发出起始条件
    send_byte(a+1);            //读取命令
    scl = 1;                   //器件应答期
    delayus(5);
    scl = 0;
    dat = resave_byte();       //写数据
    stop();
    wp = 1;
    return(dat);
}
/ *******************************************************
```

函数:void read_nbyte(unsigned char * pt,unsigned int addr,unsigned char len)

功能:从 addr 开始的地址中,读取 len 个字节存放到 pt 中

```
    适用机型:51  11.0592MHz  1T
    ****************************************************** /
    void read_nbyte(unsigned char * pt,unsigned int addr,unsigned char
len)
    {
        unsigned char a,b,c;
        if (addr > 255)   //根据地址的情况,确定写的第一个命令
        {
            a = 0xa2;
            b = addr % 256;
        }
        else
        {
            a = 0xa0;
            b = addr;
        }
        wp = 0;
        start();        //发送起始条件
        send_byte(a);    //伪写命令
        scl = 1;        //器件应答期
        delayus(5);
        scl = 0;
        send_byte(b);    //写字节地址
        scl = 1;        //器件应答期
        delayus(5);
        scl = 0;
        start();        //再次发出起始条件
        send_byte(a+1); //读取命令
        scl = 1;        //器件应答期
        delayus(5);
        scl = 0;
        for (c = 0;c < len ;c++)
        {
            *pt = resave_byte();//写数据
            if (c ! = (len-1))
                ack(1);
            pt++;
        }
```

```
    stop();
    wp = 1;
}
```

8.3 单片机 I/O 接口的扩展

尽管单片机的 I/O 引脚比较多,但在某些应用中,还是存在不能满足其数量上要求的情况,此时就要求进行 I/O 接口扩展。适合 I/O 接口扩展的芯片很多,如 74LS164、74LS165、74LS595 等串并转换芯片。它们可以利用较少的单片机 I/O 接口,扩展出相对较多的 I/O 接口来。近年来,采用 74LS595 进行 I/O 接口扩展的应用比较多,之所以比较流行是因为其驱动能力比较强,当其输出低电平时,可驱动 26mA 的负载,而输出高电平时,可驱动 2.6mA 的负载,远大于常见的 TTL 或 COMS 芯片。为此,本节选择了这个芯片进行讲解。

8.3.1 芯片引脚及功能

图 8.13 为 74LS595 的内部框图及引脚功能图,其 15 和 1~7 脚为数据输出端;14 脚为数据输入端;16 脚为电源正;8 脚为电源负,供电电压为 5V;9 脚为级联输出端,用于多个该芯片的串联;10 脚为复位端,低电平有效,当其为低电平时,内部的移位寄存器复位;11 脚为移位寄存器的时钟信号,当其上升沿到来时,将输入端 A 的状态送入 QA 对应的锁存器输入端,同时,原 QA 输

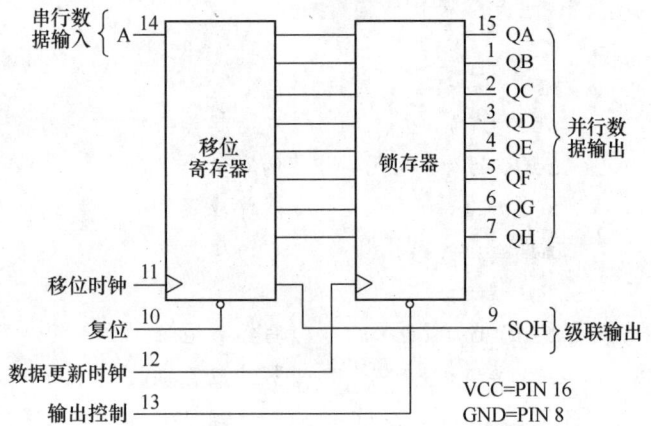

图 8.13 74LS595 内部框图

入端的状态移入 QB 输入端,原 QB 输入端的状态移入 QC 输入端……,原 QH 输入端的状态移入 SQH 输入端;12 脚为数据更新时钟,当其为上升沿时,将移位寄存器的状态送入到锁存器;13 脚为输出控制端,低电平有效,当其有效时,数据输出到相关引脚。

8.3.2 74LS595 与单片机的接口及编程

作者曾根据一个用户的要求,设计了一款电路,用到此芯片。用户的需求是:要求系统中有 16 路扬声器,有一个 17 个按键的键盘,其中的 16 个按键与 16 个扬声器一一对应,另外一个按键为播放音乐的开始键。当播放音乐键按下时,音源播放的音乐随机在某路扬声器上播出,播出时间为 2s,此时,要求听者在 3s 内,判断出是哪路扬声器发出的声音,利用键盘告知系统。如果判断正确,则与 16 路扬声器对应的指示灯亮出绿色;如果错误,则显示给出的相应路数的红色指示灯,同时,正确的那路黄色指示灯亮起。根据这些要求,可以得出:控制 16 路扬声器,要用到 16 个输出口;17 个按键,采用 6×3 的矩阵形式,要用 9

个端口；每路的指示灯，采用双色的发光二极管，一红一绿，如果红绿同时亮的时候，就是黄色，这样的话，16 路需要有 32 个输出口。综上所述，这个系统至少要用到 57 个 I/O 接口，所以，如果采用 51 系列单片机，则只能扩展 I/O 接口来解决这个问题。为此，对于 16 路扬声器，采用 2 片 74LS595 的级联形式；而对于 16 路的双色发光二极管，则采用 4 片 74LS595 的级联形式，这样就轻松解决了单片机 I/O 接口不足的问题。

图 8.14 为利用 74LS595 来选择扬声器的电路。图中的左侧为单片机的 CPU，采用的是 STC12C5A16S2-LQFP44，其与 89C51 兼容，且运行速度快；U1 与 U2 的型号为 ULN2803，用于驱动继电器，ULN2803 为 8 路的达林顿型输出，驱动电流可达 500mA，而其输入可与 TTL 及 CMOS 直接相连，需要的驱动电流不大于 1.35mA，所以，用 74LS595 可直接驱动 ULN2803 而不用加上拉电阻。且 ULN2803 的每路输出，均有用于消除感性电压的二极管。

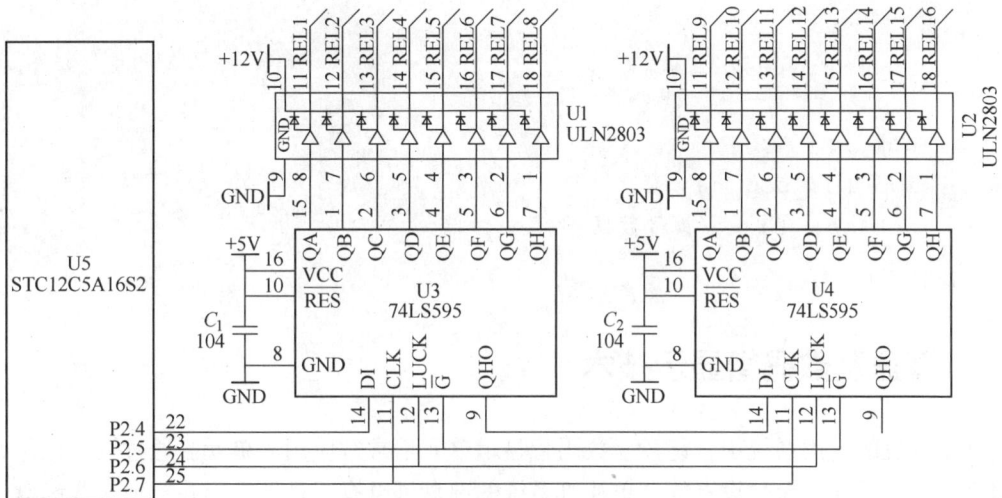

图 8.14　74LS595 的应用电路

根据这个电路连接，相应的驱动程序如下：

```
#include "stc_new_8051.h"
#include <INTRINS.H>
#define di_sp P24
#define clk_sp P27
#define luck_sp P26
#define en_sp P25   //允许输出控制端,本程序中使其一直为 0
/ ************************************************************
  函数名称:void send_sp(unsigned char i)
  函数功能:将音频送到第 i 路扬声器
  适用机型:51  11.0592MHz  1T

  ************************************************************ /
void send_sp(unsigned char i)
{
```

```
    bit flag;
    unsigned int j;
    j = 1;
    j = j << (i-1);
    for (i = 0;i < 16 ;i++ )
    {
        clk_sp = 0;
        flag = j & 0x8000;
        di_sp = flag;
        j = j << 1;
        clk_sp = 1;
        _nop_( );_nop_( );
    }
    luck_sp = 1;
    _nop_( );_nop_( );
    luck_sp = 0;    //锁存数据,使数据输出
}
```

8.4 键盘及数码管显示技术

在单片机的应用系统中，键盘、数码管显示单元是常常应用的单元。通过按键操作，可以对系统进行操作、参数设置等。单片机系统的键盘可以有三种硬件形式：独立式键盘、矩阵式键盘及专用芯片。显示是系统的人机窗口，通过它可以知道系统的运行状态、测量结果等。显示也可以分为三种：简单发光管指示、数码管显示及液晶屏显示。

8.4.1 键盘

不论哪种形式的键盘，通常均是由常开型的按键构成。按键被按下及释放，使电路接通或断开引发电平变化，再利用单片机或专用芯片判断是哪个按键发生了动作。每个键与不同的数值对应，这个值就是键值。根据键值的不同，系统就可以去执行各自与之对应的操作。

按键一般采用微动开关，其闭合与断开实际上都是有一个过程的，在此过程中，开关存在似乎已接通又似乎没有接通的过程，这个现象被称作抖动，如图 8.15 所示。

图 8.15a 是只有一个单独按键 K 的电路，从图 8.15b 中可以看出，在 t_0 阶段，S 并没有操作，此时其输出电压稳定，S 在被按下的过程中，处于图 8.15b 的 t_1 阶段，此时输出端的电压不稳定，如果在此刻单片机对其读取状态值，则读出的状态值可能是不确定的，既可能为 0，也可能为 1，根据开关的质量和结构的不同，这一过程持续的时间也不尽相同，一般为 5~10ms，所以，读取键盘值的程序或相关的硬件，要对此做出处理来保证按键闭合一次，仅做出一次反应。处理办法是当检测到按键可能有动作时，作一个 10ms 左右的延时，经延时后，再对按键进行判断，以躲过抖动。按键闭合的稳定阶段是在 t_2 阶段，程序或硬

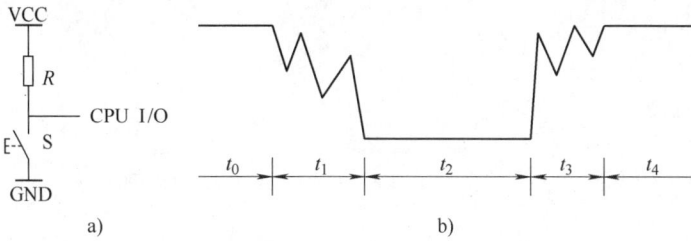

图 8.15 按键动作过程

a）电路图 b）动作过程

件要在这一阶段对按键是否闭合作判断。t_3 为按键释放的过程，在此阶段，因为已有去抖动的机制，所以，此时的抖动过程会被忽略。

1. 独立式键盘

这种形式的键盘只有一个按键，要用到单片机的一个 I/O 接口，所以，对于系统中需要更多个按键或单片机 I/O 接口不足时，一般不采用独立式键盘。图 8.16 中的 CPU 采用的是 STC12C5A16S2-LQFP44，其有 44 个引脚，利用其 P1 口的 4 个引脚，设计一个 4 键键盘。

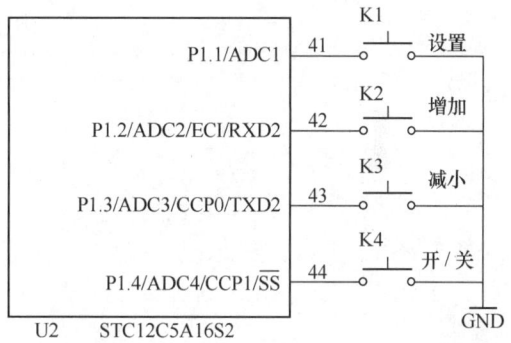

图 8.16 独立式键盘

相关程序如下：

```
#define key_part P1        //宏定义,为便于修改、移植
/ **************************************************
   函数名称：void delay10ms(void)
   适用机型：6MHz   1T
   ************************************************** /
void delay10ms(void)   //软件延时约 10ms,本例中用于去抖
{
    unsigned int i;
    for (i = 0;i < 5000 ;i++ )
        ;//WDT_CONTR = 0X35;
}
/ ************************************************** /
函数名称：unsigned char read_key(void)
函数功能：读取键盘函数,"设置"键有效时,返回 1;"增加"键按下时,返回 2
         "减小"键按下时,返回 3;"开关机"键按下时,返回 4;无键按下返回 0
适用机型：51  6MHz   1T
   ************************************************** /
unsigned char read_key(void)
```

```
{
    unsigned char i;
    i = key_part >> 1;
    i = i & 0xf;                   //取出低4位
    if (i ! = 0xf)                 //可能有键按下时的处理过程
    {
        delay10ms( );              //去抖
        i = key_part >> 1;
        i = i & 0xf;               //取出低4位
        if (i ! = 0xf)             //确有键按下
        {
            switch (i)
            {
                case 0xe:i = 4;break;
                case 0xd:i = 3;break;
                case 0xb:i = 2;break;
                case 0x7:i = 1;break;
                default :i = 0;
            }
        }
        else i = 0;
    }
    return i;
}
void wait_key(void)               //等待键释放
                                  //以防止一次操作而被程序误认为是多次操作,确
                                     保按一次,程序只执行一次
{
    unsigned char i;
    do
    {
        i = key_part;
        i = i >> 1;
        i = i & 0xf;
    }
    while (i ! = 0xf);
}
```

2. 矩阵键盘

独立式键盘的形式会占用过多的 I/O 接口资源。为减少 I/O 接口的使用，可以采用矩阵键盘。这种形式的键盘是由 I/O 接口线构成若干行线和列线，在行线和列线的交叉点位置放

置按键，这种键盘的特点是占用I/O接口的数量较独立式键盘少，但编程较麻烦。在实际应用中，可借鉴一个稳定的矩阵程序并对其进行移植与修改，使其适合自己的需求。图8.17为一款3×8的矩阵键盘，从图中可见，该矩阵键盘利用了11个I/O接口，实现了24个按键功能。CPU采用的仍然是STC12C5A16S2-LQFP44。

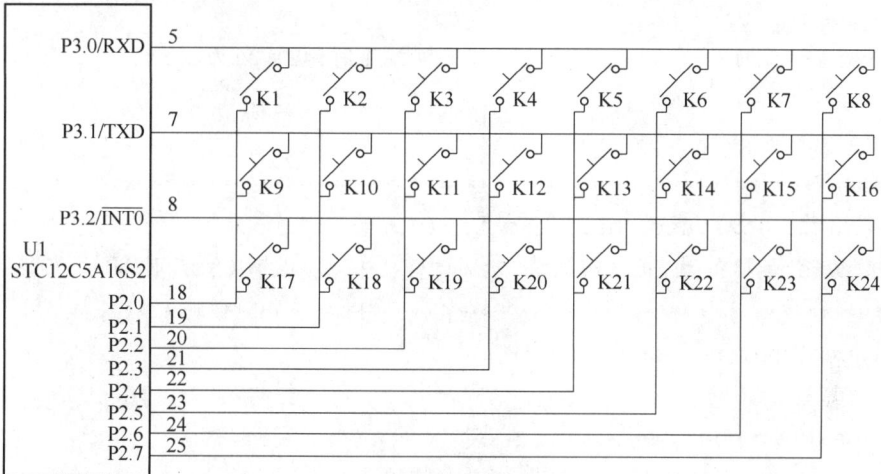

图 8.17　3×8 矩阵键盘

参考程序如下：

```
#define   key_part P2
#define   key_l P3
/ *********************************************************
* 函数名称:check_key(void)
* 函数功能:用于检测键盘有无按键按下,有键按下,返回值为ff,无键按下,返回00
********************************************************** /
unsigned char check_key(void)
{
    unsigned char m;
    key_part = 0xff;
    m = key_l & 0xf8;
    key_l = m;              //这两条语句为保证 P3 口的其他引脚不变
    _nop_();_nop_();
    m = key_part;
    if (m ! = 0xff)     //可能有键按下
    {
        display10ms();//延时去抖
        m = key_part;
        if (m == 0xff)
```

```
            m = 0;
        else
            m = 0xff;
    }
    else m = 0;
    return (m);                    //有键按下时,返回值为 ff
}


/ ************************************************************
  函数名称: unsigned char read_key(void)
  函数功能:读取键盘,并返回键值,分别返回1~24。返回 0xff 时,表示无键按下
  ************************************************************ /
unsigned char read_key(void)
{
    unsigned char key_data;
    key_data = check_key();    //无键按下时返回 0
    if (key_data == 0)
        return (0xff);          //无键按下时返回 00
    else
    {                          //确定有键按下,执行以下内容
        unsigned char m,n,j;
        m = 6;                 //使本例中的 P30 = 0,P31 = 1,P32 = 1
        for (n = 0;n < 3 ;n++ )
        {
            j = key_1 & 0xf8;
            key_1 = m |j;
            _nop_ ( );_nop_ ( );
            j = ~key_part;
            switch (j)
            {
                case 1:j = 1;break;
                case 2:j = 2;break;
                case 4:j = 3;break;
                case 8:j = 4;break;
                case 0x10:j = 5;break;
                case 0x20:j = 6;break;
                case 0x40:j = 7;break;
                case 0x80:j = 8;break;
```

```
            default:j = 0;
        }
        if (j ! = 0)
        {
            key_data = j + n * 8;
            return key_data;
        }
        else
        {
            m = m << 1;
            m = m + 1;
            m = m & 0x7;
            if (n == 2)
            return 0xff;
        }
    }
}
}
```

本例中有两个函数，在具体使用时，要先调用 unsigned char check_ key（void），只有检测到有键按下时，再去读取键值。最后还要再次调用检测是否有键按下，以判断操作结束与否。

3. 专用芯片键盘

采用专用芯片键盘，也是一种选择。这种方案对软件的开销要小一点，且可以满足多按键的需求，只是硬件成本要稍高。

专用芯片有多种型号可选，如 Intel 的 8279、ZLG7289、TM1637 等，这些芯片均具有驱动数码管的功能；还有一些触摸型号的芯片，如 BS8116。专用芯片一般不支持组合键功能，即两个及两个以上的按键同时按下的情况。此类芯片一般常与数码显示芯片集成在一起，所以，将在后面的相关内容中一并介绍。

8.4.2 数码管显示单元

作为发光器件的发光二极管被广泛应用于电子产品中。一般有圆形、方形等，从颜色上可以有多种，常见的有红、黄、绿、白、蓝等。从发光亮度上看，发光二极管又可分为普通亮度、高亮度及超高亮度，在相同的工作电流下，普通亮度的光最暗，而超高亮度的最亮。既然称作二极管，它就有二极管的特点：单向导电性。当其施加正向工作电压，且器件中流过正向电流时（这个电流不能大于最大电流值）就会发光。不同颜色的发光二极管，其正向压降不同，作为指示用的发光二极管，红色的压降一般为 1.8V，黄色的压降一般为 2.2V，蓝色的压降一般为 3V 左右。不同的生产企业，这个参数可能会略有不同。发光二极管正常工作的电流称为发光电流，一般发光电流为 10mA；在实践中，具有超高亮度的发光二极管的工作电流为1mA，基本上可以满足需求了。

1. 单片机驱动发光二极管

在很多应用中，常常使用发光二极管来指示系统的运行状态。用单片机的 I/O 接口可直接驱动发光二极管，单片机通常利用低电平驱动，如果单片机的 I/O 接口具有推挽功能，也可以用高电平驱动。图 8.18 所示为低电平驱动形式的电路。

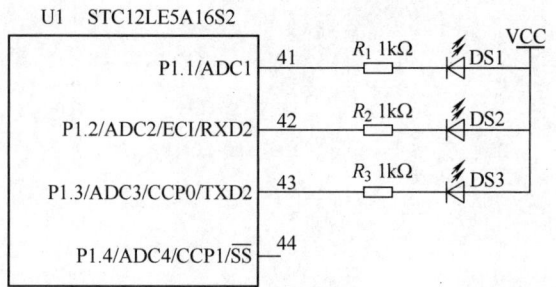

图 8.18 单片机引脚直接驱动发光二极管

多数 I/O 接口的高电平驱动能力不强，为微安级；而低电平的驱动能力则相对较强，为毫安级，这一点可以从 CPU 的电气参数中获得。所以，在单片机驱动发光二极管时，通常采用如图 8.18 所示的连接方式。对于 5V 的工作电压系统，可以驱动任何一种发光二极管；而对于 3V 的工作电压系统，则一般是不能驱动蓝色发光二极管的，因为蓝色发光二极管的正向压降一般均大于 3V。关于限流电阻的阻值确定：阻值可以粗略估算，如 5V 供电，采用红色发光二极管，则电阻上的压降约为 $(5-1.8)V = 3.2V$，除以发光电流得电阻阻值为 320Ω，因目前的发光二极管基本上为高亮或超高亮型，发光电流可以更小些，实际上采用 $1 \sim 5.1k\Omega$ 的电阻均可。

在应用中如欲点亮发光二极管，则只要向这个发光管对应的引脚写"0"即可；想熄灭某个指示灯，则向该引脚写"1"。

2. 数码管的结构

数码管是电子产品中广泛应用的显示器件，其具有使用温度范围宽、驱动电路简单、价格低廉、产品多样等特点，用于显示数据、系统状态等信息。器件有 1、2、3、4 位等多种形式。

对于 1 位型的数码管，内部有 8 个发光二极管，分别取名为 a、b、c、d、e、f、g、dp，笔划及引脚排列如图 8.19 所示。通过点亮不同的笔画，可以使其显示出 0、1、2、3、4、5、6、7、8、9 等不同字形。

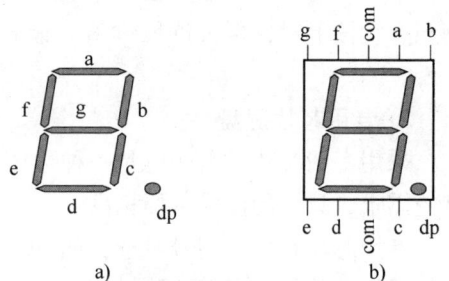

图 8.19 数码管笔划定义及引脚排列
a）笔划定义 b）引脚排列

在数码管内部的 8 只发光二极管可以有两种连接形式，如图 8.20 所示。共阳极（所有发光二极管的阳极接到一起）与共阴极（所有二极管的阴极接到一起）。在数码管的外形尺寸上，数码管有多种规格。

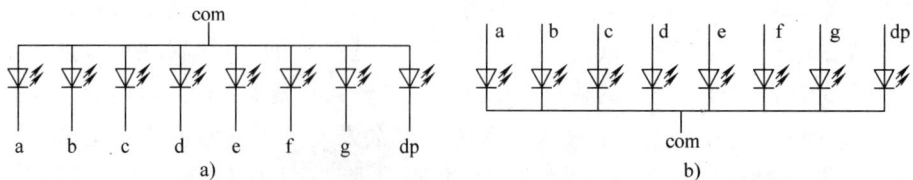

图 8.20 数码管内部连接形式
a）共阳极数码管 b）共阴极数码管

对于多位数码管，还有动态和静态之分，在选择时要加以注意。

3. 数码管显示方法

在采用数码管进行多位显示时，按驱动及控制方式，可分为静态显示和动态显示两种方式。

（1）静态显示

将显示的数据送到数码管后，施加在数码管各引脚的电压保持不变，直到数据更新为止，这种显示方式就是静态显示。使用这种显示方式时，数码管上的每一笔划均要有一个芯片的引脚与之对应，占用的硬件资源较多，线路较复杂。线路的复杂又给电路印制板（PCB）布线增加了难度，但是程序上的开销比较小。

（2）动态显示

又称作动态扫描显示。在讲解动态显示之前，首先了解一下动态显示数码管的结构。图 8.21 所示为一个两位共阳数码管，每个数码管的公共端都有引脚引出；每位数码管的 8 个笔划，同名相连后引出。只有公共端有效，笔划端也有效时，数码管才能被点亮。而公共端无效的数码管不亮。

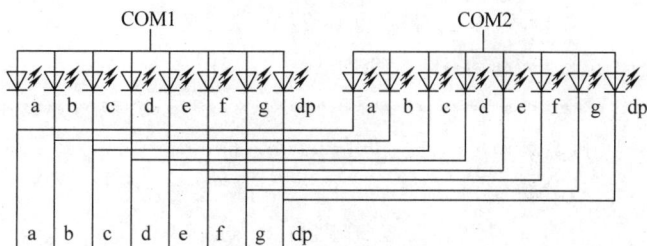

图 8.21 动态数码管内部连接形式

以图 8.22 为例说明动态显示的原理。这个电路中，有两个数码管。各数码管中，每一位的阳极供电受 I/O 接口控制，假定 P1.0 输出为 0，而 P1.1~P1.5 输出均为 1 时，则晶体管 Q6 饱和导通，LED2 的 7 脚得到 5V 电压，而其他的共阳极均无电压。在单片机的 P2 口输出欲显示的笔画（输出 0 时，相应笔画显示），则此时只有当前阳极有电压的那一位点亮。本例中有 6 个数码管位，程序可以使数码管 1 点亮，其他均不亮；然后，再使数码管 1 灭掉，点亮数码管 2，……，最后点亮数码管 6，其他均不亮，这个过程称作扫描。如果在 1s 内扫描的次数大于等于 50，则看上去 6 个 LED 是一起亮的，从而实现了显示的目的。如果扫描的频率不能达到 50Hz，则数码管会有闪烁感。根据本例中的电路关系，如果想显示 1，则 b、c 要求为 0，其他位为 1，所以，送给 P2 口的数据应为 F9H，这个 F9H 就是显示

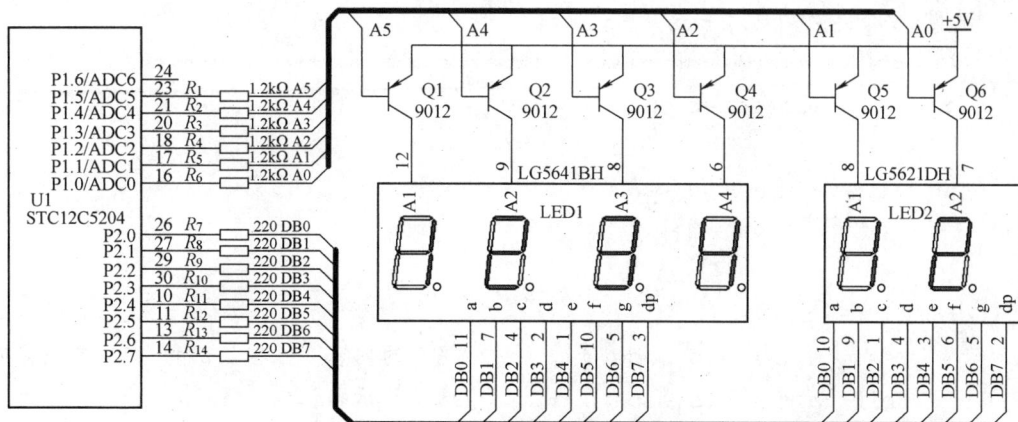

图 8.22 动态显示

215

代码。根据电路连接关系及器件结构，可以自行分析出显示代码。明白了显示代码的由来，在系统设计时是很有用的，比如绘制 PCB 时，完全可以自由更换器件的引脚，而使绘制过程轻松容易。

本例相关程序：

```
#define seg_part P2
#define bit_part P1      //为了便于程序移植
unsigned char code seg_code[18] = {0xc0, 0xF9, 0xa4, 0xb0, 0x99,
0x92,0x82,
     0xf8,0x80,0x90,0x88,0X83,0Xc6,0xa1,0x86,0x8e,0xbf,0xff};
// 显示段码值,依次为 0-9/A-F/-/灭
unsigned char code bit_code[6] = {0xfe,0xfd,0xfb,0xf7,0xef,0xdf};
/ *************************************************************
   函数名称: void delay(void)
   函数功能:延时 1ms
   适用机型:51   11.0592MHz   1T
   ************************************************************** /
void delay(void)
{
  unsigned int i;
  for (i = 0;i < 950 ;i++ )
    WDT_CONTR = 0X34;
}


/ *************************************************************
   函数名称:void display(unsigned char *pc)
   函数功能:将 dis_buff[]中的内容显示到 LED 上
   适用机型:51   11.0592MHz   1T
   说明:整个函数约延时 6ms, 测试通过
   ************************************************************** /
void display(unsigned char *pc)
{
    unsigned char i,j;
    for (i = 0;i < 6 ;i++ )
    {
        j = *pc;
        seg_part = seg_code[j];       //显示的内容。根据显示的内容,查找段码
        bit_part = bit_code[i];       //选择显示的位
        delay( );                      //适当延时,否则会亮度过低,可闪烁
```

```
            bit_part = 0xff;
            pc++;
        }
    }
}
```

8.4.3 TM1637 的应用

TM1637 为一款具有 8×2bit 键盘扫描接口及 6 位 8 段共阳极 LED 驱动功能的芯片,其内部集成了 RC 振荡器、上电复位电路,具有两线串行接口,非常方便与单片机组成系统,数码管的亮度为 8 级可调。

1. 引脚与功能

芯片的引脚排列如图 8.23 所示。

DIO:串行数据输入与输出端。在时钟线为高电平时传输数据,每传输一个字节,芯片内部都将在第 8 个时钟的下降沿产生一个 ACK,即应答。

CLK:时钟输入端。在上升沿输入或输出数据,即在向芯片写数据时,CLK 为低电平时修改数据,而在其为高电平时,要求数据必须保持稳定;在读取数据时,CLK 为低电平时,芯片输出数据到 DIO 上,CLK 为高电平时,单片机才能读取 DIO 上的数据。

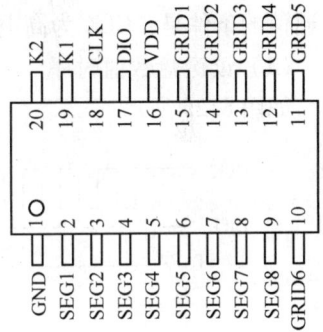

K1、K2:键盘扫描数据输入。

SG1~SG8:段输出,接数码管的各段及按键。

GRID1~GRID6:位输出,接数码管的共阳极。

Vdd 及 GND:芯片的电源供应端。

图 8.23 TM1637 引脚

2. 键盘电路及键值

TM1637 所接的按键如图 8.24 所示,电路由 K1、K2 及段输出引脚构成,最多可组成 2×8 的矩阵键盘。

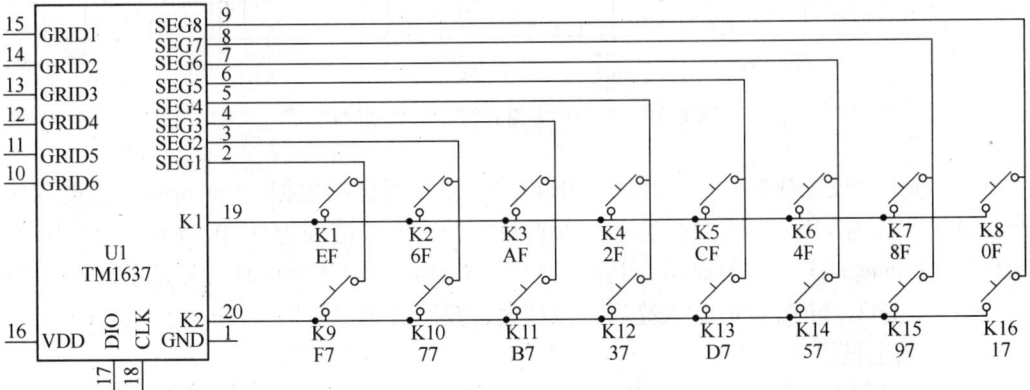

图 8.24 TM1637 键盘电路

图中各按键编号下面的数值为其对应的键值，为十六进制数。在数据传输时，低位在前，高位在后。如果读取的键值为 0xff，则表示当前无键按下。在具体使用时，读取键盘后，如果有键按下，则程序可以执行相应操作，最后还要判断按键是否释放。

3. 显示寄存器地址

在 TM1637 内部，有 6 个单元的显示寄存器，地址为 00～05H。这些单元分别对应引脚 GRID1～GRID6 所接的 6 位共阳极数码管。而写入每个字节的 0～7 位，则分别对应引脚 SEG1～SEG8 所对应的段，由此可自行分析出显示代码。

4. 接口说明

TM1637 为两线串行总线形式，其与微处理器可通过两根引脚相连。在向 TM1637 写入数据时，要求 CLK＝1 时，DIO 上的数据保持稳定不变；只有当 CLK＝0 时，DIO 上的数据才能进行修改。芯片的起始通信条件是：CLK 为高电平时，DIO 由高电平变为低电平。芯片结束通信的条件是：CLK 为高电平时，DIO 由低电平变为高电平。这与 I^2C 通信类似。

（1）读键盘数值时序

如图 8.25 所示。

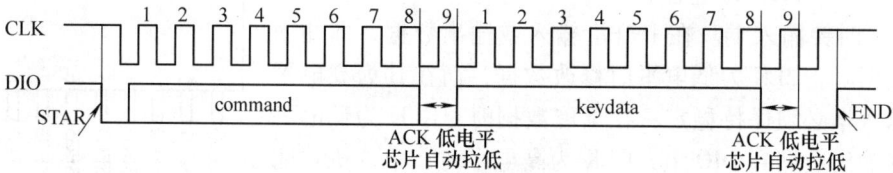

图 8.25　读取 TM1637 键值指令时序

Command 为读取键值指令，其值应为 0x42。实际操作时，Command 为向芯片写入的数据，而 keydata 为从芯片读取的数据。

（2）地址自动加 1 模式写显示寄存器

图 8.26 为向芯片按自动加 1 模式写显示数据的时序。

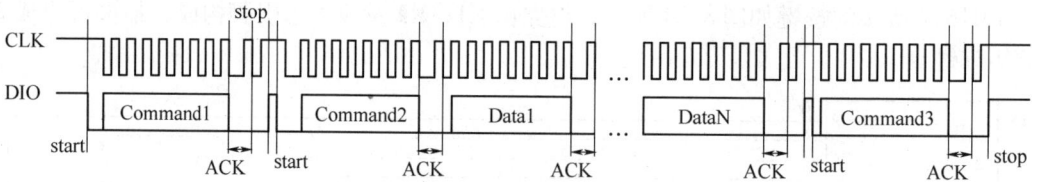

图 8.26　自动加 1 模式写显示数据时序

Command1 为设置数据命令，其值为 0x40，向芯片写显示数据。Command2 为设置地址命令，其高 4 位为 1100B，低 4 位为欲写的首位地址，值的范围为 0xc0～0xc5。Data1～N 为显示代码；Command3 为控制显示，其高 4 位为 1000B，当 bit3＝0 时，关显示，当 bit3＝1 时，开显示，bit2、bit1、bit0 代表亮度，值越大，数码管越亮。

（3）写固定显示寄存器

图 8.27 为写固定显示寄存器时序。

Command1 为设置数据命令，其值为 0x44，其他与自动加 1 模式意义相同。

TM1637 芯片在显示时，显然是采用动态显示技术，但采用这一芯片的单片机系统，对

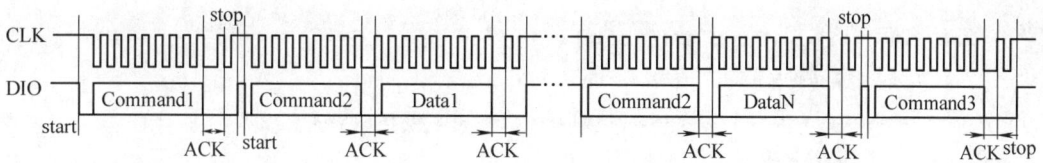

图 8.27　写固定显示寄存器时序

于单片机来说，显示这部分是静态的，因为单片机向 TM1637 写完需要显示的内容后，就可以不再理会它了，直到更新显示内容为止。

对于这类键盘及显示芯片，有多种型号，如可以驱动更多位数码管的、驱动的数码管有共阴极或共阳极的、有支持更多按键的等，可以根据自己的系统应用情况及芯片本身采购价格或供货情况，进行灵活选择。

应用实例如图 8.28 所示。TM1637 的 DIO 与单片机的 P1.3 相连，CLK 与 P1.4 相连。电路中，有 4 位数码管显示及 4 个按键。

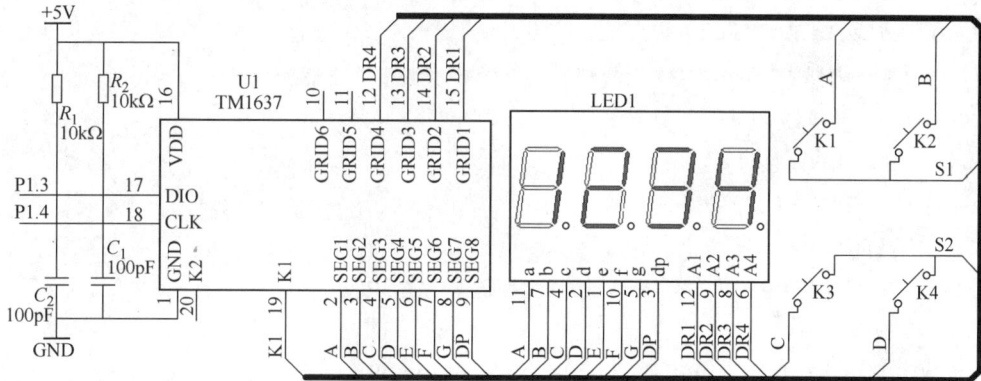

图 8.28　TM1637 应用实例

相关程序清单：

```c
#include "stc_new_8051.h"   //STC 单片机的头文件
#include"intrins.h"
// ***************** 宏定义 ****************************

#define do_tm P13
#define clk_tm P14

// **************** 变量定义 ***********************
unsigned char dis_buff[5];      //显示缓存
unsigned char dis_code[18] = {0x3f,0x06,0x5b,0x4f,0x66,0x6d,0x7d,
    0x07, 0x7f,0x6f,0x77,0x7c,0x39,0x5e,0x79,0x71,0x0,0x40};
//分别显示 0-f,灭,-
// **************** 函数定义 ***********************
```

```
//函数名称:void start_tm(void)
//函数功能:启动 TM1637 通信
// ***************************************************
void start_tm(void)
{
    do_tm = 1;
    clk_tm = 1;
    _nop_( );_nop_( );_nop_( );_nop_( );_nop_( );
    do_tm = 0;
}


// ***************************************************
//函数名称:void stop_tm(void)
//函数功能:结束 TM1637 通信
// ***************************************************
void stop_tm(void)
{
    clk_tm = 0;
    do_tm = 0;
    _nop_( );_nop_( );_nop_( );_nop_( );_nop_( );
    clk_tm = 1;
    _nop_( );_nop_( );_nop_( );_nop_( );_nop_( );
    do_tm = 1;
}
// ***************************************************
//函数名称:void ack_tm(void)
//函数功能:等待 TM1637 应答,有应答,才能返回
// ***************************************************
void ack_tm(void)
{
    clk_tm = 0;
    _nop_( );_nop_( );_nop_( );
    while (di_tm == 1)
        ;  //如果程序中启动看门狗,则此处要喂狗
    clk_tm = 1;
    _nop_( );_nop_( );_nop_( );
    clk_tm = 0;
}
```

```
// ************************************************
//函数名称:void write_tm(unsigned char _data)
//函数功能:写数据 data 到 TM1637
// ************************************************
void write_tm(unsigned char _data)
{
    unsigned char len;
    for(len=0;len<8;len++)
    {
        clk_tm = 0;
        if((_data&0x01)==1)
            do_tm = 1;
        else
            do_tm = 0;
        _nop_();_nop_();_nop_();
        clk_tm = 1;
        _nop_();_nop_();_nop_();
        _data >>= 1;
    }
}


// ***************** 读取按键 **********************************
//函数名称:unsigned char  read_key(void)
//函数功能:读取 TM1637 的键值。返回 0xff 时表示无键按下
// ********************************************************
unsigned char read_key(void)
{
    unsigned char rekey = 0;        //此处必须赋值,否则会出错
    unsigned char i;
    start_tm();                     //启动通信
    write_tm(0x42);                 //写读键指令 0x42
    ack_tm();
    do_tm = 1;                      //设置数据端为输入
    for(i=0;i<8;i++)
    {
        clk_tm=1;
        _nop_();_nop_();
        rekey = rekey >> 1;
```

```
            if (di_tm == 1)
                rekey = rekey | 0x80;
            clk_tm = 0;
            _nop_( );_nop_( );
        }
        ack_tm( );
        stop_tm( );
        if(rekey! =0xff)
            rekey=rekey&0xf;
        return (rekey);
}


// ***************** 等待按键释放 *********************************
//函数名称:void wait_key(void)
//函数功能:等待按键释放
// ***********************************************************
void wait_key(void)
{
    unsigned char i;
    _nop_( );_nop_( );_nop_( );
    i = read_key( );
    while (i ! = 0xff)
    {                        //如果程序中启动看门狗,则此处要喂狗
        i = read_key( );
        _nop_( );_nop_( );_nop_( );
    }
}


// ***************** 显示 ***********************************
//函数名称:void display(unsigned char *pt)
//函数功能:将 pt 指向的显示内容,在显示板上显示出来
// ***********************************************************
void display(unsigned char *pt)
{                        //dis_buff[0]对应最高位
    unsigned char i,j;
    start_tm( );        //启动通信
    write_tm(0x40);    //显示地址自动加1模式
    ack_tm( );
```

```
        stop_tm();
        start_tm();                 //启动通信
        write_tm(0xc0);             //显示开始地址
        ack_tm();
        for (i = 0;i < 4 ;i++ )
        {
            j = *pt;
            j = dis_code[j];
            write_tm(j);
            pt++;
            ack_tm();
        }
        start_tm();                 //启动通信
        write_tm(0x89);             //开显示,亮度 2/16
        ack_tm();
        stop_tm();
    }
```

8.5　图形点阵液晶显示屏的使用

在单片机的应用系统中,显示部分占据着非常重要的地位。显示通常有两大类:一类为发光管及 LED 数码管显示,另一类为液晶屏显示。对于发光管及 LED 数码管的内容,前面已经做了详细说明。液晶显示分为三类:第一类为笔画显示,此类与 LED 数码管类似,显示的内容较少且被硬件本身的结构固定,当批量生产时,成本低,且可以做成多种颜色的彩屏。这种屏为了满足用户个性化的需求,往往需要定制。第二类为具有字库型的液晶屏,屏内的芯片集成了字符库、汉字库等,使用起来比较简单。第三类为无字库的图形点阵式液晶屏,使用时,需要将字符或文字按图形处理。使用者在程序存储器中建立自己的字库,所以,要占用过多的程序存储空间,但在使用时更加灵活,如显示内容的大小、位置、方向等;这种显示屏与有字库型的屏相比,成本低。本节将介绍 CM12834-2 型液晶屏,为无字库型点阵屏。

字符或图片等信息,按一定规律进行分解,如从上到下,从左到右等,分解成若干个称作像素的点。液晶屏通常按 8 的倍数进行分解,这与字节的位数相对应。分解的过程称作取模。由专用软件来完成,如 PCtoLCD2002、zm 等均可。在液晶屏方面,只要将数据按取模的顺序将数据送到显示缓存便可还原显示。

8.5.1　CM12864-2 液晶屏介绍

该屏有 18 个引脚,各引脚功能如表 8.2 所示。

表 8.2　CM12864-2 引脚功能

引　脚	名　称	功　能　描　述
1	VSS	电源供电地
2	VDD	电源供电正极，使用规格书中规定的电压
3	Vo	灰度调节端
4	D/I	当 D/I=1 时，数据引脚为显示数据 当 D/I=0 时，数据引脚为命令
5	R/W	当 R/W=1 时，如 E=1，读显示数据到数据引脚 当 R/W=0 时，E 由 1 到 0，数据写入屏的芯片
6	E	与 R/W 配合，见 R/W 说明
7~14	DB0~DB7	数据总线
15	CS1	当 CS1=1 时，芯片 1 被选择
16	CS2	当 CS2=1 时，芯片 2 被选择
17	RST	复位信号，低电平有效
18	VEE	负电压输出端，屏内产生，用于灰度调节
19	LEDA	背光灯正极
20	LEDK	背光灯负极

　　当前的液晶屏普遍存在两种供电电压，分别为 3V 和 5V，要根据系统的设计情况进行选择。另外，屏的背光多为发光二极管，限流电阻可能已做到屏的电路板上了，也有可能没有做到板上，使用时请严格按规格书中的要求设计电路。

　　工作温度也是产品设计时需要考虑的一个重要因素。对于液晶屏来说，其工作温度的范围比较小，一般为 0~50℃。通常还有一种宽温的产品，一般为-20~70℃。

　　液晶屏显示部分的工作电流比较小，为几个毫安，甚至更低。但背光灯的电流比较大，所以，如果为低功耗产品，则可以考虑使用电子开关来控制背光灯的开关，以减小功耗。

　　图 8.29 为 CM12864-2 液晶屏内部结构示意图。内部有 3 片芯片，KS0108 有两片，分别负责左侧的 64 列和右侧的 64 列，共计 128 列，对芯片的操作是通过片选信号 CS1、CS2 来进行选择的。KS0107 负责水平方向的 64 行。它们配合工作就实现了 128×64 点阵的显示功能。

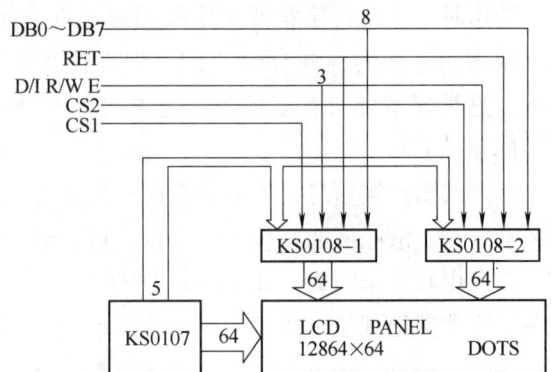

图 8.29　CM12864-2 内部示意图

8.5.2 显示控制命令

表 8.3 为 KS0108 的所有指令，这些指令控制液晶屏的状态。

表 8.3 KS0108 指令

指令	D/I	R/W	DB7	DB6	DB5	DB4	DB3	DB2	DB1	DB0	功 能
显示开关	0	0	0	0	1	1	1	1	1	x	控制显示开/关 0：关显示，1：开显示
设置列地址	0	0	0	1	列地址（0~63）						设置列地址计数器值
设置行地址	0	0	1	0	1	1	1				设置行地址到行地址寄存器
显示起始行	0	0	1	1	显示起始行（0~63）						设定显示的起始行
读取状态	0	1	a	0	b	c	0	0	0	0	读取内部状态 a=1，内部忙，不能读写 a=0，空闲，可读写 b=1，显示开；b=0，显示关 c=0，工作；c=1，复位中
写显示数据	1	0	显示数据								写显示数据到显存，指令结束后，列地址自动加 1
读显示数据	1	0	显示数据								从显示读取数据，指令结束后，列地址自动加 1

以上命令共计 7 条，可以实现对屏的所有操作。

8.5.3 CM12864-2 应用实例

图 8.30 为 CM12864-2 的实际应用电路。单片机采用 STC12C5A08S2-LQFP44，与 MCS-51

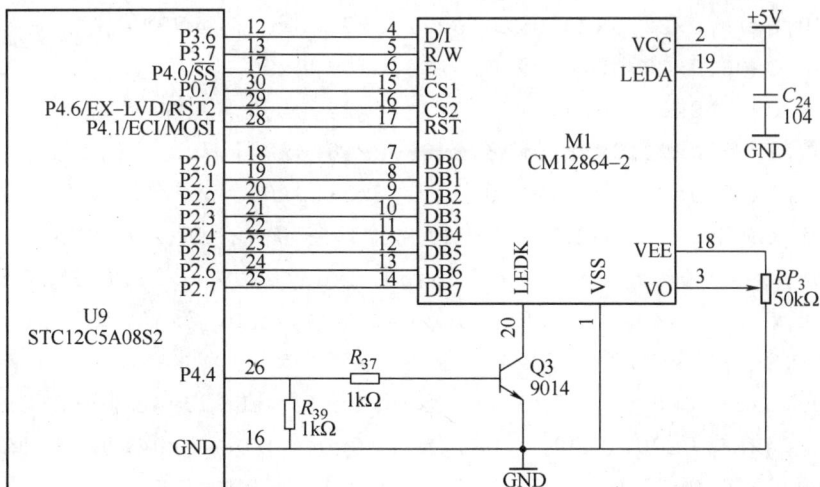

图 8.30 CM12864-2 的应用电路

相比，这款单片机多了一些使用资源，如增加了 P4 口；晶振采用 11.0592MHz，与液晶屏的数据接口采用 P2 口，屏的其他各控制引脚均分别接到单片机的其他 I/O 接口上，这样控制起来会更灵活。RP3 为调节液晶屏灰度的电位器，可以进行适当调节，以便驱动程序正确时正常显示。可在写程序前，调节 RP3，使 VO 引脚的电压在 $-3 \sim -5V$ 之间，驱动程序调试完成后，再调节 RP3，使显示的内容效果最佳。应用中的背光灯是用单片机的 P4.4 引脚来控制的，P4.4 输出高电平时点亮；输出低电平时，关闭背光。本应用中采用的单片机 I/O 引脚，可以通过设置使其以推挽输出方式工作，此时输出高电平时，驱动能力可达 20mA，如果单片机的引脚不工作在这个方式下，则该电路要做出适当调整。

驱动程序：

```
#include "stc_new_8051.h"
#include "absacc.h"
#include "intrins.h"
#define LCD12864DataPort P2              // LCD128 * 64 I/O 信号引脚
sbit di =P3^6;                          //数据\指令选择
sbit rw =P3^7;                          //读\写选择
sbit en =P4^0;                          //读\写"使能"
sbit cs1 =P4^4;                         //片选1,低电平有效(前64列)
sbit cs2 =P4^5;                         //片选2,低电平有效(后64列)
sbit reset=P4^1;                        //复位
unsigned char code ASCII88[] =          //8×8 的字符库,只建了3个示意
{0x00,0x38,0x44,0x44,0x44,0x44,0x38,0x00,/*"0"*/
0x00,0x48,0x48,0x7C,0x40,0x40,0x00,0x00,/*"1"*/
0x00,0x48,0x64,0x64,0x64,0x54,0x6C,0x00, };/*"2"*/
unsigned char code ASCII816[] = //8×16 的字符库,只建了3个示意
{  0x00,0x30,0x08,0x88,0x88,0x48,0x30,0x00,
   0x00,0x18,0x20,0x20,0x20,0x11,0x0E,0x00,/*"3"*/
   0x00,0x00,0xC0,0x20,0x10,0xF8,0x00,0x00,
   0x00,0x07,0x04,0x24,0x24,0x3F,0x24,0x00,/*"4"*/
   0x00,0xF8,0x08,0x88,0x88,0x08,0x08,0x00,
   0x00,0x19,0x21,0x20,0x20,0x11,0x0E,0x00,};/*"5"*/
unsigned char code HZTable[]//4 个汉字,0 沈;1 阳;2 大;3 学
{  0x08,0x30,0x01,0xE6,0x10,0x38,0x08,0x08,0xC8,0xFF,0x08,0x08,
   0x28,0x18,0x08,0x00,0x04,0x04,0x7F,0x40,0x40,0x20,0x10,0x0C,
   0x03,0x3F,0x40,0x40,0x40,0x40,0x78,0x00,//沈 0
   0x00,0xFE,0x02,0x22,0x5A,0x86,0x00,0xFE,0x42,0x42,0x42,0x42,
   0x42,0xFE,0x00,0x00,0x00,0xFF,0x04,0x08,0x04,0x03,0x00,0x3F,
   0x10,0x10,0x10,0x10,0x10,0x3F,0x00,0x00,//阳 1
```

```
0x20,0x20,0x20,0x20,0x20,0x20,0xA0,0x7F,0xA0,0x20,0x20,0x20,
0x20,0x20,0x20,0x00,0x00,0x80,0x40,0x20,0x10,0x0C,0x03,0x00,
0x01,0x06,0x08,0x30,0x60,0xC0,0x40,0x00,//大2
0x40,0x30,0x10,0x12,0x5C,0x54,0x50,0x51,0x5E,0xD4,0x50,0x18,
0x57,0x32,0x10,0x00,0x00,0x02,0x02,0x02,0x02,0x02,0x42,0x82,
0x7F,0x02,0x02,0x02,0x02,0x02,0x02,0x00,};//学3
void Lcd12864delay(void)//延时,上电时适当延时,以保证屏内可靠复位
{
    unsigned int i=2500;
    while(i--)
        ;
}
void ds(void)
{
    unsigned char i;
    for (i = 0;i < 3 ;i++ )
        _nop_( );
}
void CheckState(void)//状态检查,跳出本函数才可以对屏进行操作
{
    unsigned char dat;
    di=0;
    ds( );
    rw=1;
    do
    {
        LCD12864DataPort=0xff;
        en=1;
        ds( );
        dat=LCD12864DataPort;
        ds( );
        en=0;
        dat=0x90 & dat;            //仅当第4、7位为0时才可操作
    }
    while(dat==0x90);              //此处一直为90,不能跳出
    ds( );
```

```
    }
    void WriteByte(unsigned char dat)              //写显示数据
    {
        CheckState();
        ds();
        di=1;
        ds();
        rw=0;
        ds();
        LCD12864DataPort=dat;
        ds();
        en=1;
        ds();
        en=0;
    }
    void SendCommandToLCD(unsigned char command)   //向 LCD 发送命令
    {
        CheckState();
        rw=0;
        ds();
        LCD12864DataPort=command;
        ds();
        en=1;
        ds();
        en=0;
    }
    void SetLine(unsigned char line)               //设定行地址(页)--X 0~7
    {
        line=line & 0x07;                          // 0<=line<=7
        line=line | 0xb8;                          //1011 1xxx
        SendCommandToLCD(line);
    }
    void SetColumn(unsigned char column)           //设定列地址--Y 0~63
    {
        column=column & 0x3f;                      // 0=<column<=63
        column=column | 0x40;                      //01xx xxxx
        SendCommandToLCD(column);
    }
```

```
void SetStartLine(unsigned char startline)//设定显示开始行--XX ,0~7
{
    startline=startline & 0x07;
    startline=startline | 0xc0;//1100 0000
    SendCommandToLCD(startline);
}
void SetOnOff(unsigned char onoff)          //开关显示,"0"为关,"1"为开
{
    onoff=0x3e|onoff; //0011 111x
    SendCommandToLCD(onoff);
}
void SelectScreen(unsigned char screen) //screen: 0—全屏,1—左屏,2—
                                        右屏
{                                       //0有效 cs1: 0—右; cs2: 0—左
    switch(screen)
        {
            case 0:cs1=1;               //全屏
                   cs2=1;
                   ds( );break;
            case 1: cs1=1;              //左屏
                   ds( );
                   cs2=0;
                   ds( ); break;
            case 2: cs1=0;              //右屏
                   ds( );
                   cs2=1;
                   ds( ); break;
        }
}
void ClearScreen(unsigned char screen)//清屏:0—全屏,1—左屏,2—右屏
{
    unsigned char i,j;
    SelectScreen(screen); //选择屏的左侧或右侧或全屏
    for(i=0;i<8;i++)//垂直方向,8个点为一行,从行地址0开始清屏
    {
        SetLine(i);
        for(j=0;j<64;j++)
            WriteByte(0x00); //向显示缓存中写0,就是清屏
```

```
            }
        }
        //显示 8×8 点阵,经过验证,正确
        //lin:行(0~7), column: 列(0~15)
        //address :字序号,pt,指向字模数据的指针
void Show88 (unsigned char lin, unsigned char column, unsigned char
address,unsigned char * pt)
        {
            unsigned char i;
            pt = pt + address * 8;
            if(column>16)
                return;
            if(column<8)
                SelectScreen(1);    //如果列数<8(0,1,2,3,4,5,6,7)则写在第一屏上
            else
                SelectScreen(2);    //否则,(8,9,10,11,12,13,14,15)写在第二屏上
            column=column & 0x07; //防止越界
            SetLine(lin);            //设定行地址
            SetColumn(column<<3);
            for(i=0;i<8;i++)
            {
                WriteByte( *pt );
                pt++;
            }
        }
        //显示 8×16 字符,验证正确,行与列均为字符的坐标
        //lin:行(0~3), column: 列(0~15)
        //ch:字符代码序号(自定义)
        void ShowChar(unsigned char lin,unsigned char column,unsigned int ch)
        {
            unsigned char i;
            ch = ch * 16;            //当前字符的第一个字模数据
            if(column>16)
                return;
            if(column<8)
                SelectScreen(1);    //如果列数<8(0,1,2,3,4,5,6,7)则写在第一屏上
            else
                SelectScreen(2);    //否则 (8,9,10,11,12,13,14,15)写在第二屏上
```

```c
    column=column & 0x07;        //防止越界
    lin=lin<<1;
    SetLine(lin);                //设定行地址
    SetColumn(column<<3);
    for(i=0;i<8;i++)
        WriteByte( ASCII816[ch+i]);
    lin = lin + 1;
    SetLine(lin);                //设定行地址
    SetColumn(column<<3);
    ch = ch+ 8;
    for(i=0;i<8;i++)
        WriteByte( ASCII816[ch+i]);
}


//显示一个汉字,验证正确
//lin:行(0~3), column:列(0~7)。行与列均为以汉字为单位的坐标
//ch:汉字代码序号(自定义的)
//uchar code HZtable
void ShowHZ(unsigned char lin,unsigned char column,unsigned int ch)
{
    unsigned char i;
    ch = ch * 32;                //当前字符的第一个字模数据地址
    if(column>8)
        return;
    if(column<4)
        SelectScreen(1);    //如果列数<8(0,1,2,3,4,5,6,7)则写在第一屏上
    else
        SelectScreen(2);    //否则(8,9,10,11,12,13,14,15)写在第二屏上
    column=column & 0x03; //防止越界
    lin=lin<<1;
    SetLine(lin);                //设定行地址
    SetColumn(column<<4);
    for(i=0;i<16;i++)
        WriteByte( HZTable[ch+i]);
    lin = lin + 1;
    SetLine(lin);                //设定行地址
    SetColumn(column<<4);
    ch = ch+ 16;
```

```
    for(i=0;i<16;i++)
        WriteByte( HZTable[ch+i]);
}


//读显示数据
unsigned char ReadByte()
{
    unsigned char dat;
    CheckState();
    di=1;
    rw=1;
    LCD12864DataPort=0xff;
    en=1;
    dat=LCD12864DataPort;
    en=0;
    return(dat);
}
//反显一个8×8字符 //lin:行(0~7), column:列(0~15),验证正确
void ReverseShow88(unsigned char lin,unsigned char column)
{
    unsigned char i;
    unsigned char tab[8];
    if (column > 15)
        return;
    if(column<8)
        SelectScreen(1); //如果列数<4(0,1,2,3),则写在第一屏上
    else
        SelectScreen(2); //否则,(4,5,6,7)写在第二屏上 //读上部8列
column=column<<3; //每个方块8×8大小
    SetLine(lin);
    SetColumn(column);
    tab[0]=ReadByte(); //空读
    for(i=0;i<8;i++)
        tab[i]=~ReadByte(); //写回 SetLine(lin);
    SetColumn(column);
    for(i=0;i<8;i++)
        WriteByte(tab[i]);
}
```

```
//反显一个 8×16 字符 //lin:行(0~4), column: 列(0~15),验证正确
void ReverseShowChar(unsigned char lin,unsigned char column)
{
    lin=lin<<1;
    ReverseShow88(lin ,column);
    ReverseShow88(lin+1,column);
}
//反显一个汉字 //lin:行(0~3), column: 列(0~7),验证正确
void ReverseShowHZ(unsigned char lin,unsigned char column)
{
    lin=lin<<1;
    column=column<<1;
    ReverseShow88(lin ,column );
    ReverseShow88(lin ,column+1);
    ReverseShow88(lin+1,column );
    ReverseShow88(lin+1,column+1);
}
void InitLCD()                  //初始化 LCD
{
    unsigned char i=250;        //延时
    while(i--)
        ;
    SelectScreen(0);
    SetOnOff(0);                //关显示
    ClearScreen(1);             //清屏
    ClearScreen(2);
    SelectScreen(0);
    SetOnOff(1);                //开显示
    SelectScreen(0);
    SetStartLine(0);            //开始行:0
}
```

8.6 时钟芯片的扩展

在电子装置中，如果应用需求与日历有关，则系统中必须有时钟功能。因 MCS-51 系列单片机没有这方面的资源，故采用这一系列单片机的此类应用要进行时钟芯片的扩展。此类芯片比较多，如 DS1302、PCF8563 等，可以到百度上去查找。本节内容将介绍比较常用的 DS1302。

8.6.1　DS1302 芯片概述

这款芯片主要具有以下功能：

1）可以对以下时间进行计时：秒、分、小时、周、月以及年，并可以区分闰年、闰月。

2）内部具有 31 个字节的 RAM，可以用于存储需要掉电保持的一些参数。

3）三线串行接口，兼容 TTL 电平，适于与微处理器进行接口。

4）电压工作范围宽，在 2.5~5.5V 电压范围内均可正常工作。

5）有 3 种封装可选，工业级温度范围，充电速度可设置。

DS1302 有 8 个引脚，第 1 脚为电源正，第 8 脚接电池正极，平时对电池充电，当外部电源停止供电时，8 脚的电池向芯片供电，用于内部时钟的运行及 RAM 中数据的保持。第 2、3 脚接晶振，要求接负载电容为 6pF 的晶振，频率为 32.768kHz。第 4 脚为电源地。第 5、6、7 脚，分别为复位（低有效）、数据输入/输出、串行时钟引脚。

8.6.2　芯片各功能详解

1. 工作原理

芯片内共有 40 个字节的存储单元，其中，7 个字节用于时钟运行、2 个字节用于控制功能、31 个字节用于 RAM。将复位引脚 $\overline{RST}$ 置位，即使其为高电平时才能对芯片进行读写操作。对芯片的操作，首先要写入一个命令字，告知芯片下面的操作是读还是写，以及对象是哪个单元，然后再访问欲操作的对象。数据的写入与读取均发生在串行时钟 CLK 的高电平期间，也就是说，在写入时 CLK 在变为高电平前，要将数据放到 I/O 引脚上，并保持稳定。而读取时，在 CLK 下降沿时输出。不论是写入，还是读取，所有字节均要求低位在前，高位在后。

2. 命令字

1	RAM/$\overline{CK}$	A4	A3	A2	A1	A0	RD/$\overline{W}$

bit7 必须为 1，如果为 0，则禁止对 DS1302 进行写入。当 bit6 = 0 时，对时钟进行操作；当 bit6 = 1 时，RAM 进行操作；bit5~bit1 为操作对象地址。当 bit0 = 0 时，为写操作；当 bit0 = 1 时，为读取操作。

3. 数据的读取与写入

在写命令的 8 个 CLK 周期后，下一个 8 个 CLK 周期的上升沿输入数据。如果此时有额外的时钟，则它们被忽略，写入数据时，从低位开始。

在写入的读取命令的 8 个 CLK 周期后，下一个 8 个 CLK 周期的下降沿，芯片输出数据。同样，数据的传送是从低位开始的。

4. 多字节数据操作方式

在对 DS1302 的内部字节进行读写操作时，命令字中需要指明操作对象的地址。但如果操作对象的地址为 0x1f，则可以一次性地对多个字节进行操作，此时操作对象的起始地址为 0。如果对象为 RAM，则可以对所有 31 个 RAM 字节进行操作；如果为时钟，则可以对所有时钟寄存器及写保护寄存器进行操作，而充电控制寄存器此时是不可访问的。

在这种操作形式中，第一个 8 个 CLK 周期为命令字，最多可以有 32 个 8 个 CLK 周期，计 256 个 CLK 周期。

5. 各寄存器功能

图 8.31 描述了各寄存器的功能。

时钟寄存器中的所有与时间相关的寄存器，相关位均为 BCD 码的形式。

"秒"寄存器的最高位为 CH，如果 CH=1，则时钟振荡器停止工作，计时暂停。如果 CH=0，则振荡器工作，计时进行中。

"小时"寄存器中的最高位，定义时间为 12h 工作制或是 24h 工作制。该位为 1 时，为 12h 工作制，此时的 bit5 为上下午标志，为 1 时表示下午。当最高位为 0 时，则为 24h 工作制。

写保护寄存器的最高位为 1 时，对任何寄存器的写操作均无效，所以，如果想对时钟或 RAM 进行读写，首先要求写保持位为 0。

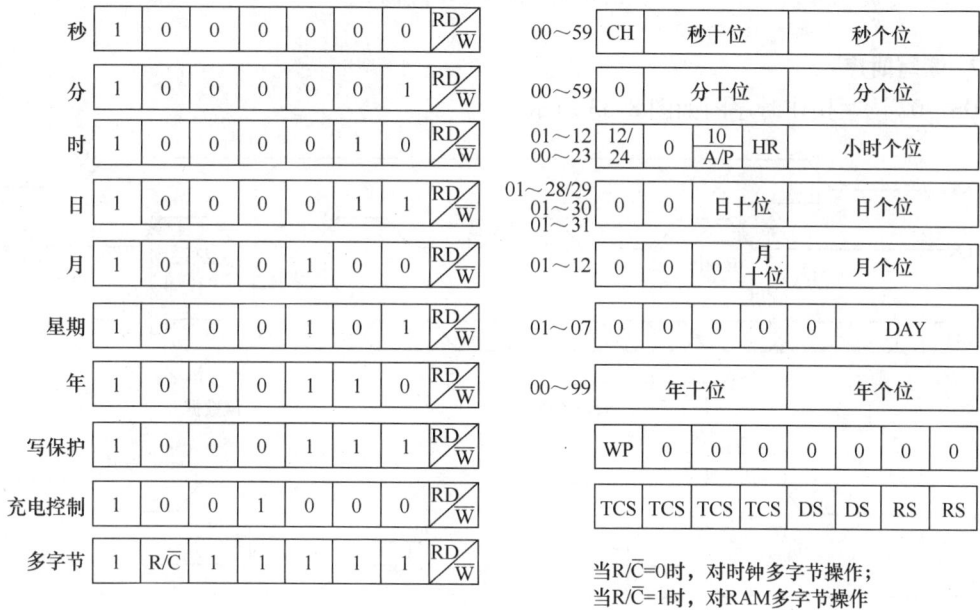

当 R/C̄=0 时，对时钟多字节操作；
当 R/C̄=1 时，对 RAM 多字节操作

图 8.31 DS1320 各寄存器功能

充电控制寄存器用于控制芯片慢速充电。充电电路结构框图如图 8.32 所示。

从图中可见，4 位 TCS 位控制慢充电是否有效，只有为 1010 时，慢充电有效，其他值时充电被禁止。两位 DS 用于选择充电回路中有几个二极管，当 DS=01 时，选择一只；当 DS=10 时，选择两只二极管，其他值时，充电被禁止。RS 位用于选择充电回路中的限流电阻，当 RS=01 时，电阻为 2kΩ；当 RS=10 时，电阻为 4kΩ；当 RS=11 时，电阻为 8kΩ；当 RS=00 时，充电禁止。

6. 电源

DS1302 有两个电源引脚，第 8 脚 VCC1 为备用电源引脚，当系统中不需要备用电池时，此引脚直接接主电源。如果系统需要防止供电系统掉电时时钟信息或 RAM 中信息丢失，则系统中必须有备用电池，此时，VCC1 引脚接电池，而第 1 脚 VCC2 接系统主电源。

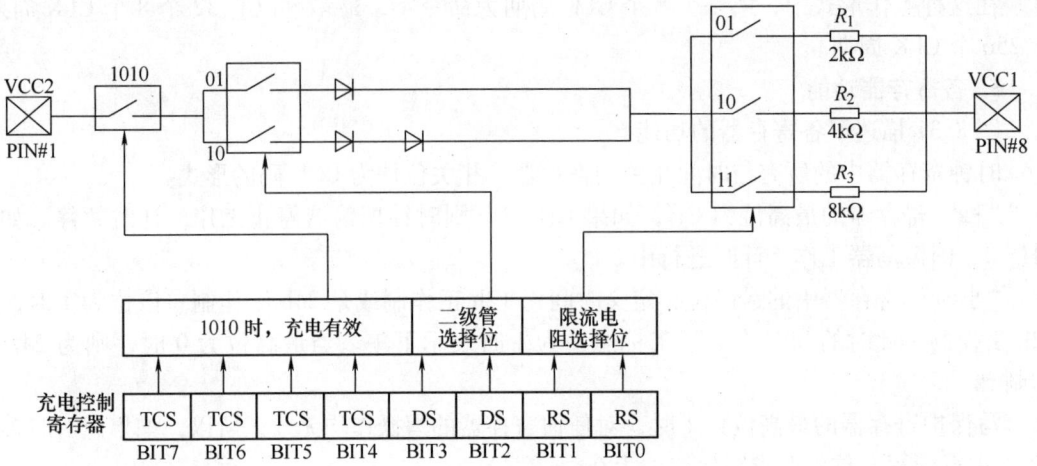

图 8.32　慢充电结构框图

7. 读写时序

DS1302 读写操作时序图如图 8.33 所示。

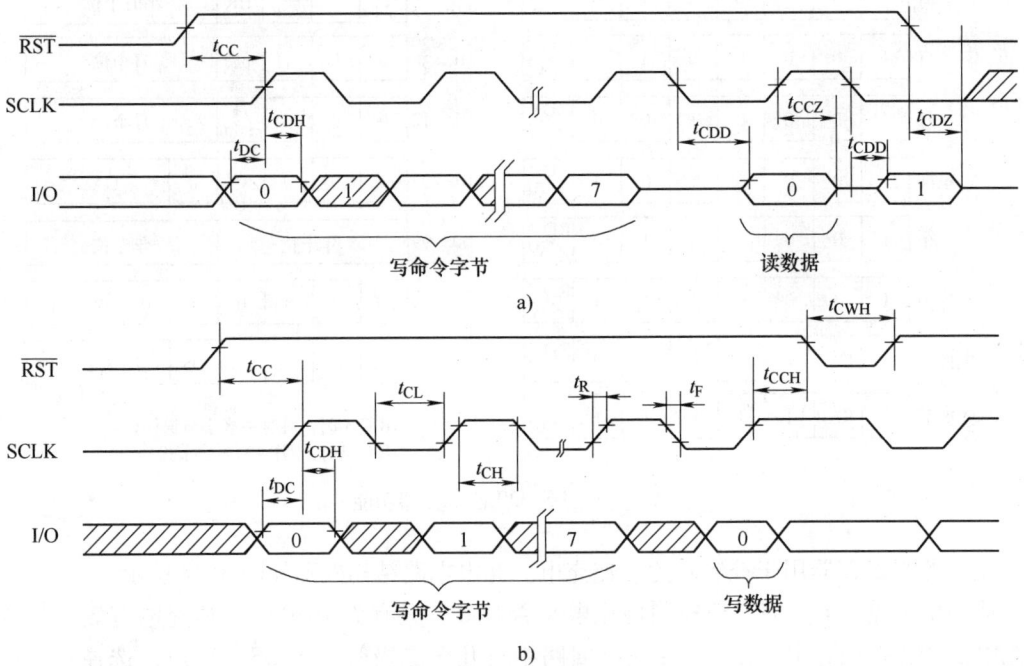

a)

b)

图 8.33　DS1302 读写操作时序图

a）读数据传送　b）写数据传送

在编写芯片的驱动程序时，时序图是非常重要的信息。在驱动程序中，对任何一条控制线或数据线的操作，都必须满足时序图中各种时间的要求。在芯片的规格书中，还会有一个各种时间的表格。为节省篇幅，本节中没有给出这种表格，请参考相关信息。本芯片中，比如 t_{cc} 是指从复位无效到时钟建立的时间。在规格书中，指出了它的最小值为 $4\mu s$，而其最大值并未给出，这就是说，在编写这部分内容的程序时，要保证 4μs，为此，需要知道 CPU 执行一条指令需要多长时间，即指令周期。

芯片的规格书可以到网上下载，比如：www.21ic.com，www.ic37.com 等，也可以到 www.baidu.com 上搜索。

8.6.3　DS1302 应用实例

如图 8.34 所示。本例中，单片机采用 STC12 系列。在 DS1302 的规格书中，未说明其时钟、数据及复位接口内部的电路形式，为了确保这三线接口无误，加了 3 个上拉电阻。另外，DS1302 的晶振，在规格中说明了其负载电容要求为 6pF，作者在实践中采用了 12.5pF 的产品，在实际生产中，出现了个别产品的时钟不走时的问题，更换负载电容为 6pF 的晶振后，问题得到了解决，可见芯片对晶振的要求一定要保持一致。

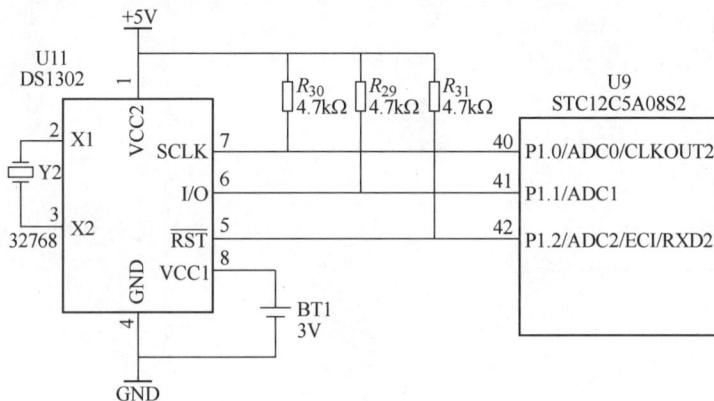

图 8.34　DS1302 与单片机的接口

相关驱动程序：

```
#include "stc_new_8051.h"
#include "INTRINS.H"
#define nop()  _nop_()              //为书写简便
#define read_sec   0x81             //读取秒数据命令
#define write_sec  0x80             //写秒数据命令
#define read_min   0x83            //读取分钟数据命令
#define write_min  0x82            //写分钟数据命令
#define read_hr    0x85            //读取小时数据命令
#define write_hr   0x84            //写小时数据命令
#define read_day   0x87            //读取日数据命令
#define write_day  0x86            //写日数据命令
#define read_mon   0x89            //读取月数据命令
#define write_mon  0x88            //写月数据命令
#define read_year  0x8d            //读取年数据命令
```

```
#define write_year   0x8c          //写年数据命令
#define read_week   0x8b           //读取星期数据命令
#define write_week   0x8a          //写星期数据命令
#define rst P12
#define sclk P10
#define io P11
void Reset1302(void)
{
    rst = 0;
    sclk = 0;
    nop();nop(); nop();nop(); nop();
    rst = 1;
    nop(); nop();nop(); nop();nop(); nop();
}
void Write1Byte1302(unsigned char b)
{
    unsigned char c;                //对写入的位进行计数
    for (c = 0;c < 8; c++)
    {
        sclk = 0;
        if (b&0x01)
            io = 1;
        else
            io = 0;
        sclk = 1;
        b = b>>1;
    }
}
unsigned char Read1Byte(void)
{
    unsigned char b,c;              //b为读入的数据, c 对读的位数进行计数
    b = 0;
    io = 1;                         //将 I/O 接口置为输入
    for (c = 0; c < 8; c++)
    {
        b = b>>1;
        sclk = 1;
        sclk = 0;
```

```c
        if (io == 1)
            b = b+0x80;
    }
    return (b);
}
void Write1302(unsigned char b,unsigned char c)    //将 c 写入 b 单元中
{
    Reset1302();                 //对 DS1302 进行一次复位,以便写入控制命令
    Write1Byte1302(0x8e);
    Write1Byte1302(0x00);    //DS1302 的写保护去除
    Reset1302();                 //对 DS1302 进行一次复位,以便写入控制命令
    Write1Byte1302(b);
    Write1Byte1302(c);
    Reset1302();                 //对 DS1302 进行一次复位,以便写入控制命令
    Write1Byte1302(0x8e);
    Write1Byte1302(0x80);    //对 DS1302 进行写保护
    rst = 0;
}
unsigned char Read1302(unsigned char b)//读取 b 单元中的数据,并返回
{
    unsigned char c;
    Reset1302();                 //对 DS1302 进行一次复位,以便写入控制命令
    Write1Byte1302(b);        //将控制命令写入 DS1302 中,以指定读的源地址
    c = Read1Byte();
    rst = 0;
    return (c);
}
void init_ds1302(void)
{
    unsigned char i;
    Write1302(0x90,0);        //设定 DS1302 的不充电形式
    i = Read1302(read_hr);  //读取小时数据
    i = i & 0x7f;                 //将小时数据的最高位清零,使芯片以 24h 方式计数
    Write1302(write_hr,i);
    i = Read1302(0x81);      //读取秒数据
    i = i & 0x7f;             //最高位清零,以启动时钟运行
    Write1302(0x80,i);
    rst = 0;
```

```
}
void read_time(unsigned char * pt)//读取时间,读出的数据送到 pt 指向的数组
{
    * pt = Read1302(read_year);
    pt++;
    * pt = Read1302(read_mon);
    pt++;
    * pt = Read1302(read_day);
    pt++;
    * pt = Read1302(read_hr);
    pt++;
    * pt = Read1302(read_min);
}
```

8.7 串行 A/D 转换器的扩展

A/D 转换是单片机应用中常常用到的功能,虽然多个品种的单片机有这个资源,但往往因为单片机内部并无基准源或者因其内部的 A/D 转换的精度不能满足应用的需求,或者因为隔离的需要,而不得不进行 A/D 转换扩展。A/D 转换芯片有两种总线结构形式:一种是并行接口,它至少要用一个数据接口,如 8bit 的 A/D 转换芯片,数据线为 8bit,12bit 的 A/D 转换芯片,则要用 12bit 的数据接口;此外,其他控制引脚也是要使用的,通常有 3～5 个;这种总线形式的 A/D 转换芯片,要占用很多单片机的引脚资源。另一种总线结构形式是串行接口,如 I^2C、SPI 等,I^2C 总线前面已做过介绍,所以,本节介绍一种 SPI 总线结构的 A/D 转换芯片,型号为 TM7705。

8.7.1 芯片简介

TM7705 为国内生产厂家深圳市天微电子股份有限公司的产品,其详细说明可到其官网上下载。这个型号的芯片,与 AD7705 完全兼容,但 AD7705 并不完全兼容 TM7705。

TM7705 具有两通道的 A/D 转换电路,用于测量低频模拟量的器件,内部有放大器,可直接接收来自于传感器的小信号输入。采用 Σ-Δ 转换技术,实现了 16 位无丢失代码性能。通过命令,将选定的输入信号送到一个基于模拟调制器且增益可编程的前端,增益范围为 1～128 倍,分 8 档可设置。再经芯片内的滤波器对信号进行处理,滤波器的截止点和输出更新速率,可以通过设置控制寄存器进行调节。TM7705 可以工作在 2.7～3.3V 或 4.75～5.25V 的单电源下,为全差分模拟输入。当电源为 5V,基准电压为 2.5V 时,可对 0～20mV 或 0～2.5V 的输入信号进行处理;还可以处理 ±20mV～±2.5V 的双极性输入信号。芯片是以 AIN(-) 为模拟信号的参考 0 点,当处理单极性信号时,AIN(-) 接地;而处理双极性信号时,AIN(-) 接基准源。芯片与外界通信,采用 3 线的串行接口,兼容 SPI,等待时的电流最大值为 8μA,具有 DIP、SOIC、TSSOP 等封装形式可选。

8.7.2 引脚排列与引脚功能

引脚排列如图 8.35 所示。

SCLK：访问芯片的串行时钟，为施密特输入。

MCLK IN：芯片的主时钟信号，可以是外部输入的 500kHz~5MHz 的信号，也可以外接晶体。

MCLK OUT：当芯片的主时钟信号采用晶体时，用于与振荡电路连接。如果 MCLK IN 引脚外接时钟时，MCLK OUT 输出一个与 MCLK IN 反相的信号。

$\overline{CS}$：引脚为片选信号端，低电平时才能与之通信。

RESET：复位输入端，低电平有效，将器件的控制逻辑、接口逻辑、校准系数、数字滤波器和模拟调制器复位到上电状态。

AIN2（+）、AIN1（+）：通道 2、通道 1 的正输入端。

AIN2（-）、AIN1（-）：通道 2、通道 1 的负输入端。

REF IN（+）：基准源正输入端，可以取 VDD 与 GND 之间的任何值。

REF IN（-）：基准源负输入端，可以取 VDD 与 GND 之间的任何值，但要求 REF IN（+）必须大于 REF IN（-）。

$\overline{DRDY}$：输出端，其输出低电平表示可以从芯片的数据寄存器读取新的 A/D 转换值。读取后，该引脚返回高电平。如果在两次输出更新之间，没有进行数据读取，则$\overline{DRDY}$将在下一次输出更新前 500×tCLKIN 时间返回高电平。在高电平期间，不能进行读取操作。

DOUT：串行数据输出端，当进行读取操作时，数据由此引脚读取。

DIN：串行数据输入端，当向芯片写入命令时，写入的数据由此引脚写入。

VDD 及 GND：芯片的电源引脚。

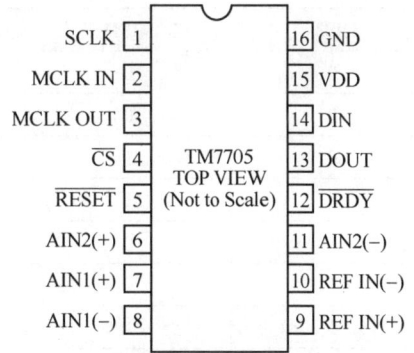

图 8.35 引脚排列

8.7.3 TM7705 的芯片内寄存器

TM7705 芯片内有 8 个寄存器，这些寄存器通过串行方式进行访问。

1. 通信寄存器

通信寄存器是一个 8 位的寄存器，可读可写。上电或复位后，器件等待在通信寄存器上进行一次写操作。所有与器件的通信必须从写该寄存器开始，写入的数据决定了下一次操作发生在哪个寄存器上。一旦在选定的寄存器上完成了通信寄存器上规定的操作，芯片便会自动返回到等待对通信寄存器的写操作状态。如果在接口序列丢失的情况下，DIN 高电平的写操作持续超过 32 个串行时钟周期，芯片会回到默认状态，其默认值为 0。通信寄存器的各位功能如下：

0/$\overline{DRDY}$	RS2	RS1	RS0	R/$\overline{W}$	STBY	CH1	CH0

0/$\overline{DRDY}$：当进行写操作时，该位必须为 0；而进行读取时，则这个位是$\overline{DRDY}$引脚的

状态。

RS2~RS0：下一操作的寄存器选择位。具体如表 8.4 所示。

表 8.4　寄存器表

RS2	RS1	RS0	寄存器	寄存器位数
0	0	0	通信寄存器	8 位
0	0	1	设置寄存器	8 位
0	1	0	时钟寄存器	8 位
0	1	1	数据寄存器	16 位
1	0	0	测试寄存器	8 位
1	0	1	无操作	
1	1	0	偏移寄存器	24 位
1	1	1	增益寄存器	24 位

$R/\overline{W}$：读写选择位，该位决定下一操作是读还是写，当 $R/\overline{W}=0$ 时表示写；当 $R/\overline{W}=1$ 时表示读。

STBY：等待模式位，当此位写入 1 时，器件进入等待/掉电模式。在这种模式下，器件消耗的电流很小，仅为 10μA；芯片保持校准系数和控制字信息。当该位写入 0 时，器件正常工作。

CH1 与 CH0：通道选择位，用于选择一个通道，以供数据转换或访问校准系数，如表 8.5 所示。

表 8.5　TM7705 通道选择

CH1	CH0	AIN（+）、×	AIN（−）	校准寄存器对
0	0	AIN1（+）	AIN1（−）	寄存器对 0
0	1	AIN2（+）	AIN2（−）	寄存器对 1
1	0	AIN1（−）	AIN1（−）	寄存器对 0
1	1	AIN1（−）	AIN2（−）	寄存器对 2

2. 设置寄存器

设置寄存器也是一个 8 位的寄存器，上电或复位后其值为 1，可对其进行读写操作。对其写入的数据决定校准模式、增益、单极性/双极性输入及缓冲模式的工作状态。设置寄存器的各位功能如下：

MD1	MD0	G2	G1	G0	$\overline{B}/U$	BUF	FSYNC

MD1、MD0 为芯片工作模式选择位。

当 MD1 MD0 = 00 时，为正常工作模式，在此模式下，转换器进行正常的模-数转换。

当 MD1 MD0 = 01 时，为自校准状态，就是在芯片内部，在选定的增益下，进行零标度校准及满标度校准。在通信寄存器选择的通道上激活自校准功能。这里只进行一步校准，完成后，返回正常模式，即 MD1MD0 = 00。开始校准时，$\overline{DRDY}$ 输出高电平，自校准后，返回低电平，这时，在数据寄存器中，产生一个新的有效字。

当 MD1 MD0 = 10 时，在选定的通道上进行零标度校准。就是指在选定的增益下，输入端为 0 时完成的校准。在校准期间，要求输入稳定为 0。当开始校准时，$\overline{DRDY}$ 输出高电平，校准完成后，返回低电平，这时，在数据寄存器中，产生一个新的有效字；芯片回到正常模式，即 MD1MD0 = 00。

当 MD1 MD0 = 11 时，在选定的通道上进行满标度校准。在选定的增益下，对模拟输入端施加的电压进行校准。在校准期间，所施加的电压必须稳定。当开始校准时，$\overline{DRDY}$ 输出高电平，校准完成后，返回低电平，这时，在数据寄存器中，产生一个新的有效字；芯片回到正常模式，即 MD1MD0 = 00。

G2、G1、G0 为增益选择位。用于设置芯片内部 PGA 的增益。增益 = 2^n，式中 n = G2 G1 G0。

$\overline{B/U}$ 为单极性/双极性选择位；$\overline{B/U}$ = 0 时为双极性；$\overline{B/U}$ = 1 时为单极性。

BUF 为缓冲器控制位，当 BUF = 0 时，芯片内缓冲器无效，芯片电流下降，适用于对低阻输出信号的处理；当 BUF = 1 时，缓冲器有效，适用于对信号源为高阻的应用情况。

FSYNC 为滤波器同步位。当 FSYNC = 1 时，数字滤波器的节点、滤波器控制逻辑和校准控制逻辑处于复位状态，同时，模拟调制器也被控制在复位状态下。当 FSYNC = 0 时，调制器和滤波器开始处理数据，并在 3× (1/输出更新速率) 时间内，产生一个有效字。

3. 时钟寄存器

时钟寄存器为 8 位，上电复位时，默认值为 05H，可读写。时钟寄存器控制对象为滤波器选择、时钟控制等。时钟寄存器各位的功能如下：

ZERO	ZERO	ZERO	CLKDIS	CLKDIV	CLK	FS1	FS0

ZERO 有 3 位，这 3 位在写入时，一定为 0，否则出错。

CLKDIS 为主时钟禁止位。当 CLKDIS = 1 时，禁止主时钟在 MCLK OUT 引脚上输出，该引脚输出为低电平，使器件更省电。如果系统在 MCLK IN 和 MCLK OUT 引脚使用晶体时，该位如果置位，则芯片内部时钟停止，不进行模-数转换。

CLKDIV 为时钟分频器控制位。当 CLKDIV = 1 时，会对 MCLK IN 的时钟频率进行 2 分频，然后供芯片使用。

CLK 为时钟位，其状态应根据芯片内部的工作频率进行设置。如果转换器的时钟为 2.4576MHz，则 CLK = 0。而如果转换器的时钟为 1MHz，则 CLK = 1。该位为给定的工作频率设置适当的标度电流，并且也与 FS1、FS0 位一起选择器件的输出更新率。如果 CLK 没有按照主时钟频率正确设置，则 TM7705 的工作将不能达到要求的指标。

FS1 与 FS0 为滤波器选择位，与 CLK 位一起决定器件的更新输出率。

4. 数据寄存器

数据寄存器为 16 位只读型寄存器，其存储的是 TM7705 最新的转换结果。如果对其进行写操作，则写入的数据被芯片忽略。

5. 测试寄存器

为测试器件时使用，用户不要对其进行操作。

6. 零标度校准寄存器

该寄存器上电或复位时，默认为1F4000H。TM7705包含几组独立的零标度寄存器，每个零标度寄存器负责一个输入通道。它们均为24位可读写，24位数据必须被写之后才能传送到零标度校准寄存器。零标度寄存器和满标度寄存器连在一起使用，组成一个寄存器对，每个寄存器对对应一个通道。在数据校准期间，校准寄存器不能进行读写操作。

7. 满标度校准寄存器

该寄存器上电或复位时，默认为5761ABH。TM7705包含几组独立的满标度寄存器，每个满标度寄存器负责一个输入通道。它们均为24位可读写，24位数据必须被写之后才能传送到满标度校准寄存器。零标度寄存器和满标度寄存器连在一起使用，组成一个寄存器对，每个寄存器对对应一个通道。在数据校准期间，校准寄存器不能进行读写操作。

8.7.4　TM7705内部基准

TM7705可以使用芯片外部的基准源，也可以使用芯片内的基准源。当使用外部基准源时，按照前面的描述，进行外接电路设计，通常REF IN（-）直接接地，REF IN（+）接基准源芯片，如LM336-2.5等。而使用芯片内部的基准源时，则要求REF IN（-）直接接地，REF IN（+）接一个0.01μF的电容，然后，通过向测试寄存器写01，来对内部的基准源使能。TM7705的内部基准源为2.3V，注意，如果芯片出现了复位，则必须重新向测试寄存器写01才可。

8.7.5　TM7705的数字接口

对TM7705的操作是通过其数字接口来完成的。其数字接口有5个信号：$\overline{CS}$、SCLK、DIN、DOUT及$\overline{DRDY}$，分别为片选信号、串行时钟、串行数据输入、串行数据输出及转换结束。图8.36和图8.37为TM7705的读写时序。从图8.36和图8.37中可见，在读数据时，要在SCLK为高电平时读取；而在写数据时，则是在SCLK为低电平时写，要求在SCLK为高电平时数据线保持稳定。数据在传输过程中，要遵循高位在前，低位在后的原则。

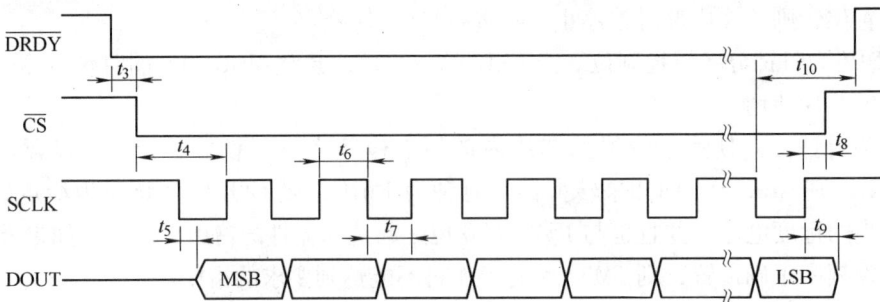

图8.36　读取时序

图8.38为TM7705与51系列单片机接口的例子。在这个例子中，只使用了一个通道1，而通道2没有使用，两个通道均采用单极性的输入形式，输入范围为0~2.5V，为了减少外界干扰，将通道2的输入端，直接接到基准源上。基准源采用TL431，这是一个2.5V的基

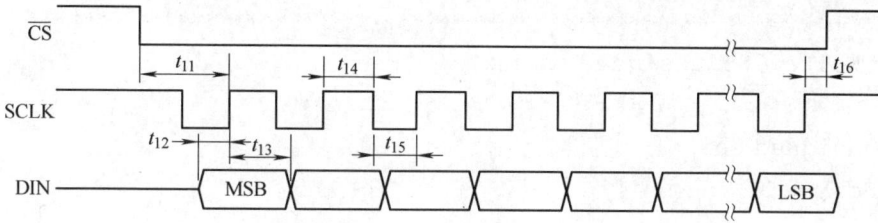

图 8.37　写操作时序

准源，有 1% 和 2% 两个精度等级。在这个应用中，为了使应用更加灵活，TM7705 的复位端与 CPU 的一个 I/O 接口连接，可以根据应用，随时进行复位。另外，如果整个系统的 I/O 接口数量不足，则可将 DIN 与 DOUT 连到一起，经 10kΩ 电阻上拉后，再连到单片机的 I/O 引脚上，可以节省一个引脚。

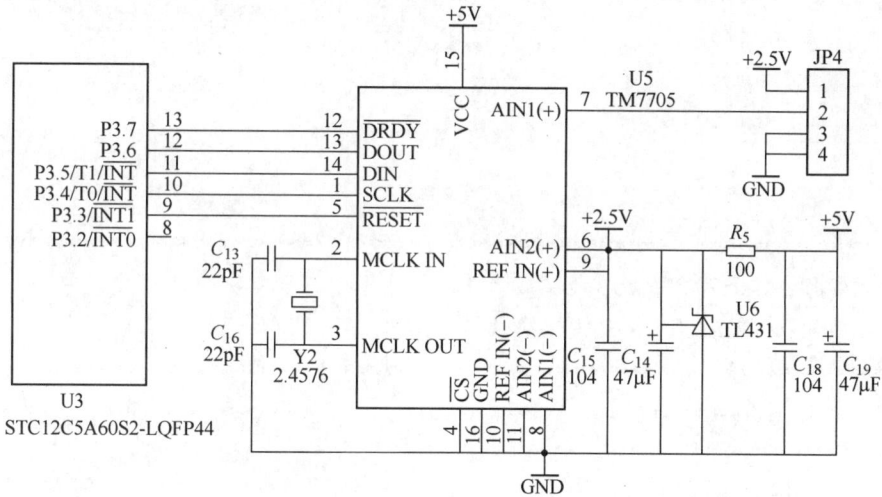

图 8.38　TM7705 与 51 单片机接口

相关程序如下：

```
#include "stc_new_8051.h"
#include <INTRINS.H>
/************************* 局部宏定义 *************************/
#define DRDY P37
#define Dout P36
#define Din P35
#define Sclk P34
#define rset P33
/********************************************************************/
* 函数名称:Write7705
* 函数功能:将 8 位数据写入 AD7705
```

```
    ********************************************************** /
void Write7705(unsigned char c)
{
    unsigned char d;
    Sclk = 1;
    for (d = 0 ;d<8 ;d++ )
    {
        Sclk = 0;
        if((c&0x80)! = 0)
            Din = 1;
        else Din = 0;
        WDT_CONTR = 0x33;  //喂狗,防死机程序跑飞,这是 CPU 本身具有的功能
        _nop_();
        Sclk = 1;
        c = c<<1;
    }
}
/ *****************************************************************
* 函数名称:Read7705twoByte
* 函数功能:读取 AD7705 中的转换数据。
    ********************************************************** /
unsigned int Read7705twoByte(void)
{
    unsigned char d;
    unsigned int c;
    c = 0;
    Dout = 1;
    Sclk = 1;
    for (d = 0;d<16 ;d++ )
    {
        Sclk = 0;
        c = c<<1;
        Sclk = 1;
        WDT_CONTR = 0x33; //喂狗
        _nop_( );
        if (Dout ==1)
            c = c+1;
    }
```

```
    return (c);
}
/ ***************************************************************
* 函数名称:void init_7705(void)
* 函数功能:对AD7705进行初始化设置。仅对0通道,双极性,自校准
  *************************************************************** /
void init_7705(void)
{
    rset = 0;
    _nop_( );_nop_( );_nop_( );_nop_( );
    rset = 1;
    _nop_( );_nop_( );_nop_( );_nop_( );
    Write7705(0x20);                    //写时钟寄存器
    _nop_( );_nop_( );_nop_( );_nop_( );
    Write7705(0x03);                    //输出更新率为200Hz
    _nop_( );_nop_( );_nop_( );_nop_( );
    Write7705(0x10);                    //写通信寄存器,选择下次操作为写设置寄存器
    _nop_( );_nop_( );_nop_( );_nop_( );
    Write7705(0x46);                    //单极性,自校准
}
/ ***************************************************************
* 函数名称:unsigned int ad(void)
* 函数功能:对0通道进行一次A/D转换
  *************************************************************** /
unsigned int ad(void)
{
    unsigned int c;
    while (DRDY)
        WDT_CONTR = 0x33;          //喂狗
    Write7705(0x38);
    while (DRDY)                    //等待转换结束,读取数据
        WDT_CONTR = 0x33;          //喂狗
    c = Read7705twoByte( );
    return c;
}
```

8.8 串行接口的 D/A 转换器扩展

在采用单片机技术的工业控制产品中,单片机计算出的结果,往往需要转换成模拟量输

出，这就需要使用数/模转换电路来实现，即 D/A 转换器。按数字量输入方式，D/A 转换器可分为并行输入和串行输入；按模拟量输出方式，D/A 转换器可分为电流输出和电压输出。本节介绍一种采用串行输入的 D/A 转换芯片，配合其他电路，实现 4~20mA 输出。这种 4~20mA 的电流信号，其抗干扰能力比较强，传输距离相对比较远，所以广泛应用于工业控制中。

8.8.1　4~20mA 电路原理图

图 8.39 为常见的通过处理器及 D/A 芯片实现的 4~20mA 电流输出的电路。U10 为 12bitD/A 转换芯片 MCP4821，为三线 SPI 接口，接收处理器送来的数据及命令。芯片的接口通过光电耦合器（下面均简称光耦）隔离后与处理器相连，本例中，SCK 由 P1.5 控制、SDI 由 P1.6 控制、$\overline{CS}$ 由 P1.7 控制。当单片机引脚输出低电平时，光耦输入端有效，光耦输出晶体管的集电极为低电平，而当单片机引脚输出为高电平时，集电极也为高电平，经过光耦隔离后，电平的逻辑关系并未发生变化。隔离的意义在于：输出的 4~20mA 电流多用于二次仪表使用，信号的传输都有一定的路径长度，这样容易将外界的干扰引入系统，造成系统的处理器或其他电路工作不稳定。采用光耦隔离电路是电子产品中为提高抗干扰能力而采取的常用措施之一。

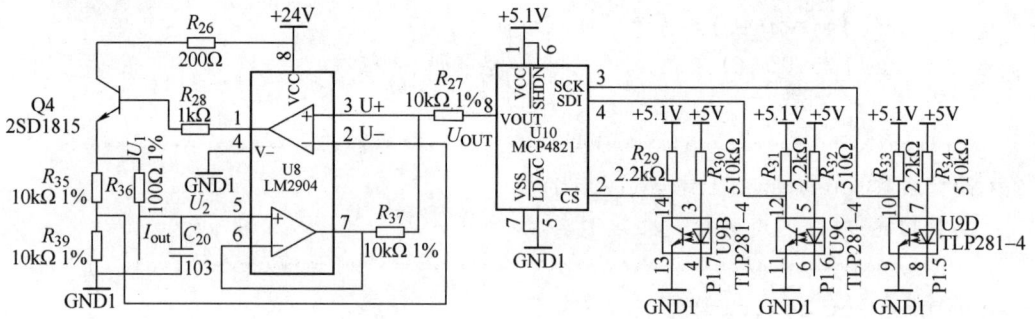

图 8.39　采用 MCP4821 实现的 4~20mA 输出电路

电路中的 U8 为两个运算放大器。其下面的运算放大器电路构成的是跟随器，即第 5 脚的电压 $U2$ 与第 7 脚电压是相等的。运算放大器的输入阻抗很高，认为是虚断，所以：

$$\frac{U_{OUT}-U_+}{R_{27}}=\frac{U_+-U_2}{R_{37}}，因 R_{27}=R_{37}\rightarrow U_{OUT}-U_+=U_+-U_2\rightarrow U_{OUT}=2U_+-U_2 \qquad (8\text{-}1)$$

$$\frac{U_1-U_-}{R_{35}}=\frac{U_-}{R_{39}}，因 R_{35}=R_{39}\rightarrow U_1-U_-=U_-\rightarrow U_1=2U_- \qquad (8\text{-}2)$$

集成运算放大器的另一个特点是虚短，即 $U_+=U_-$，再结合式（8-1）、式（8-2）→ $U_{OUT}=U_1-U_2$

$$I_{OUT}=\frac{U_1-U_2}{R_{36}}\rightarrow I_{OUT}=\frac{U_{OUT}}{R_{36}} \qquad (8\text{-}3)$$

MCP4821 的输出电压为 $G\times V_{ref}$，G 为放大倍数，可设置为 1 或 2，$V_{ref}=2.048V$，如果 G

设置为 1，则输出电压最大值为 2.048V，因 $R_{36} = 100\Omega$，所以最大输出电流为 20mA。

根据以上分析，这个电路对电阻是有要求的。对于电阻 R_{35}、R_{39}、R_{37}、R_{27} 要求精度不低于 1%，最好选择 1‰精度。另外要求这些电阻的阻值相等，这是因为运算放大器要求输入端电阻平衡。再有，对电路中的 $R26$、$R36$ 的功率，要求选用前先进行计算，并留有充足的余量。

8.8.2 D/A 转换器 MCP4821

图 8.39 所示电路的核心为 MCP4821，MCP4821 是一片 12 位 D/A 芯片，电压输出，具有内部 VREF 的数/模转换器，为 SPI 接口，工作电压为 2.7～5.5V 单电源，内部基准电压为 2.048V，从给出的这个数值看，其精度还是很高的，小数点后 3 位。另外，这个器件有多种封装形式可供选择，可以适用不同的应用场合需求。

1. MCP4821 引脚及内部框图

图 8.40 为 MCP4821 的引脚及内部结构框图。

图 8.40a 给出了 MCP4821 的引脚排列。

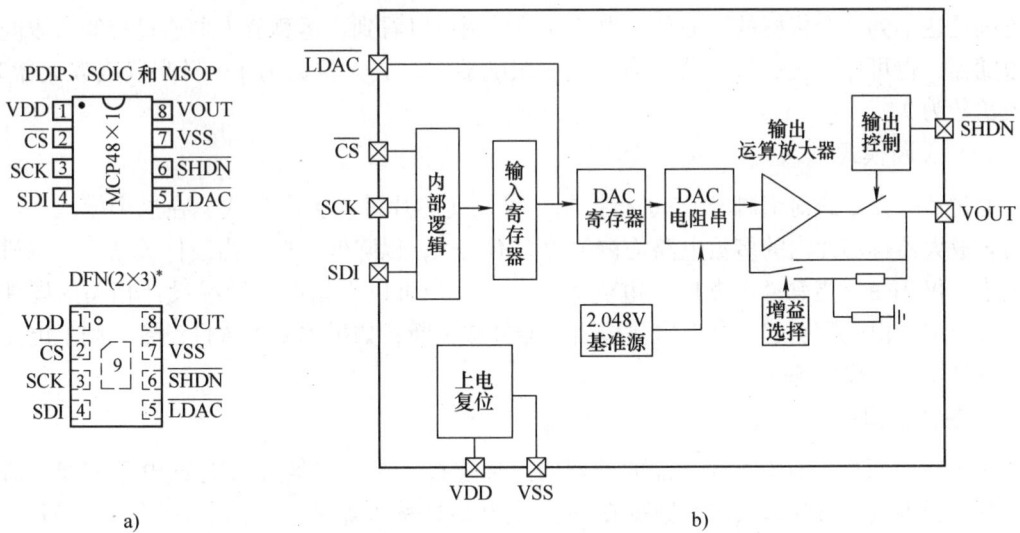

图 8.40　引脚与结构图
a) 引脚排列　b) 内部结构框图

第 1 引脚 VDD 与第 7 引脚 VSS 为电源与地引脚，供电电压范围为 2.7～5.5V，为减少电源纹波的影响，通常在芯片的电源与地引脚，并且在芯片的附近增加一个旁路电容，容量为 0.1μF，如果有更高要求，则再并接一个 10μF 的钽电解电容。

第 2 脚，$\overline{\text{CS}}$ 为片选信号端，低电平用来使能串行时钟和数据功能。

第 3 脚，SCK 为时钟信号端，在对芯片进行读写操作时，提供时钟信号。

第 4 脚，SDI 为串行数据输入端，为单方向输入端，不能从器件读取数据。

第 5 脚，$\overline{\text{LDAC}}$ 为数-模转换输出同步信号端。通过串行接口写入的数据，存放到输入寄存器中，此时该引脚的低电平使写入的数据输送到 DAC 寄存器，更新 VOUT。

第 6 脚，$\overline{\text{SHDN}}$ 为硬件判断输出控制端，低电平有效。

第 8 脚，VOUT 为模拟量输出。

对于 DFN 封装，芯片本身的底部有金属部分是一个引脚，为第 9 脚，该引脚用于散热，在绘制电路板时，芯片的下面对应位置要放置接地的焊盘。

2. 内部电路说明

（1）输出电压

$$U_{\text{OUT}} = \frac{2.048 \times D_n}{4096} \times G$$

式中，D_n 为写入的数值，G 为选择的增益。

（2）输出放大器

芯片内的模拟量需经过一个运算放大器后再输出。这个运算放大器为轨对轨放大器。所谓轨对轨，是指放大器的输出电压范围接近电源电压，其最小输出为 10mV，最大输出可达 U_{DD}-40mV，这一点可以参考规格书中的"电气特性"中给出的参数。非轨对轨放大器的输出范围是达不到这个指标的。另外，由芯片的框图可以看到，运算放大器通过控制可以配置成跟随器，也可以配置成放大器。当配置成跟随器时，放大位数为 1；当配置成放大器时，放大倍数为 2。

（3）关断模式

通过使用命令或对引脚 $\overline{\text{SHDN}}$ 进行控制，可以使芯片进入关断模式。在这个模式下，输出运算放大器等芯片内的多数电路均被关闭而不工作，以降低功耗。当硬件关断时，待机电流很小，仅 2μA，当软件关断时，电流为 6μA，用户可以根据应用情况设计相关的硬件电路。如果关断由引脚引起，则上电复位后，器件被关断；如果关断由软件设置，则上电复位后，器件恢复工作状态。

3. 芯片接口

MCP4821 可以与具有 SPI 功能的处理器直接连接。在片选信号 $\overline{\text{CS}}$ 为低电平期间，器件通过 SDI 引脚接收命令和数据，数据在 SCK 上升沿处移入器件。当向芯片写入数据时，高位在前，低位在后。写入的数据各位如下：

bit15	bit14	bit13	bit12	bit11	bit10	bit9	bit8	bit7	bit6	bit5	bit4	bit3	bit2	bit1	bit0
0	—	$\overline{\text{GA}}$	$\overline{\text{SHDN}}$	D11	D10	D9	D8	D7	D6	D5	D4	D3	D2	D1	D0

bit15：必须为 0，否则器件忽略写的数据。

bit14：无关位，写 0 与写 1 对结果均无影响。

bit13：当该位为 0 时，增益为 2，$V_{\text{out}} = 2 \times (V_{\text{REF}} \times D)/4096$，输出最大值为 4.096V。

当该位为 1 时，增益为 1，$V_{\text{out}} = (V_{\text{REF}} \times D)/4096$，输出最大值为 2.048V。

bit12：当 $\overline{\text{SHDN}} = 1$ 时，器件被激活；当 $\overline{\text{SHDN}} = 0$ 时，器件被关断。

Bit11~bit0：DAC 输入数据。

写数据时序如图 8.41 所示。

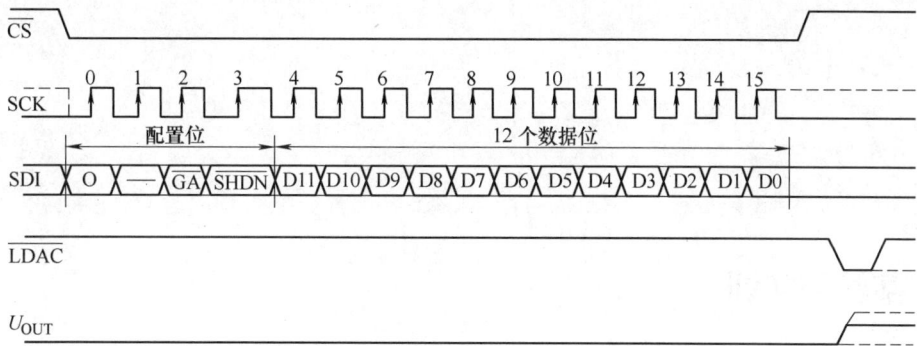

图 8.41 写数据时序

8.8.3 MCP4821 驱动程序

图 8.39 中，单片机采用 STC12C5A16S2，晶振采用 12MHz。相关的驱动程序如下：

```
#define sck P15
#define sdi P16
#define cs P17
void w_mcp(unsigned int i)              //将 i 送入 MCP4821 进行数/模转换
{
    unsigned char a;
    i = i & 0xfff;                      //防止数据大于 12 位。
    i = i | 0x3000;                     //内部基准为 2.048V,输出增益为 1,
                                          允许输出

    sck = 0;
    _nop_( ), _nop_( );
    cs = 0;
    _nop_( ), _nop_( );
    for (a = 0;a < 16 ;a++ )
    {
        sck = 0;
        _nop_( ), _nop_( );
        if (i & 0x8000)
            sdi = 1;
        else
            sdi = 0;
        _nop_( ), _nop_( );
        sck = 1;
        i = i << 1;
        _nop_( ), _nop_( );
```

```
    }
    sck = 0;
    _nop_ ( ) , _nop_ ( ) ;
    cs = 1;
}
```

8.9 实验与实训

1. 项目名称

温湿度传感器的应用。

2. 实验目的

1）掌握温湿度传感器 SHTM11 的使用方法。

2）了解单片机 I/O 与外部器件接口的设计方法。

3. 实验说明

温度、湿度等物理量常常是单片机系统的检测对象。对于同一种参数的检测，往往有多种传感器选择方案。比如温度，可以采用 Pt100 传感器，也可以采用热敏电阻等。系统中最终选择何种传感器，要根据应用环境、测量精度及测量范围、器件成本等条件来综合考虑。

SHTM11 是一款含有已校准数字量输出的温度及湿度传感器，可同时输出温度及湿度值。它采用高分子湿敏电阻作为传感元件，具有稳定、可靠及低功耗等特点。

（1）SHTM11 的引脚及性能

图 8.42 为 SHTM11 的引脚。

该传感器是一个单总线器件，有 4 个引脚：电源与地，用于供电；一个空脚，不做任何连接；一个数据引脚，用于读取传感器中的数据。

主要性能指标如下：

测量精度：在 25℃下，温度误差为±1℃，湿度误差为±3%。

测量范围：温度 0~50℃，湿度 20%~95%RH。

器件工作湿度：0~50℃。

供电电压：直流 3.0~5V。

功耗：工作电流<2.5mA。

（2）SHTM11 的单总线通信

图 8.42 SHTM11 引脚

1—Vcc，3~5.5V

2—SDA，双向数据线

3—NC（空） 4—GND

单片机的 I/O 引脚可直接接至 SHTM11 的数据端，通过单一总线，读取传感器中测量的数据。如果单片机与传感器间的距离小于 30m，建议在数据引脚与电源之间加一个 10kΩ 的上拉电阻。读取数据的时间间隔应大于 1s，如果间隔短，可能导致测量的数据不准确。

器件输出的数据一帧为 5 个字节。传输时，高位在前，低位在后。数据格式为：1 字节湿度整数 + 1 字节湿度小数 + 1 字节温度整数 + 1 字节温度小数 + 1 字节校验和。目前器件输出的湿度与温度的小数部分，数据均为 0。校验和为其前面 4 个字节的累计，如果发生进位，则进位忽略。

时序图如图 8.43 所示。从图中可以看出，数据读取过程如下：

1）CPU 发出启动信号，首先将数据线 SDA 拉低，时间 2ms，再释放总线 20~40μs，检测传感器应答。

2）传感器在收到启动信号后，自身将数据线拉低 80μs，为应答，然后释放总线 80μs，表示进入数据传输阶段。

3）在数据传输阶段，读取数据，按高位在前，低位在后的原则读取。每一位的数据，由一个低电平和一个高电平来表示。低电平维持 50μs 左右，表示数据位的开始，后跟的高电平，如果高电平时间长度大于 50μs，则该位为 1；否则为 0。当 40 位数据传输完成后，传感器将数据线拉低 50μs 左右，表示传输结束，并释放总线。

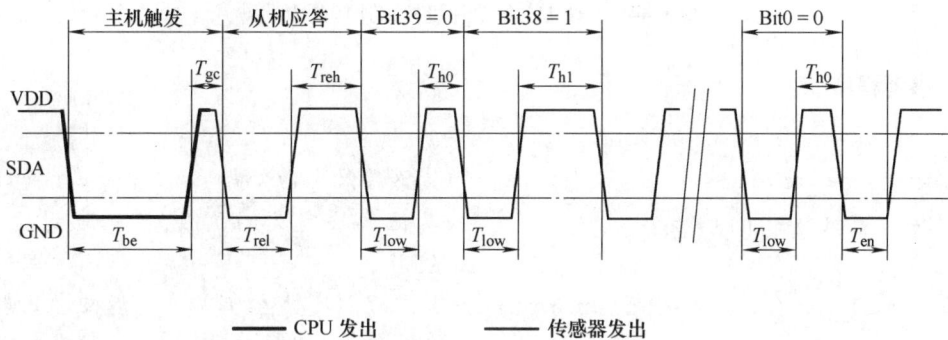

图 8.43　SHTM11 读取时序

信号特性见表 8.6。

表 8.6　SHTM11 信号特性

符号	参数	最小值	额定值	最大值	单位
T_{be}	主机起始信号拉低时间	1	2	230	ms
T_{go}	主机释放总线时间	20	30	40	us
T_{rel}	响应低电平时间	75	80	85	us
T_{reh}	响应高电平时间	75	80	85	us
T_{low}	信号 "0" "1" 低电平时间	48	50	55	us
T_{h0}	信号 "0" 高电平时间	22	26	28	us
T_{h1}	信号 "1" 高电平时间	68	70	75	us
T_{en}	传感器释放总线时间	45	50	55	us

（3）SHTM11 与单片机接口连接及驱动

接口电路如图 8.44 所示。

在电路中，单片机采用 STC12C5A08S2，其 P4.2 通过 R_{38}，接到传感器 SHTM11 的数据引脚。数据引脚经双向瞬态抑制二极管 D15 接地，因传感器外接，可能会有高压静电窜入电路中，通过 D15，可以对高压静电进行有效吸收；电阻 R_{36} 为传感器本身要求的电阻；电容 C_{28} 用于吸收干扰脉冲。

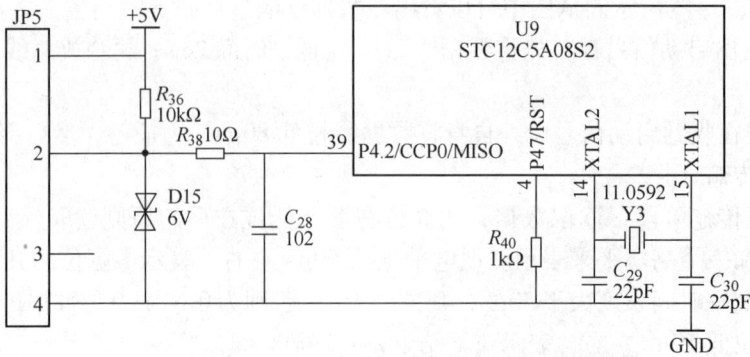

图 8.44　SHTM11 与单片机接口连接的电路

4. 参考程序

```
#include "stc_new_8051.h"
#define sh_in P42                //传感器信号输入端
extern delay10ms( );             //其他模块定义的函数,在此声明后,才能
                                 //  使用
bit read_wsd(unsigned char * pt) //读取温湿度数值,读取成功返回1,数据给
{                                //  pt 指向的数组,否则返回 0,读取频率大于
                                 //  1s/次
    unsigned char i,j,q,a;
    sh_in = 0;                   //启动总线
    delay10ms( );
    delay10ms( );
    TL0 = 0;                     //系统中晶振为 11.0592MHz,一个机器周期
                                 //  约 1μs
    TR0 = 1;
    sh_in = 1;                   //释放总线
    while (sh_in)
    {
        if (TL0 > 80)            //超时
        {
            TR0 = 0;
            return 0;
        }
    }
    TL0 = 0;                     //等待应答
    while (sh_in == 0)
    {
```

```
        if (TL0 > 95)                //超时
        {
            TR0 = 0;
            return 0;
        }
    }
    TL0 = 0;                         //等待应答
    while (sh_in)
    {
        if (TL0 > 95)                //超时
        {
            TR0 = 0;
            return 0;
        }
    }
    TL0 = 0;
    for (i = 0;i < 5 ;i++ )          //正常接收数据,5 个字节
    {
        unsigned char _data = 0;
        for (j = 0;j < 8 ;j++ )      //每个字节的接收
        {
            _data = _data << 1;
            while (sh_in == 0)
            {
                if (TL0 > 65)        //超时
                {
                    TR0 = 0;
                    return 0;
                }
            }
            q = TL0;                 //保存低电平时的长度
            TL0 = 0;
            while (sh_in)
            {
                if (TL0 > 75)        //超时
                {
                    TR0 = 0;
                    return 0;
```

```
                }
              }
            a = TL0;
            TL0 = 0;
            if (a > q)                //高电平长度大于低电平长度,则为1
                _data = _data + 1;
            *pt = _data;
            pt++;
        }
      }
    pt = pt - 5;
    j = 0;
    for (i = 0;i < 4; i++)
    {
        j=j+*pt;
        pt++;
    }
    if (*pt == j)
      return 1;
    else return 0;
}
```

5. 思考题

本例中,单片机的晶振采用了 11.0592MHz,如果将其更换成 6MHz,程序是否需要进行调整,如需要,怎么调整?

本 章 小 结

目前衍生的 MCS-51 系列单片机,通常都有着丰富的芯片内资源,一块单片机芯片就可以构成一个最小的微机系统,甚至连复位电路及振荡电路都可省略。尽管如此,在很多应用系统中,还不能完全或完美地满足要求,所以,常常要对系统进行一些资源扩展。在进行系统扩展时,要考虑很多方面的参数,如芯片的引脚负载能力、扩展芯片或者模块对电压及电流的要求,信号上升沿/下降沿时间,各信号间的时序等。

当前国内应用广泛的 STC 系列单片机,以及与其兼容的 MCS-51 这一系列的产品,通常都是 1T 模式的,即多数指令在一个振荡周期即可执行完,其运行速度比较快。在一些对速度没有高要求的场合,完全可以胜任。另外,芯片内具有 EEPROM、A/D 转换器、多串口,芯片内的程序存储器容量可达 63KB,最多有 4KB 的片内 RAM 等,基于此,在多数情况下,程序存储器转换器、数据存储器不用进行扩展。

在用户系统不太注重速度的情况下,扩展的如果是 SPI、I²C 或者单总线等串行通信形式的器件，可以节省很多处理器的 I/O 接口，所以，串行器件近年来发展很迅速，本章介绍了这一类的器件。另外，本章中所介绍的器件的电路及程序，均为作者在实际设计中用到的。

习　　题

1. 填空题

（1）扩展是因为单片机芯片本身没有用户应用需求的资源，从而将单片机芯片的_____、_____、_____等引脚连接到其他具有相关功能芯片的相关引脚上，使其他芯片在本系统中发挥作用，这种增加系统资源的方法就是扩展。

（2）可以让单片机本身运行起来的最简单的电路，就是常说的_____。不同型号的单片机芯片，最小系统也_____。

（3）单片机可靠复位的条件是在_____引脚上出现_____机器周期的_____。

（4）在进行系统扩展时，要考虑很多方面的参数，如单片机芯片的引脚_____、被扩展的芯片或者模块对_____及_____的要求，信号上升沿/下降沿_____，各信号间的_____等。

（5）I^2C 总线协议规定：

① 只有在_____（SDA 与 SCL 同时为高电平），才允许启动数据传送。

② 在数据传送过程中，当时钟线为高电平时，数据线必须保持_____状态，不允许有跳变。

③ 在时钟线保持高电平期间，数据线_____，为总线的起始信号。

④ 在时钟线保持高电平期间，数据线_____，为总线的停止信号。

2. 选择题

（1）关于单片机最小系统，下面的描述正确的是_____。

A. 可以使单片机本身运行起来的最简单的电路

B. 电路中要有模/数转换功能单元

C. 具有保证单片机本身可靠复位的电路

D. 系统中具有 RAM 及 ROM

（2）请查阅 STC12C5A16S2 单片机规格书中关于 I/O 引脚的内容及电气参数方面的内容。下面关于其 I/O 的描述，正确的是_____。

A. 该单片机的 I/O 引脚，具有 4 种工作模式

B. 对于 LQFP44 封闭的芯片，其具有 P4 口，且其使用方法与其他 3 个 I/O 接口完全相同

C. I/O 接口可以直接驱动 5V 线圈的继电器

D. 当 I/O 接口作为输入引脚使用时，引脚上施加 2V 及以下的电压，认为是低电平

（3）下列芯片中，属于 A/D 转换的是_____；属于 D/A 转换的是_____。

A. AT24C04　　　B. 74LS595　　　C. TM1637　　　D. TM7705

E. DS1302　　　F. MCP4821　　　G. STC12C5A16S2

（4）AT24C04 芯片的工作电压是_____。

A. 1.8V　　　　　B. 5V　　　　　C. 6V　　　　　D. 1.8~6V

（5）关于 DS1302 的描述，错误的是_____。

A. 可以对以下时间进行计时：秒、分、小时、周、月以及年，并可以区分闰年、闰月

B. 内部具有 31 个字节的 RAM，可以用于存储需要掉电保持的一些参数

C. 三线串行接口，兼容 COMS 电平，适于与微处理器接口进行连接

D. 宽工作电压范围，在 2.5~5.5V 电压范围内均可正常工作

3. 简答题

（1）TM1640 是一款驱动 16 位共阴数码管的专用芯片，试分析显示 0~9 的共阴显示代码。

（2）请查阅 STC12C5A16S2 的相关资料，说出 STC12C5A16S2-35I-LQFP44 这个型号表示的含义。

（3）ASM1117 是一款什么类型的芯片，它具有哪些电气性能？对输入电压有哪些要求？

（4）发光二极管是常用的电子器件，请说出它们有哪几种颜色，各颜色的发光管的压降是多少？发光电流是多少？

（5）请查阅液晶显示屏 CM12864-2 的相关资料，说出它的工作条件。如果在系统中欲对其背光的亮度进行控制，可以采用什么方式？

4. 设计题

（1）93C46 是一种常用的 E^2PROM，请查找相关资料，并编写相应驱动程序。

（2）TM1640 是一款可以驱动 16 位 LED 的芯片，请查找相关资料，尝试设计一款可以显示 8 位数据的电路，并编写相应驱动程序。

（3）对于单片机的开发工作，要了解一些常用的相关器件，试利用各种资源，如图书馆或网络等资源，查找下面芯片：串行 A/D 芯片，串行 D/A 芯片，实时时钟芯片，串转并的输入/输出类型芯片，工业级的隔离芯片等。

（4）请将图 8.30 与图 8.44 的硬件结合起来，然后编写一个程序，实现温度与湿度的显示功能。

（5）请将图 8.28 与图 8.34 结合，编写一个时钟及显示程序。要求显示小时及分钟，并可以校时。

第 9 章

单片机应用系统设计

教学提示

在单片机系统开发的过程中，会遇到各种各样的问题和需求，规范化的开发过程可以减少错误，同时使得目标明确，且各个环节紧密结合，可以使开发出来的产品更符合产品预期。本章对单片机系统的开发过程进行了详细阐述，列举了一些参考实例，使学习者可以很快地掌握这一技能。

学习目标

➢了解各个过程中需要输出的文档，以达到规范化的目的。
➢熟悉单片机应用系统的开发过程。

知识结构

本章知识结构如图 9.1 所示。

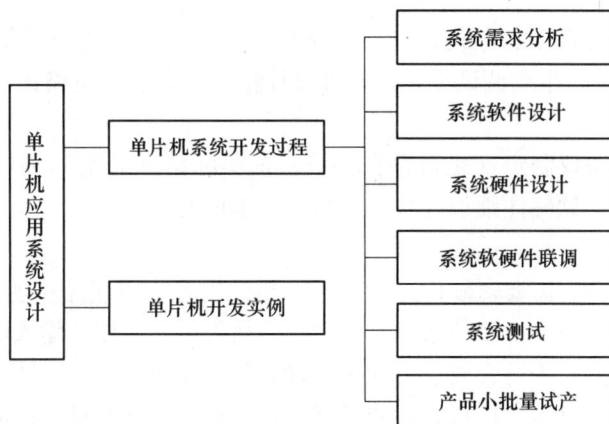

图 9.1 本章知识结构

9.1 单片机系统的开发流程

单片机系统的开发流程如图 9.2 所示。

1. 需求分析

需求分析是对客户或者项目产品提出的功能需求、应用环境、实现条件等进行分析，然后形成需求规格书。该文档的内容包含：产品的硬件参数、电磁兼容性参数、安规认证、IP 防护等级等。

电磁兼容性是指设备或系统在其应用的电磁环境中，按照功能要求运行并且不对其环境中的任何设备产生无法忍受的电磁干扰的能力，英文简称 EMC。它包括两个方面的要求：一方面是指设备在正常运行过程中，对所在环境产生的电磁干扰不能超过一定的限值；另一方面是指设备对所在环境中存在的电磁干扰具有一定程度的抗扰度，即电磁敏感性。

安规认证是指电器制造商要按照安规标准的要求，对其设计制造的产品进行测试与检验，检查产品或者设备是否对操作者的人身安全或者环境存在危害。在取得相关的认可后（例如 3C 认证，欧洲的 CE 认证等），方可将其投放市场。而且按照认证的要求，每一台电器均必须通过规定的安规例行试验（检验）方可以出厂，正是通过这样的手段和方法保障了电器对人和环境的"电气安全"。

IP 防护等级是指将电器依其防尘和防湿气的特性加以区分。IP 后面由两个数字组成，第一个数字表示电器防止外物侵入的能力；第二个数字表示电器防湿防水侵入的密闭程度，数值越大，防护等级越高。详情请查阅国际电工委员会标准 IEC 529—598 及国家标准 GB 700—1986。

图 9.2　单片机系统开发流程

2. 硬件与软件设计

硬件设计包括器件选型、结构设计、电路原理图设计、PCB 设计等。其输出的文档包括：BOM（元件清单）、生产调试工艺、硬件设计报告（各功能电路详细计算、CPU 资源分配表）。

软件设计包括：协议制定（是否存在协议，依实际情况而定）、软件编写、输出文档。其中输出的文档包括：软件详细设计报告、软件版本说明等。

3. 软硬件联调

在样机制作完成后，需要对硬件进行测试。测试内容为本应用中所有电路的功能单元，包括：电源供电情况，单片机复位情况，驱动电路是否可靠工作，输入电路工作情况等。另外，还要测试电源纹波是否符合要求。在硬件确认可靠工作后，烧写软件并测试软件功能。软件与硬件的调试要通过多次进行，才能得到符合需求规格书要求的产品。

4. 系统测试

系统测试包括：功能测试、EMC 测试、环境测试以及稳定性测试。

功能测试：根据需求规格书中规定的功能进行测试，包括软件功能以及硬件功能。实际上这在软硬件联调中已完成。

EMC 测试：根据需求规格书中采用的产品测试标准，搭建测试环境进行测试，测试项目主要包括：EFT（脉冲群）、Suger（浪涌）、ESD（静电）、CS（传导抗扰）、RS（辐射抗

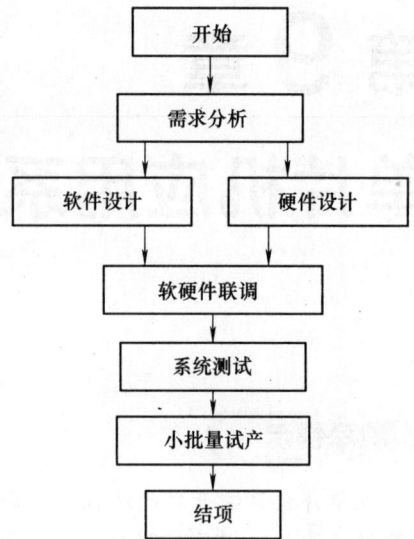

扰）、RE（辐射发射）、CE（传导发射）等，该测试可以验证产品在复杂的应用场合是否能够按照设计运行。

环境测试：根据需求规格书中规定的产品应用的温度和湿度环境进行测试，可以验证产品在完整的环境变化范围内，是否能按照设计的功能正常运行，结构在严酷的环境条件下是否会变形等。

稳定性测试：测试产品长期在自然环境下运行时，是否能按照需求规格书中的功能稳定运行。

5. 小批量试产

根据 BOM（应用的元件表）以及生产调试工艺进行小批量生产，验证生产文件的正确性，以及产品是否可以批量化生产。在生产出的产品中，挑出一部分再进行测试，以便验证产品是否满足需求规格书的要求。如果以上都满足，则该产品可以验收合格。

9.2 太阳能路灯控制板的设计

某用户的需求是设计一款路灯控制板。路灯位于野外，白天利用太阳电池板对铅锌蓄电池充电，路灯关闭。晚上铅锌蓄电池放电，路灯点亮，并要求路灯的亮度分几档可调。路灯为 LED 灯，工作电压为直流 12V，铅锌蓄电池的额定电压为直流 12V。

9.2.1 需求分析

根据客户需求，分析板卡功能要求如下：

1）判断太阳电池板是否发电。发电视为白天，路灯关闭，对铅锌蓄电池充电，并确保不会过充（即过度充电，过度充电会造成电池内部电压升高，电池变形、漏液等，造成电池性能降低或损坏）；不发电视为夜晚，点亮路灯，并判断蓄电池是否存在过放（即电池过度放电，过度放电会造成电池内活性物质损伤，长期过度放电，会造成电池失效）。

2）根据经验，铅锌电池充电时，判断蓄电池的电压，以防止蓄电池过充。对于 12V 的电池，过充电压设置为 14.6V；放电时，要保证蓄电池不能过放，过放电压设置为 10.6V；对于蓄电池来说，过充和过放均会使电池的使用寿命大为缩短。

3）利用太阳电池板给蓄电池充电时，要防止蓄电池的电流倒灌到太阳电池板。

4）LED 路灯开关可控，亮度可控。

5）控制板自身功耗虽未提出要求，但从应用角度考虑，尽可能低一点，以防止数天不能进行太阳能充电时，电路板长期工作耗电而造成蓄电池过放。

9.2.2 硬件设计

1. 器件选型

1）控制功能芯片选择：经需求分析，可用单片机进行逻辑控制。单片机的 I/O 接口最少要用 7 个，其中：1 个充电控制，1 个点灯控制，两个以上 I/O 接口用于亮度选择；1 个太阳能是否发电检测；1 个过充检测及 1 个过放检测。因此，选择一款 14 脚的单片机即可满足应用要求，如 STC11F04-DIP14，市场价为 2.6 元左右。

2）电压检测芯片选项：电压检测的功能，可以采用电压比较器或运算放大器，再配上相应的取样电阻来实现，硬件成本为 1 元左右；也可以采用 A/D 转换来实现。两者相比，第一种电路复杂，电压取样的值不够灵活，需要增加硬件电路。第二种相对简单，设置的电压动作值比较灵活，可以在程序中随意修改。如果单片机本身具有 A/D 转换功能，且增加成本不高，则采用具有 A/D 转换功能的单片机最为合适。经过相关网站查找，发现 STC15W404AS-SOP16，其价格为 2.6 元左右，如果选择此芯片，控制芯片与电压检测芯片的功能就合二为一了，因此，选用这个型号的单片机来实现。

3）路灯控制器件及充电控制器件的选型：为了降低输出器件本身的功耗，且点亮 LED 灯时的电流比较大，选择 NMOS 管作为控制器件，选用的型号为 AOD4130。之所以选择电子开关驱动路灯，是因为可以通过 PWM 技术实现路灯调光。LED 发光的程度，在一定范围内，与流过的电流成正比，但当电流达到一定值时，电流的增加不会增加发光强度，此时使能源白白浪费了。对于电池充电回路，也要采用电子开关来进行控制，控制器件选择 PMOS 管，选用的型号为 AOD409。

2. 原理图设计

太阳能路灯控制板原理图如图 9.3 所示。

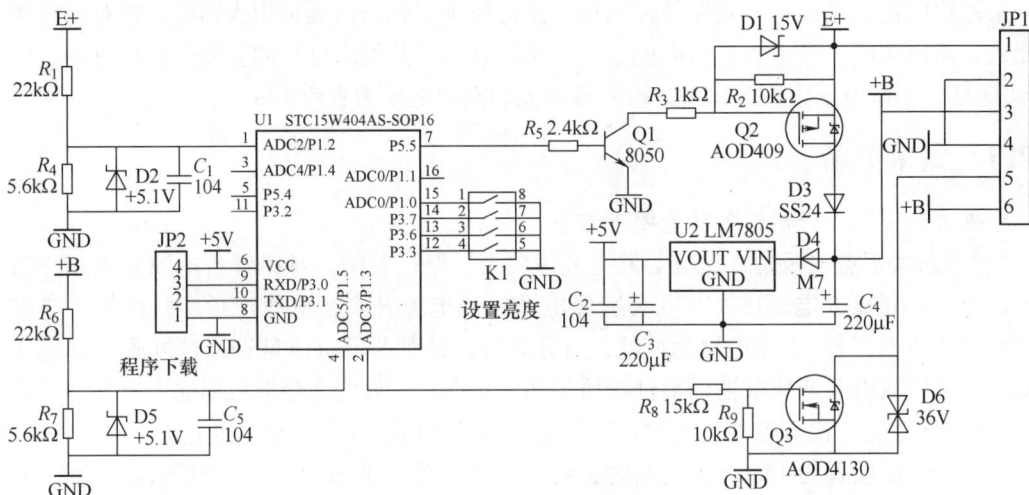

图 9.3　太阳能路灯控制板原理图

本设计是作者设计的第 2 版，在此前版本中，处理器采用了 STC15W104，是一个有 6 个 I/O 接口的产品，无 A/D 转换功能。对于蓄电池的过充和过放，采用的是电压比较器的方式，使得电路过于复杂，元件较多，元件及焊接成本不比第 2 版低。图 9.3 中的设计，修正了前一版本的缺点。R_1、R_4、D2 构成了太阳电池板发电情况检测电路，太阳电池板的发电状况反映了当前外界的阳光情况。发电电压经 R_1 与 R_4 分压后，送给 U1 的第 1 脚，进行 A/D 转换检测。D2 的作用是保护 U1，防止因发电电压过高损坏 U1。当检测到光线不足时，U1 的 P5.5 输出 0，Q1 的集电极输出高电平，使 Q2 截止，充电停止。D1 为一个 15V 稳压管，用于保护 Q2；D3 的作用是防止蓄电池电压倒灌给太阳能板。当检测到光线严重不足时，P1.3 输出 PWM 脉冲波，脉冲的占空比可以在程序中预设 16 级，这个预设值是由 K1 实现的。P1.3 输出为 1 时，Q3 完全导通，此时接在 JP1 的 5、6 脚上的 LED 灯被点亮；如果 P1.3 输出为 0 时，Q3 截止，此时接在 JP1 的 5、6 脚上的 LED 灯被关闭，占空比的大小改变了 LED 灯的亮度。D6 为一只 36V 的双向瞬态抑制二极管，可以快速地吸收因 Q3 截止而产生的尖峰电压。LED 灯本身是阻性的，但在实际应用中，因为导线的分布，对于 Q3 来说，还是有感性的成分，所以，非常有必要放置 D6 这个元件。而当检测到阳光充足时，P1.3 当然就不输出脉冲了，同时，P5.5 输出高电平控制 Q2 导通，开始对蓄电池充电。R_6、R_7、D5 构成了电池电压检测电路，原理同太阳能检测。当检测到电流过充时，P5.5 停止高电平输出，改为输出脉冲，目的是使电池充电更充足。在放电时，检测电池是否过放，如果在点灯时，检测到蓄电池的电压低于 10.6V，则认为是过放，关闭 LED 灯。本电路中的电源管理部分，采用了常见的 LM7805，如果想更好地降低控制板的功耗，则要将该器件更换成自身功耗更低的产品。

9.2.3　软件设计

1. 程序流程图

太阳能路灯控制板程序流程图如图 9.4 所示。

对于初学者，绘制程序流程图可以使程序的编写更加轻松顺利。在实际程序的编写过程中，可能会对流程图有所修改。在绘制流程图时，一定要使控制逻辑严密。

2. 程序清单

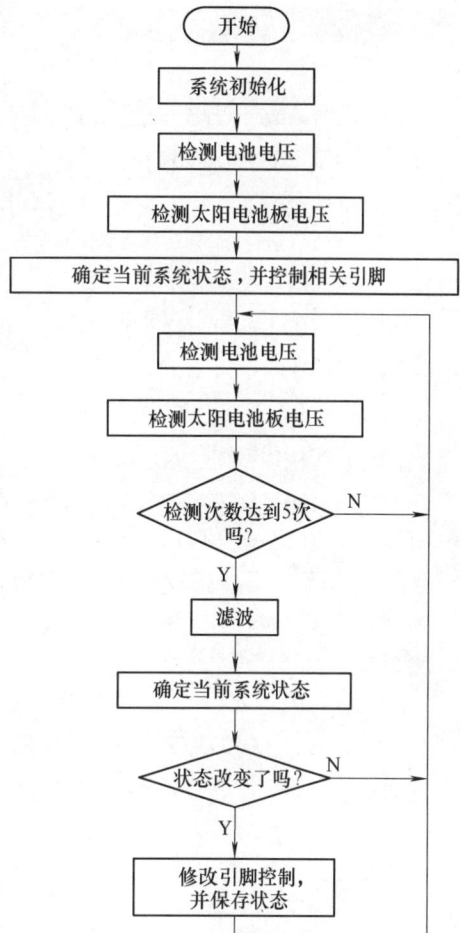

图 9.4　太阳能路灯控制板程序流程图

```c
#include "STC15F401AS.h"
#define lamp P13
#define cd_c P55            //设置成推挽方式
#define zq_data 160         //定义放电时的周期为10ms,其数值最大为160
#define t_5msh (65536-5000)/256
#define t_5msl (65536-5000)%256
unsigned char bdata ld_set;
sbit ld_0 = ld_set ^0;
sbit ld_1 = ld_set ^1;
sbit ld_2 = ld_set ^2;
sbit ld_3 = ld_set ^3;
unsigned int e_data[5];  //太阳电池板电压
unsigned int b_data[5];  //电池电压
```

```
unsigned char status;            //=0 待机;=1 充电中;=2 充电满;=4 放电中;=5
                                 放电保护中
unsigned char old_status;        //原来的状态
unsigned char c_buff;
unsigned char on_h,on_l,off_h,off_l;//亮灯灭灯的时间
void init(void)
{                                //T2 用于充电脉冲控制  T1 用于亮度控制
  cd_c = 0;
  lamp = 0;
  P5M1 = 0;
  P5M0 = 0x20;                   //P5.5 为推挽方式
  P1ASF = 0x24;                  //P1.2  P1.5 为 A/D 转换
  ADC_CONTR = 0x80;              //打开 A/D 转换电源
  CLK_DIV = 0;    //A/D 转换的高 8 位放在 ADC_RES 中,低 2 位放在 ADC_RESL 中
  T2H = t_5msh;
  T2L = t_5msl;
  AUXR = 0;       //使用芯片内扩展的 RAM,T2 以 12 个振荡周期计数
  IE2 = 4;        //允许 T2 中断
  ET0 = 1;        //开放 T0 中断
  EA = 1;         //开放总中断
  status = 0;
}


void option(void)               //根据当前的状态,执行相应的操作切换
{
  if ((status == 0)|(status == 5))//待机中或电池保护中
  {
    TR0 = 0;
    AUXR = 0;                    //T0 与 T2 均不运行
    lamp = 0;
    cd_c = 0;                    //控制端均无效
  }
  else if (status == 1)         //充电中
  {
    TR0 = 0;
    AUXR = 0;                    //T0 与 T2 均不运行
    lamp = 0;
    cd_c = 1;
```

```
    }
    else if (status == 2)          //充电满,脉冲充电
    {
        TR0 = 0;                   //T0 不运行
        lamp = 0;                  //灯不能亮
        cd_c = 1;
        T2H = t_5msh;
        T2L = t_5msl;
        AUXR = 0x10;               //启动 T2 运行
    }
    else if (status == 4)          //正常点灯中
    {
        AUXR = 0;                  //T2 不运行
        cd_c = 0;
        TH0 = on_h;
        TL0 = on_l;
        TR0 = 1;
        lamp = 1;                  //点灯开始
    }
}
unsigned int filter(unsigned int *pt,unsigned char q)
{                                  //滤波函数,经测试通过
    unsigned long sum = 0;
    unsigned int temp;
    unsigned int *pb;
    unsigned char i,j;
    pb = pt;
    for ( i = 0;i < (q - 1);i ++)
    {
        for (j = 0; j < (q - i -1);j++)
        {
            if ( *pt > *(pt+1))
            {
                temp = *pt;
                *pt = *(pt+1);
                *(pt+1) = temp;
            }
            pt++;
```

```
        }
        pt = pb;
    }
    pb++;
    for (i = 0;i < (q -2);i++)
    {
        sum = sum + *pb;
        pb++;
    }
    temp = (int)(sum / (q - 2));
    return temp;
}

void jsld(void)                    //计算亮度,增量为2%
{
    unsigned int i,j;
    ld_0 = ! P33;
    ld_1 = ! P36;
    ld_2 = ! P37;
    ld_3 = ! P10;                  //读取亮度设置
    ld_set = ld_set & 0xf;
    if (ld_set == 0)
        ld_set = 16;               //均未开时,最亮
    i = zq_data * ld_set * 2;      //增量为2%
    j = zq_data * (100 - ld_set * 2);
    on_h = (65536 - i) / 256;
    on_l = (65536 - i) % 256;      //点灯的时间常数
    off_h = (65536 - j) / 256;     //灭灯的时间常数
    off_l = (65536 - j) % 256;
}

void main(void)
{
    unsigned char ad_time;
    init();                        //初始化系统
    ad_time = 0;
    jsld();
    ADC_CONTR = 0x88 |2;           //启动太阳电池电压检测
```

```
c_buff = ADC_CONTR;
c_buff = c_buff & 0x10;
while (c_buff == 0)        //未完成 A/D 转换,等待
{
    c_buff = ADC_CONTR;
    c_buff = c_buff & 0x10;
}
ADC_CONTR = 0x80;          //清标志位
e_data[0] = ADC_RES << 2;
e_data[0] = e_data[0] + ADC_RESL;
e_data[1] = e_data[0];
e_data[2] = e_data[0];
e_data[3] = e_data[0];
e_data[4] = e_data[0];
ADC_CONTR = 0x88 | 5;      //启动蓄电池电压检测
c_buff = ADC_CONTR;
c_buff = c_buff & 0x10;
while (c_buff == 0)        //未完成 A/D 转换,等待
{
    c_buff = ADC_CONTR;
    c_buff = c_buff & 0x10;
}
b_data[0] = ADC_RES << 2;
b_data[0] = b_data[0] + ADC_RESL;
b_data[1] = b_data[0];
b_data[2] = b_data[0];
b_data[3] = b_data[0];
b_data[4] = b_data[0];
ADC_CONTR = 0x80;          //清标志位
if (e_data[0] > 458)       //太阳电池输出电压大于 11V 时,充电状态
{
    status = 1;
    if (b_data[0] > 599)   //如果此时电池电压大于 14.4V,为充满状态
        status = 2;
}
else if (e_data[0] < 333)  //太阳电池输出电压小于 8V 时,放电状态
{
    status = 4;
```

```
        if (b_data[0] < 445)        //如果此时电池电压小于10.6V,要处于保护状态
            status = 5;
    }
    option ( );
    old_status = status;            //保存原有状态
    while (1)
    {
    ADC_CONTR = 0x88 | 2;           //启动太阳电池电压检测
    c_buff = ADC_CONTR;
    c_buff = c_buff & 0x10;
    while (c_buff == 0)             //未完成A/D转换,等待
    {
        c_buff = ADC_CONTR;
        c_buff = c_buff & 0x10;
    }
    ADC_CONTR = 0x80;               //清标志位
    e_data[ad_time] = ADC_RES << 2;
    e_data[ad_time] = e_data[ad_time] + ADC_RESL;
    ADC_CONTR = 0x88 | 5;           //启动电池电压检测
    c_buff = ADC_CONTR;
    c_buff = c_buff & 0x10;
    while (c_buff == 0)             //未完成A/D转换,等待
    {
    c_buff = ADC_CONTR;
    c_buff = c_buff & 0x10;
    }
    b_data[ad_time] = ADC_RES << 2;
    b_data[ad_time] = b_data[ad_time] + ADC_RESL;
    ad_time++;
    if (ad_time == 5)               //进行了5次转换
    {
        unsigned int ty;           //太阳能
        unsigned int dc;           //电池
        jsld ( );                  //亮度设置情况检测
        ty = filter(e_data,5);     //太阳电池电压情况
        dc = filter(b_data,5);     //电池电压情况
        if (ty > 458)              //太阳电池输出电压大于11V时,充电状态
        {
```

```
            status = 1;
            if (dc > 599)      //如果此时电池电压大于 14.4V,为充满状态
                status = 2;
        }
        else if (ty < 208)    //太阳电池输出电压小于 5V 时,放电状态
        {
            status = 4;
            if (dc < 445)      //如果此时电池电压小于 10.6V,要处于保护状态
                status = 5;
            else
                status = 0;
            if (status ! = old_status)
            {
                option ( );
                old_status = status;
            }
            ad_time = 0;
        }
        WDT_CONTR = 0x33;
    }
}

void t0_isa (void) interrupt 1
{                              //T0 中断,用于灯的亮度控制
    bit flag;
    lamp = ! lamp;
    flag = lamp;
    if (flag)                  //点亮时
    {
        TH0 = off_h;
        TL0 = off_l;
    }
    else
    {
        TH0 = on_h;
        TL0 = on_l;
    }
```

```
}
void t2_isa(void)interrupt 12        //用于充电的脉冲控制
{
  cd_c = ! cd_c;
}
```

9.3 指纹锁数据采集与传输的设计

用户需求信息：这是安防公司为公司或高端人群提供的一种服务。当前指纹锁应用广泛，随着人们安全意识的增强，很多人或公司要求提供一种服务，就是锁是什么时间开的，怎么开的，如果非法，就要求有人干预。要想知道这些信息，就要求指纹锁将这些信息上传到网络上的管理平台，只要非法开锁，值班人员就会通知主人或安防公司，安防公司则可派人过去查看或直接报警等。

当前指纹锁的生产企业比较多，锁本身的功能也比较强大，其可以输出各种信息，但不能满足安防公司的需求，为此需要一块数据采集板，将锁的信息发送到一台网关上，再通过网关，将数据上传服务器。本实例就是将锁的信息采集并以无线的形式发送至网关。安防公司选用的指纹锁为自定义单总线结构。锁采用 4 节 5#电池供电，并具有机械开锁的检测开关、防撬开关。

9.3.1 需求分析

1）指纹锁的供电采用电池供电，电压为 4.5～6V，本例的采集板安装到指纹锁上，采用指纹锁的电源，因此采集板需要采用低功耗设计，单片机在不传输数据的情况下要进入休眠模式；同时，板上的所有电路也必须是低功耗元件，如电源管理、无线传输模块。

2）指纹锁的数据传输方式是自定义单总线，因此需要用外部中断引脚，既可以快速响应也可以用于唤醒单片机。

3）采集到的数据要通过无线的方式传递到网关，选择带串口的无线模块。

4）指纹锁本身应该具有低电压检测功能，但经实测此功能不存在。因用户要求检测电池的低电压功能，所以要求采集板具有 A/D 电压检测功能，此功能用于提醒用户更换电池。

9.3.2 硬件设计

1. 器件选型

经需求分析后，系统采用电池供电，所以应该采用 3.3V 的系统。

单片机选型：单片机选用 STC15W404AS，该单片机尺寸小巧，功能强大，能够满足需求，即外部中断、A/D 采集、串口等功能，同时还有睡眠模式，能够满足低功耗以及由于安装尺寸限制要采用小封装芯片的需求。

电源选型：因为要用到单片机内部的 A/D 转换功能，不能采用 BUCK（降压型开关稳压器）这种类型的产品，因此，电源应该采用低电压差的 LDO，因其本身静态电流很小，减少了自身的功耗，此处选择 SII 公司的 S-818A33AMC-BGN-T2。

无线模块选型：该模块可以进入睡眠模式，也可以被唤醒，自身功耗不能太高，传输距离达 50m 即可，因为此板要放置于指纹锁内，整体的体积要小。另外，低成本也是选择的因素之一，通过反复查找，最终选择 LC12S，其开阔视野通信距离为 120m，睡眠电流为 3.5μA，同时具有集成天线，可以满足需求。

2. 原理图设计

指纹锁数据采集与传输原理图如图 9.5 所示。

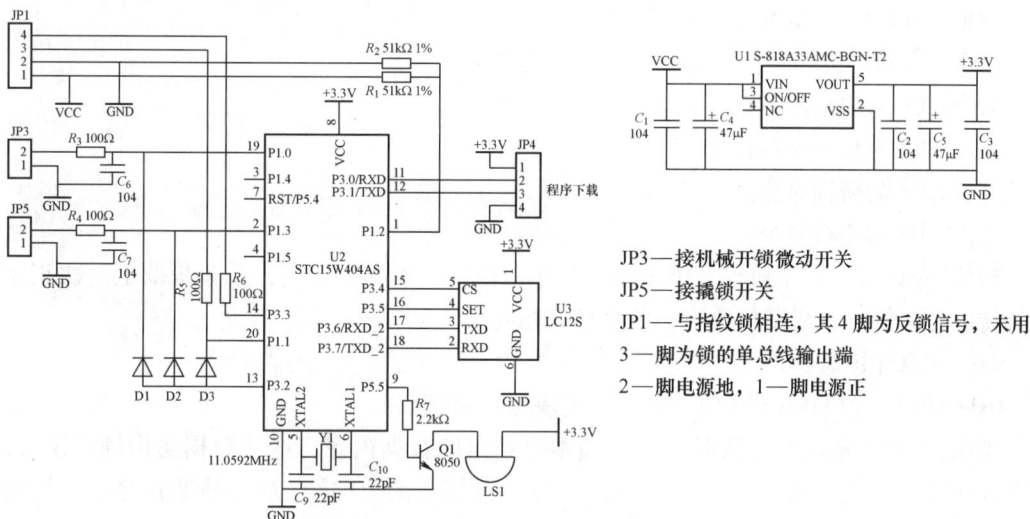

图 9.5 指纹锁数据采集与传输原理图

U1 为电源芯片，C_1、C_2、C_3、C_4、C_5 组成电源的滤波以及储能电路，为单片机提供充足以及小纹波的电源。

无线收发模块 U3 通过串口与单片机进行通信，通过单片机的 P3.4 口可以控制无线模块的工作模式是正常模式还是睡眠模式。P3.5 口用于选择无线模块的工作状态是设置模块状态还是正常通信状态。

JP3、R_3、C_6、D1 组成门锁机械开锁检测电路。JP5、R_4、C_7、D2 组成门锁被撬锁检测电路，通过 P1.0 口、P1.3 口来判断门锁是否为机械开锁以及是否被撬锁。JP1、R_5、D3 组成门锁数据检测电路。机械开锁、撬锁及正常的锁给出的数据，均会使 P3.2 口拉低，这样便会唤醒单片机（该单片机通过外部中断可以被唤醒），唤醒后进入中断，在中断中判断是哪一种情况，并分别进行处理。

R_7、Q1、LS1 组成蜂鸣器电路，用于提示用户。

R_1、R_2 的分压，送到单片机的 A/D 引脚 P1.2 口用于诊断电池电压，来判断门锁电池是否处于低电量状态，以提醒客户更换电池。

9.3.3 软件设计

1. 通信协议

因本采集板与相关的网关组成的通信系统，与当前的指令锁及服务器的软件没有关系，所以，数据采集板与网关间可以自定义协议，以满足用户的需求。协议的定义尽可能完善、严谨，还要考虑数据的接收者是否方便处理等。当然，在具体应用时，协议可以修改或升级，最好可以做到向下级版本兼容。

门锁数据采集模块与网关的自定义通信协议格式如下：

1) 通信采用标准串口，波特率为 1200、2400、4800、9600，1 位起始位，8 位数据位，1 位停止位，无奇偶校验。

2) 命令格式：数据头（0xfe）+命令字节数+命令+命令参数+校验和

数据头（0xfe）：为命令的同步信号。

命令字节数：为本条命令中，所有字节的数量。

命令：01 为原来开锁命令。

　　　02 为机械开锁命令。

　　　03 为撬锁命令。

　　　06 为心跳命令。

3) 命令详解：对于机械开锁及撬锁命令，指纹锁本身未给出，采集板取上一次正常开锁上传的时间信息，数据位数等，信息格式相同。

01——原开锁命令

0xfe +0x1d+01+锁中给出的原数据+模块编号+校验和

说明："锁中给出的原数据"是指锁本身给出的数据内容，这一数据是由锁厂定义的，本设计中未做任何修改，其中包含时间信息、开锁者的 ID 信息及开锁形式等。"模块编号"，在整个系统中，有很多锁，"模块编号"用于区分锁。

02——机械开锁命令

0xfe+0x1d+02+参考锁中给出数据格式+模块编号+校验和

03——撬锁命令

0xfe+0x1d+03+参考锁中给出数据格式+模块编号+校验和

04——反锁命令（不实施）

0xfe+05+04+模块编号+校验和

05——未反锁命令（不实施）

0xfe+05+05+模块编号+校验和

06——心跳命令

0xfe+05+06+模块编号+校验和

07——电池低电量（每 10s 检测一次，如果为低电量，则发送该命令）

0xfe+05+07+模块编号+校验和

08——低电量恢复

0xfe+05+08+模块编号+校验和

所有命令均要求网关应答，网关如果：

正确接收，则返回：0xfe+05+原命令+模块编号+校验和

错误接收，则返回：0xfe　06　0x45　0x52　0x52　0xed

应答的作用：如果网关没有应答或是错误，则采集模块会重新发送数据给网关，重复次数为 5。

2. 程序流程图

指纹锁数据采集与传输程序流程图如图9.6所示。

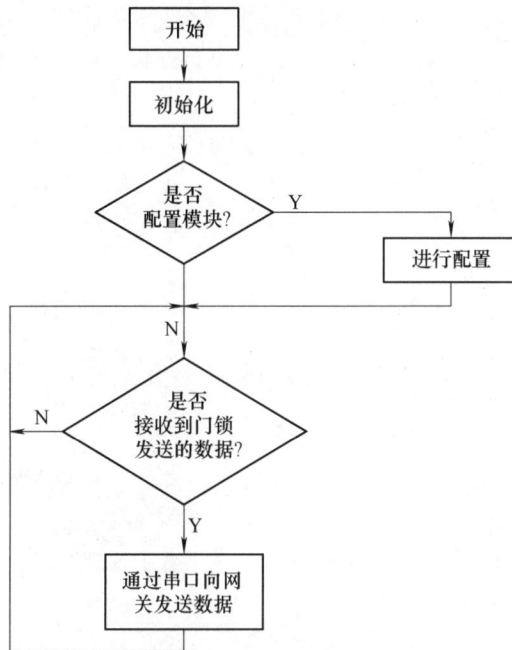

图9.6　指纹锁数据采集与传输程序流程图

3. 程序清单

```
#include "stc15f401as.h"
#include "eeprom.h"              //引用另一个模块的头,此处略
#include <INTRINS.H>
#include <STRING.H>
#define jxks P10                 //机械开锁检测端
#define qs P13                   //撬锁检测端
#define fs P33                   //反锁检测端,对应外部中断0,要设置成上升沿及
                                    下降沿均引发中断
#define data_in P11              //数据检测端
#define set P35                  //透传模块设置端
#define cs P34
#define lamp P55
#define fosc 11059200
#define th10ms (65536-9208)/ 256
#define tl10ms (65536-9208)% 256
unsigned char bdata flag;
sbit jxks_flag = flag ^ 0;     //机械开锁标志
```

```
sbit qs_flag = flag ^ 1;              //撬锁标志
sbit re_flag = flag ^ 2;              //接收数据标志
sbit dy_chang_flag = flag ^ 3;        //电池电压有变化标志
sbit xt_flag = flag ^ 4;              //要求心跳标志
bit alarm_flag;
bit send_ing;                         //串口发送数据中
bit low_flag;                         //电池低电量标志
bit yfs_flag;                         //有发送标志
unsigned char low_count;
unsigned char cj_count;               //采集数据的字节数
unsigned int xt_count;                //心跳记数
unsigned int alarm_count;             //用于报警
unsigned char xdata alarm_time;
unsigned int xtds;                    //用于心跳中,防止同时发送的定时
unsigned char addr;                   //本锁编号
unsigned char xdata set_count;        //用于设置透传定时
unsigned char xdata tx_buff[40];      //发送的数据内容,实际用29个单元
unsigned char xdata re_buff[40];      //接收锁本身的数据内容
unsigned char idata uart_re_buff[40]; //接收网关发送来的数据
unsigned char xdata qs_buff[40];      //撬锁数据,其数据格式与锁本身发出的
                                        相同
unsigned char xdata jxks_buff[40];    //机械开锁数据,其数据格式与锁本身发
                                        出的相同
unsigned char low_buff[5];            //低电量数据
unsigned char xt_buff[5];             //心跳数据
unsigned char tx_count,tx_sum;        //发送字节数
unsigned char re_count;               //接收数据的字节数
unsigned char t0_count;               //用于确定数据头或去抖
unsigned char second;                 //秒定时。在正常工作时,该变量可用
unsigned int baud;                    //波特率
unsigned char * send_pt;              //用于串口发送数据的指针
unsigned char xdata set_ing;          //为0时设置透传等待中;为1时设置中;
                                        为2时设置结束,等待返回设置的参数
                                        中;为3时透传正常工作中
unsigned char code set_wx_data[20]={  //设置无线透传模块的参数
    0xaa,0x5a,0x22,0x33,0x11,0x22,0x00,0x00,0x00,0x04,0x00,0x64,
    0x00,0x00,0x00,0x12,0x00,0x06};
void init(void)                       //系统初始化设置
```

```
{
    lamp = 0;
    P5M1 = 0;
    P5M0 = 0x20;              //P5.5 为推挽方式
    cj_count = 17065 / 256;
    WKTCL = 17065 % 256;
    WKTCH = cj_count |0X80;//10s 唤醒
    AUXR1 = 0x40;            //串口定位在 P3 口上
    AUXR = 0x14;             //波特率使用 T2,允许使用芯片内扩展 RAM,启动 T2 定
                               时 1T
    baud = 9600;            //波特率为 9600,为了上电后,进入设置透传专用信道
    T2H = (65536 - (fosc /4/baud))>> 8;
    T2L = (65536 - (fosc /4/baud));//串口波特率为 9600
    AUXR |= 1;              // AUXR = AUXR |1;
    SCON = 0X50;           //串口工作在方式 1,允许接收,接收主要用于无线模块的
                               设置
    ES = 1;                //开放串口中断
    TMOD = 0x11;           //定时器工作在方式 1,16 位定时。本型号的 CPU 无 T1
    IT0 = 1;               //外部中断 0 为下降沿触发
    TH0 = th10ms;
    TL0 = tl10ms;
    TR0 = 1;
    t0_count = 0;
    PT0 = 1;               //t0 中断为高优先级
    ET0 = 1;               //开放 T0 中断
    EA = 1;
    flag = 0;              //清除所有标志位
    send_ing = 0;          //串口未发送数据
    xt_count = 0;
    P1ASF = 4;             //P12 设置为 A/D 转换输入
    CLK_DIV = 0;           //A/D 转换结果的高 8 位保存在 adc_res 中
    low_count = 0;
}
void alarm(unsigned int i)//产生报警声,i 为响的次数
{
    alarm_count = i;      //响的次数
    alarm_time = 0;
    lamp = 1;
```

```
        alarm_flag = 1;
}
//复制数据,将pt2中的数据传输给pt1,传输数据为len个
void fzsj(unsigned char *pt1,unsigned char *pt2,unsigned char len)
{
    unsigned char i;
    for (i = 0;i < len ;i++)
    {
        *pt1 = *pt2;
        pt1++;
        pt2++;
    }
}
void send(unsigned char i,unsigned char *pt)//将pt指向的数据发送出去,
                                            字节数为i
{
    send_pt = pt;
    tx_count = 0;
    tx_sum = i;
    SBUF = *send_pt;
    send_ing = 1;                           //串口发送数据中
}
void delay(void)
{
    unsigned char len;
    for (len = 0;len < 100 ; len++)
        ;
}
void main(void)
{
    init();
    set = 0;                                //设置
    cs = 0;                                 //工作状态
    for (baud = 0;baud < 1000 ;baud++)      //从低功耗状态唤醒,要等待
        delay();
    set_ing = 0;                            //设置专用信道中
    send(18,set_wx_data);                   //将无线设置为通信信道
    while (send_ing)                        //等待发送结束
```

```
        ;
    set_count = 0;
    while (1)
    {
        if (set_ing == 0)              //等待透传应答。等待中,不亮灯
            ;                          //此时内部通信,等待透传应答中
        else if (set_ing == 1)         //设置等待中
            ;
        else if (set_ing == 2)         //设置中
            ;
        else if (set_ing == 3)         //设置完成,要求返回正常工作参数中
        {
            alarm(1);                  //进入正式工作前,响一声
            while (send_ing)           //等待返回应答结果
                ;
            while (t0_count < 30)      //延时,然后使设置生效
                ;
            set = 0;                   //透传要处于设置状态
            read(0,19,tx_buff);        //读取设置参数
            send(18,tx_buff);          //透传参数读取并发送
            addr = tx_buff[18];        //地址
            while (send_ing)
                ;
            while (set_ing == 3)
                ;
            set = 1;
            cs = 1;                    //透传处于低功耗
            switch (tx_buff[9])
            {
                case 1:baud = 1200;break;
                case 2:baud = 2400;break;
                case 3:baud = 4800;break;
                case 4:baud = 9600;break;
                default:baud = 9600;
            }
            AUXR = 0;
            AUXR = 0x14;               //波特率发生器使用 T2,允许内部 RAM 启动
                                       T2 定时 1T
```

```
        ADC_CONTR = 0x80;                     //打开电源
        delay( );
        ADC_CONTR = 0X8a;                     //开打 Ad 电源并启动 A/D 转换
        second = 0;
        while (second == 0)                   //等待 A/D 转换结束
        {
            second = ADC_CONTR;
            second = second & 0x10;
        }
        second = ADC_RES;
        ADC_CONTR = 0;                        //关闭 Ad 电源
        if (second < 182)                     //电池电压低于 4.7V
            low_flag = 1;
        else
            low_flag = 0;
        dy_chang_flag = 1;                    //电池电压变化
        low_buff[0] = 0xfe;
        low_buff[1] = 5;
        if (low_flag)
            low_buff[2] = 7;
        else
            low_buff[2] = 8;
        low_buff[3] = addr;
        low_buff[4] = low_buff[2] + low_buff[3] + 3;
        T2H = (65536 - (fosc /4/baud)) >> 8;
        T2L = (65536 - (fosc /4/baud));       //串口波特率为 9600
        AUXR |= 1;                            // AUXR = AUXR |1;
        IE0 = 0;
        EX0 = 1;                              //开放外部中断 0
    }
    else if (set_ing == 4)                    //设置结束,正常工作中
    {
        if ((re_flag == 1) ||(jxks_flag == 1) ||(qs_flag == 1) ||(dy
            _chang_flag == 1))
        {
            xt_flag = 0;
            xt_count = 0;
        }
```

```
flag = flag & 0x1f;
if (flag ! = 0)
{
    unsigned char ab;
    unsigned char i;
    if (re_flag)//
    {
        fzsj(tx_buff,re_buff,29);
        re_flag = 0;
        ab = 29;
        i = 1;
    }
    else if (jxks_flag)
    {
        fzsj(tx_buff,jxks_buff,29);
        ab = 29;
        i = 2;
    }
    else if (qs_flag)
    {
        fzsj(tx_buff,qs_buff,29);
        ab = 29;
        i = 3;
    }
    else if (dy_chang_flag)
    {
        fzsj(tx_buff,low_buff,5);
        dy_chang_flag = 0;
        ab = 5;
        i = 4;
    }
    else
    {
        fzsj(tx_buff,xt_buff,5);
        xt_flag = 0;
        ab = 5;
        i = 5;
    }
```

```
        cs = 0;
        for (baud = 0;baud < 1000 ;baud++ )
            delay ( );                    //唤醒,并等待透传内部初始化结束
        yfs_flag = 1;
        for (baud = 0;baud < 5 ; baud++)   //发送 5 次
        {
            unsigned char i;
            send(ab,tx_buff);
            while (send_ing)                //等待发送结束
                ;
            for (i = 0;i < addr ;i++ )
            {
                t0_count = 0;
                while (t0_count < 100)     //等待 1s
                    ;
                if (yfs_flag == 0)
                {
                    baud = 10;
                    //i = 255;
                    break;
                }
            }
        }
        yfs_flag = 0;
        cs = 1;
        if ((jxks_flag)&&(i == 2))
        {                                  //等待机械开锁信号消失
            while (jxks == 0)
                ;
            jxks_flag = 0;
        }
        else if ((qs_flag)&&(i == 3))
        {                                  //等待撬锁信号消失
            while (qs == 0)
                ;
            qs_flag = 0;
        }
}
```

```
if ((flag == 0)&&(alarm_flag == 0))//掉电模式操作
{
    PCON = 2;
    _nop_( );
    _nop_( );
    _nop_( );
    _nop_( );
    ADC_CONTR = 0x80;           //打开电源
    delay( );
    ADC_CONTR = 0X8a;           //开打 Ad 电源并启动 A/D 转换
    second = 0;
    while (second == 0)         //等待 A/D 转换结束
    {
        second = ADC_CONTR;
        second = second & 0x10;
    }
    second = ADC_RES;
    ADC_CONTR = 0;             //关闭 Ad 电源
    if (second < 182)          //电池电压低于 4.7V
    {
        if (low_flag == 0)     //如果原来为电压正常
        {
            low_count++;
            if (low_count > 2)
            {
                low_flag = 1;
                dy_chang_flag = 1;
                low_buff[0] = 0xfe;
                low_buff[1] = 5;
                low_buff[2] = 7;
                low_buff[3] = addr;
                low_buff[4] = 0xa + low_buff[3];
            }
        }
    }
    else //如果电压正常
    {
        low_count = 0;
```

```
                        if (low_flag == 1)//如果原来为电压低则应当恢复为电
                                                压高
                    {
                        low_flag = 0;
                        dy_chang_flag = 1;
                        low_buff[0] = 0xfe;
                        low_buff[1] = 5;
                        low_buff[2] = 8;
                        low_buff[3] = addr;
                        low_buff[4] = 0xb + low_buff[3];
                    }
                }
                xt_count++;
                if (xt_count == 300)//50min 心跳
                {
                    xt_count = 0;
                    xt_flag = 1;//标记心跳标志
                    xt_buff[0] = 0xfe;
                    xt_buff[1] = 5;
                    xt_buff[2] = 6;
                    xt_buff[3] = addr;
                    xt_buff[4] = 0x9 + xt_buff[3];
                }
            }
        }
    }
}
void uart(void) interrupt 4
{
    if (RI)//如果是接收数据
    {
        RI = 0;
        if ((set_ing == 0) ||(set_ing == 3))//当前处于设置透传专用信道中
        {    //或者处于设置结束,等待返回正常工作中
            if (t0_count > 5)//数据头的确定
                re_count = 0;
            uart_re_buff[re_count] = SBUF;
            re_count++;
```

```c
if (re_count == 18)//接收完一组数据,该数据为透传返回的应答
{
    unsigned char a,b;
    a = 0;
    for (b = 0;b < 17 ;b++ )
        a = a + uart_re_buff[b];
    if ((a == uart_re_buff[17]) && (uart_re_buff[1] ==
    0x5b))
    {
        if (set_ing == 0)
        {
            set_ing = 1;//模块应答,进入设置参数中
            set = 1;//此时透传要处于接收状态
            alarm(2);//进入等待设置状态时,响两声
        }
        else
            set_ing = 4;//进入正常工作状态
    }
}
else if ((set_ing == 1) ||(set_ing == 2))//当前处于设置参数中
{
    if (t0_count > 5)//数据头的确定
        re_count = 0;
    uart_re_buff[re_count] = SBUF;
    re_count++;
    if (re_count > 1)//确认是否接收完一组数据
    {
        if (uart_re_buff[1] == re_count)//接收完足够的字节数
        {
            unsigned char a,b;
            a = 0;
            for (b = 0;b < (re_count - 1);b++ )
                a = a + uart_re_buff[b];
            if (a == uart_re_buff[re_count-1])//校验通过
            {
                if (uart_re_buff[2] == 1)//如果为写设置参数,则
                保存
```

```
    {
        unsigned char * p;
        set_ing = 2;//设置状态
        ease(0);
        p = &uart_re_buff[3];
        write(0,19,p);
        alarm(4);//处于设置状态时,响4声
        tx_buff[0] = 0xfe;
        tx_buff[1] = 0x05;
        tx_buff[2] = 0x4f;
        tx_buff[3] = 0x4b;
        tx_buff[4] = 0x9d;
        send(5,tx_buff);
    }
else if (uart_re_buff[2] == 2)//如果是设置结束命令
    {
        set_ing = 3;//退出设置状态
        tx_buff[0] = 0xfe;
        tx_buff[1] = 0x05;
        tx_buff[2] = 0x4f;
        tx_buff[3] = 0x4b;
        tx_buff[4] = 0x9d;
        send(5,tx_buff);
    }
else if (uart_re_buff[2] == 3)//如果为读取设置
                                参数
    {
        unsigned char * p;
        p = &tx_buff[3];
        read(0,19,p);
        alarm(4);//处于设置状态时,响4声
        tx_buff[0] = 0xfe;
        tx_buff[1] = 0x17;
        tx_buff[2] = 0x03;
        tx_buff[22] = 0;
        for (set_ing = 0; set_ing < 22; set_ing++)
            tx_buff[22] = tx_buff[22]+ tx_buff[set_
                            ing];
```

```
                            set_ing = 2;//设置状态
                            send(23,tx_buff);
                        }
                    }
                    else//校验未通过
                    {
                        tx_buff[0] = 0xfe;
                        tx_buff[1] = 0x06;
                        tx_buff[2] = 0x45;
                        tx_buff[3] = 0x52;
                        tx_buff[4] = 0x52;
                        tx_buff[5] = 0xed;
                        send(6,tx_buff);
                    }
                }
            }
        }
        else if (set_ing == 4)//正常工作时,有返回
        {
            if (t0_count > 5)//数据头的确定
            {
                unsigned char i;
                i = SBUF;
                if (i == 0xfe)
                    re_count = 0;
            }
            uart_re_buff[re_count] = SBUF;
            re_count++;
            if (re_count > 30)
                re_count = 0;
            if (re_count > 1)//确认是否接收完一组数据
            {
                if (uart_re_buff[1] == re_count)//接收完足够的字节数
                {
                    unsigned char a,b;
                    a = 0;
                    for (b = 0;b < (re_count - 1);b++ )
                        a = a + uart_re_buff[b];
```

```
                    if (a == uart_re_buff[re_count-1])//校验通过
                    {
                        if (uart_re_buff[2] == tx_buff[2])
                        {
                            if (uart_re_buff[3] == addr)
                                yfs_flag = 0;
                        }
                    }
                }
            }
            t0_count = 0;
        }
        else//发送中断处理。发送过程验证正确
        {
            TI = 0;
            tx_count++;
            send_pt++;
            if (tx_count ! = tx_sum)
                SBUF = * send_pt;
            else
                send_ing = 0;//数据发送完成标志
        }
}
void int0(void)interrupt 0
{
    if (data_in == 0)//有数据要接收
    {
        bit _flag;
        unsigned int sum;
        unsigned char i;
        _flag = 0;
        CF = 0;
        CL = 0;
        CH = 0;
        CR = 1;//低电平时开始计数
        while (! data_in)  //等待低电平结束
        {
```

```
        if (CF == 1) //超时,则解码失败,此时可能是锁被执行了复位操作
        {
            _flag = 0;
            goto err;
        }
    }
CR = 0;     //停止计数
sum = CH * 256 + CL;
if ((sum > 1840)&&(sum < 4100))//低电平在2~4ms间,认为是同步信号
{//开始接收数据
    for (cj_count = 0; ;cj_count++ )
    {
        re_buff[cj_count + 3] = 0;
        for (i = 0;i < 8 ;i++ )         //接收地址
        {
            re_buff[cj_count + 3] = re_buff[cj_count + 3] >> 1;
            CH = 0;
            CL = 0;
            CR = 1;
            while (data_in)              //等待低电平到来
            {
                if (CF == 1)            //超时,则解码结束
                {
                    _flag = 1;
                    goto err;
                }
            }
            CR = 0;
            sum = CH * 256 + CL;
            if ((sum > 100)&&(sum < 160))//160为标准
                re_buff[cj_count + 3] = re_buff[cj_count + 3]
                | 0x80;
            CH = 0;
            CL = 0;
            CR = 1;
            while (! data_in)            //等待高电平到来
            {
                if (CF == 1)            //超时,则解码失败
```

```
                        {
                            _flag = 0;
                            goto err;
                        }
                    }
                }
            }
        }
    err:
    if ((_flag == 1)&&(cj_count == 24))    //如果正确接收了一组数据
    {
        re_flag = 1;                            //有接收数据标志
        re_buff[0] = 0xfe;
        re_buff[1] = 0x1d;
        re_buff[2] = 1;
        re_buff[28] = 0;
        re_buff[27] = addr;
        for (second = 0;second < 28 ; second++)
            re_buff[28] = re_buff[28] + re_buff[second];
    }
}
else if (jxks == 0)                          //机械开锁
{
    t0_count = 0;
    while (t0_count ! = 2)
        ;
    if (jxks == 0)                            //确认机械开锁
    {
        jxks_flag = 1;
        alarm(100);
        jxks_buff[0] = 0xfe;
        jxks_buff[1] = 0x1d;
        jxks_buff[2] = 2;
        for (second = 3;second < 20 ; second++ )
            jxks_buff[second] = 0;
        for (second = 20;second < 25 ; second++ )
            jxks_buff[second] = 0xff;
        jxks_buff[25] = 0;
```

```
                jxks_buff[26] = 0;
                jxks_buff[27] = addr;
                jxks_buff[28] = 0;
                for (second = 0;second < 28 ; second++)
                    jxks_buff[28] = jxks_buff[28] + jxks_buff[second];
            }
        }
    else if (qs == 0)        //撬锁
        {
            t0_count = 0;
            while (t0_count ! = 2)
                ;
            if (qs == 0)         //确认撬锁
            {
                qs_flag = 1;
                alarm(100);
                qs_buff[0] = 0xfe;
                qs_buff[1] = 0x1d;
                qs_buff[2] = 3;
                for (second = 3;second < 20 ;second++ )
                    qs_buff[second] = 0;
                for (second = 20;second < 25 ;second++ )
                    qs_buff[second] = 0xff;
                qs_buff[25] = 0;
                qs_buff[26] = 0;
                qs_buff[27] = addr;
                qs_buff[28] = 0;
                for (second = 0;second < 28 ; second++)
                    qs_buff[28] = qs_buff[28] + qs_buff[second];
            }
        }
}
void t0(void)interrupt 1   //说明:用于定位接收数据头及检测信号去抖
{
    TH0 = th10ms;
    TL0 = tl10ms;
    if (alarm_flag)           //如果处于报警中
    {
```

```
        alarm_time++;
        if (alarm_time >= 30)
        {
            alarm_time = 0;
            lamp = ! lamp;
            if (lamp == 0)
            {
                alarm_count--;
                if (alarm_count == 0)
                {
                    alarm_flag = 0;
                    lamp = 0;
                }
            }
        }
    }
    t0_count++;
    if (t0_count > 150)
        t0_count = 150;
    if (set_ing < 2)      //启动设置透传模块中的定时,发送命令或等待设置过程中
    {
        second++;
        if (second == 100)      //1s
        {
            second = 0;
            set_count++;
            if (set_count > 9)   //达到10s,则退出设置
                set_ing = 3;   //设置时间到,结束设置,要求返回设置的工作参数
        }
    }
    xtds--;
}
```

本 章 小 结

本章对电子产品的开发过程进行了描述,各公司或企业因管理及规模的不同,其开发过程会有所不同,但大致过程如此。小批量且不会造成重大影响的电子产品,在开发过程中可

能涉及不被执行的内容，如安规、环境测试等。通过对本章内容的学习，可以让读者了解这方面的内容，供学习或工作中参考。

　　MCS-51 是 Intel 公司的知识产权产品，早在 30 多年前，基于这个内核的 8031 进入我国，因此，关于 MCS-51 的资料很多，应用也非常广泛。基于 MCS-51 内核的芯片，有 400 种左右，很多大的世界知名的电子公司都有相关芯片生产。随着电子芯片技术的发展，一些公司在 MCS-51 内核的基础上，增加了一些其他资源，如内部 ROM、SPI 总线、内部扩展的 RAM 等。所以，通过学习 MCS-51 单片机，再结合各公司的相关产品规格书，可以很轻松地掌握相关芯片知识，这在目前来说还是很有必要的。本章所举的两个例子，采用的单片机均为 STC 的产品，它们均采用了 MCS-51 的内核，并在此内核的基础上做了改进，在实际应用中可靠性也很高。

习　题

1. 简答题

（1）试简述单片机产品开发的流程及每一步骤的意义。

（2）在产品开发过程中，对于硬件设计，应当注意的事项有哪些？

（3）某单片机系统具有 LED 数码管显示功能，硬件采用单片机的引脚实现的动态扫描方式，而未采用专用的类似于 TM1640 的这类器件。程序编写后，发现闪烁问题，试分析原因（至少说出两种可能）。

（4）某测速系统中，在设备的滚筒附近安装有传感器，滚筒每转一周，传感器输出一个脉冲，引发单片机中断，单片机的定时器进行定时，来实现速度的计算。现发现测出来的速度有波动，而传感器给的信号是正确的，试分析原因。

（5）请利用网络资源或查找相关书籍，说出 5 个系列的电源管理芯片，并说出它们的应用电压范围及输出电流能力。

2. 设计题

（1）设计一款遥控开关，用于控制 1kW 的单相水泵。单片机采用 STC15W104；无线接收头采用 RXB12，433MHz；遥控器采用 PT2264，振荡电阻采用 $1.5M\Omega$。实现功能为：可以学习遥控编码，遥控操作一开一关。

（2）热敏电阻是一种常用的传感器，请利用网络资源，查找一种有 $10k\Omega$ 热敏电阻的温度分度表，并据此，设计一款温度检测装置。要求可以进行温度显示，可设置上限报警，当温度超过上限温度时，输出接点报警信号。

（3）请设计一款打铃器。要求：采用 220V 交流供电；每次打铃的时间长度为 20s；打铃的时间可以通过计算机串口设置，且每次设置时，清除原有的设置参数；设置的参数不会因掉电丢失；具体打铃的实现，由一电铃实现，电铃的工作电压为交流 220V，工作电流不大于 1A。

（4）采用单片机技术设计一款触摸台灯。要求：电源采用 12V 直流电，台灯采用功率为 3W 的 LED；台灯的亮度 5 级可调，第一次按，最暗；第二次按，次暗；……；第五次按，最亮；长按灭。

（5）设计一款报警系统，要求：电源为交流 220V；系统中的传感器采用市场上的商品化探头，如红外探头、振动传感器、红外对射等，这些传感器的输出接点有常开及常闭两种，要求所设计的系统可以满足这两种类型；可以显示出报警通道编号；既可以实现本机布防/撤防，又可以通过遥控器实现布防/撤防；布防撤离时间可以设置，设置范围为 0~20s；当发生报警时，控制警号及闪灯。警号及闪灯均有商品化产品，向其供 12V 直流电便可以工作。

参考文献

[1] 范立南，李荃高，李雪飞，等．单片机原理及应用教程［M］．2 版．北京：北京大学出版社，2013．

[2] 范立南，谢子殿，等．单片机原理及应用教程［M］．北京：北京大学出版社，2006．

[3] 范立南，李雪飞，尹授远．单片微型计算机控制系统设计［M］．北京：人民邮电出版社，2004．

[4] 赵德安．单片机与嵌入式系统原理及应用［M］．北京：机械工业出版社，2016．

[5] 蔡启仲，柯宝中，包敬海，等．单片机原理及应用［M］．北京：机械工业出版社，2016．

[6] 张仁彦，高正中，黄鹤松，等．单片机原理及应用［M］．北京：机械工业出版社，2016．

[7] 汪毓铎，梅丽凤，王艳秋，等．单片机原理及接口技术［M］．北京：清华大学出版社，北京交通大学出版社，2017．

[8] 张毅刚，刘旺，邓立宝．单片机原理及接口技术（C51 编程）［M］．2 版．北京：人民邮电出版社，2016．

[9] 江世明．单片机原理及应用实验教程［M］．北京：中国铁道出版社，2010．

[10] 阮喻，扈啸，刘鹏，等．让单片机更好玩：零基础学用 51 单片机［M］．北京：化学工业出版社，2014．

[11] 兰建军，伦向敏，关硕．单片机原理、应用与 Proteus 仿真［M］．北京：机械工业出版社，2014．

[12] 邓胡滨，陈梅，周洁，黄德昌．单片机原理及应用技术——基于 Keil C 和 Proteus 仿真［M］．北京：人民邮电出版社，2014．

[13] 万光毅，严义，邢春香．单片机实验与实践教程［M］．2 版．北京：北京航空航天大学出版社，2006．

[14] 张欣，孙宏昌，尹霞．单片机原理与 C51 程序设计基础教程［M］．北京：清华大学出版社，2010．

[15] 唐颖．单片机原理与应用及 C51 程序设计［M］．北京：北京大学出版社，2008．

[16] 汪贵平，李登峰，龚贤武，等．新编单片机原理及应用［M］．北京：机械工业出版社，2009．

[17] 欧伟明，何静，凌云．单片机原理与应用系统设计［M］．北京：电子工业出版社，2009．

[18] 杭和平，杨芳，谢飞．单片机原理与应用［M］．北京：机械工业出版社，2008．

[19] 李群芳，肖看．单片机原理、接口及应用——嵌入式系统技术基础［M］．北京：清华大学出版社，2005．

[20] 高锋．单片微型计算机原理与接口技术［M］．北京：科学出版社，2004．

[21] 孙育才．MCS-51 系列单片微型计算机及其应用［M］．南京：东南大学出版社，2004．

[22] 冯育长，雷思孝，马金强．单片机系统设计与实例分析［M］．西安：西安电子科技大学出版社，2007．

[23] 吴飞青，丁晓，李林功．单片机原理与应用实践指导［M］．北京：机械工业出版社，2009．

[24] 楼然苗，李光飞．单片机课程设计指导［M］．北京：北京航空航天大学出版社，2007．

[25] 丁向荣，贾萍，等．单片机应用系统与开发技术［M］．北京：清华大学出版社，2009．

[26] 胡健．单片机原理及接口技术［M］．北京：机械工业出版社，2004．

[27] 曹巧媛．单片机原理及应用［M］．2 版．北京：电子工业出版社，2002．

[28] 陈立周，陈宇．单片机原理及其应用［M］．2 版．北京：机械工业出版社，2008．

[29] 刘华东．单片机原理与应用［M］．北京：电子工业出版社，2003．

[30] 杨有安，陈维，曹惠雅，等．程序设计基础教程（C 语言）［M］．北京：人民邮电出版社，2009．

[31] 张毅刚，修林成，胡振江．MCS-51 单片机应用设计［M］．哈尔滨：哈尔滨工业大学出版社，1990．

［32］谢维成，杨加国．单片机原理与应用及 C51 程序设计［M］．北京：清华大学出版社，2006.

［33］周明德．单片机原理与技术［M］．北京：人民邮电出版社，2008．

［34］王义方，周伟航．微型计算机原理及应用［M］．北京：机械工业出版社，2009．

［35］张毅刚，彭喜元．单片机原理及接口技术［M］．北京：人民邮电出版社，2008.

［36］徐君毅，张友德，涂时亮．单片微型计算机原理与应用［M］．上海：上海科学技术出版社，1987.

［37］范立南，李雪飞．计算机控制技术［M］．北京：机械工业出版社，2009.

［38］范立南，温勇．单片微机接口与控制技术［M］．沈阳：辽宁大学出版社，1996.

［39］求是科技．单片机典型模块设计实例导航［M］．北京：人民邮电出版社，2004．